GOUVERNEMENT GÉNÉRAL

DE

MADAGASCAR ET DÉPENDANCES

STATISTIQUES GÉNÉRALES

1908

GOUVERNEMENT GÉNÉRAL DE MADAGASCAR ET DÉPENDANCES

STATISTIQUES GÉNÉRALES

SITUATION DE LA COLONIE AU 31 DÉCEMBRE 1908

POPULATION — ADMINISTRATION — JUSTICE — ENSEIGNEMENT — AGRICULTURE

INDUSTRIE — COMMERCE — NAVIGATION

MELUN

IMPRIMERIE ADMINISTRATIVE

1910

1

POPULATION

POPULATION EUROPÉENNE

N° 1 — ÉTAT INDIQUANT LE NOMBRE DES NAISSANCES PENDANT L'ANNÉE 1908 (POPULATION EUROPÉENNE) MILITAIRES NON COMPRIS

Column groups: PÈRE ET MÈRE EUROPÉENS (FRANÇAIS — ÉTRANGERS) ; PÈRE EUROPÉEN, MÈRE MÉTIS ; MÈRE EUROPÉENNE, PÈRE MÉTIS ; PÈRE EUROPÉEN, MÈRE INDIGÈNE ; MÈRE EUROPÉENNE, PÈRE INDIGÈNE ; TOTAUX GÉNÉRAUX.

Père et mère européens — Français

PROVINCES		Enfants légitimes — Garçons	Enfants légitimes — Filles	Enfants illégitimes — Reconnus — Garçons	Reconnus — Filles	Non reconnus — Garçons	Non reconnus — Filles	Mort-nés — Garçons	Mort-nés — Filles	Total
Diégo-Suarez	Commune	36	40	10	10	1	»	4	5	106
	Province	6	6	7	4	»	»	»	»	22
	Total	36	46	17	14	1	»	4	5	123
Vohémar		1	3	»	»	»	»	»	»	4
Maroantsetra		»	»	2	1	»	»	1	»	4
Sainte-Marie		»	»	»	»	»	»	»	»	»
Tamatave	Commune	19	17	6	4	5	9	13	2	75
	Province	»	»	»	»	»	»	»	»	»
	Total	19	17	6	4	5	9	13	2	75
Andevorante		4	[illegible]	2	4	»	»	»	»	15
Vatomandry		3	[illegible]	»	»	»	»	1	»	6
Mananjary		2	1	»	»	»	»	»	»	3
Farafangana		1	»	»	»	»	»	»	»	1
Fort-Dauphin		3	»	»	»	»	»	»	»	3
Tuléar		»	1	2	»	»	»	1	»	4
Morondava		2	2	»	»	»	»	»	»	4
Majunga	Commune	7	4	2	5	2	1	»	»	21
	Province	»	»	»	»	»	»	»	»	»
	Total	7	4	2	5	2	1	»	»	21
Maevatanana		»	»	»	»	»	»	»	»	»
Analalava		3	1	»	»	»	»	»	»	4
Nossi-Bé	Commune	5	5	»	»	1	»	»	2	13
	Province	»	»	»	»	»	»	»	»	»
	Total	5	5	»	»	1	»	»	2	13
Tananarive	Commune	19	19	4	2	»	1	»	»	45
	Province	»	»	»	»	»	»	»	»	»
	Total	19	19	4	2	»	1	»	»	45
Ankazobe		»	1	»	»	»	»	»	»	1
Itasy		»	»	»	»	»	»	»	»	»
Vakinankaratra		1	3	»	»	»	»	»	»	4
Ambositra		4	3	»	»	»	»	»	»	7
Fianarantsoa	Commune	1	1	»	»	»	»	»	»	2
	Province	»	»	»	»	»	»	»	»	»
	Total	1	1	»	»	»	»	»	»	2
Betroka		1	»	»	»	»	»	»	»	»
Maintirano		»	»	»	»	»	»	»	»	»
Mal[illegible]		»	»	»	»	»	»	»	»	»
TOTAUX		112	112	35	30	9	11	20	9	338

Totaux généraux

PROVINCES		Garçons	Filles	Totaux
Diégo-Suarez	Commune	51	59	110
	Province	15	11	26
	Total	65	70	135
Vohémar		2	4	6
Maroantsetra		1	2	3
Sainte-Marie		»	»	»
Tamatave	Commune	67	50	117
	Province	3	4	7
	Total	70	54	124
Andevorante		14	10	24
Vatomandry		13	»	13
Mananjary		6	5	11
Farafangana		3	»	3
Fort-Dauphin		8	1	9
Tuléar		5	2	7
Morondava		7	4	11
Majunga	Commune	14	13	27
	Province	1	»	1
	Total	15	13	28
Maevatanana		1	2	3
Analalava		6	1	7
Nossi-Bé	Commune	8	9	17
	Province	»	»	»
	Total	8	9	17
Tananarive	Commune	27	25	52
	Province	»	»	»
	Total	27	25	52
Ankazobe		»	1	1
Itasy		»	»	»
Vakinankaratra		2	3	5
Ambositra		6	4	10
Fianarantsoa	Commune	7	3	10
	Province	»	»	»
	Total	7	3	10
Betroka		»	»	»
Maintirano		»	»	»
Mal[illegible]		»	»	»
TOTAUX		268	213	481

N° 2 — ÉTAT INDIQUANT LE NOMBRE DES DÉCÈS PENDANT L'ANNÉE 1908

(POPULATION EUROPÉENNE) MILITAIRES NON COMPRIS

PROVINCES		HOMMES							FEMMES							TOTAUX GÉNÉRAUX	POURCENTAGE SUR LA POPUL. TOTALE
		0 à 1 an.	1 à 15 ans.	16 à 19 ans.	20 à 39 ans.	40 à 59 ans.	Plus de 60 ans.	TOTAUX	0 à 1 an.	1 à 15 ans.	16 à 19 ans.	20 à 39 ans.	40 à 59 ans.	Plus de 60 ans.	TOTAUX		
Diégo-Suarez	Commune	20	9	2	25	24	7	87	18	9	1	17	8	1	54	141	7,05
	Province	»	4	»	4	2	»	10	6	1	»	6	4	»	17	27	3,73
	TOTAL	20	13	2	29	26	7	97	24	10	1	23	12	1	71	168	
Vohémar		»	»	1	1	1	1	4	»	1	»	1	»	»	2	6	3,21
Maroantsetra		»	»	»	3	1	»	4	1	»	»	1	1	»	3	7	6,00
Sainte-Marie		»	1	»	1	»	»	2	»	»	»	»	»	1	1	3	1,02
Tamatave	Commune	13	15	3	24	16	10	81	9	12	2	11	9	3	46	127	5,00
	Province	»	»	»	3	»	»	3	1	»	»	»	»	»	1	4	2,00
	TOTAL	13	15	3	27	16	10	84	10	12	2	11	9	3	47	131	
Andovorante		2	»	»	6	1	»	9	3	1	»	»	1	1	6	15	2,05
Vatomandry		5	1	»	5	2	1	14	»	1	»	1	»	»	2	16	4,62
Mananjary		»	1	»	3	4	1	9	1	1	»	2	»	»	4	13	4,07
Farafangana		1	»	»	2	2	»	5	»	»	»	»	»	»	»	5	5,00
Fort-Dauphin		1	1	»	2	1	»	5	1	1	1	»	»	»	3	8	2,70
Tuléar		1	»	»	1	»	»	2	»	»	»	»	»	»	»	2	2,00
Moroundava		3	»	»	13	2	»	18	1	1	»	»	»	»	2	20	9,50
Majunga	Commune	2	»	»	8	3	»	13	6	1	»	»	1	2	10	23	2,00
	Province	»	»	»	»	»	»	»	»	»	»	»	»	»	»	»	9,50
	TOTAL	2	»	»	8	3	»	13	6	1	»	»	1	2	10	23	
Maevatanana		2	1	»	3	2	»	8	»	1	»	»	»	»	1	9	2,00
Analalava		1	1	»	1	1	»	4	»	»	»	»	»	»	»	4	3,00
Nossi-Bé	Commune	1	»	»	5	3	»	9	»	3	1	1	»	2	7	16	5,00
	Province	»	1	»	4	1	»	6	»	»	»	»	»	»	»	6	2,10
	TOTAL	1	1	»	9	4	»	15	»	3	1	1	»	2	7	22	
Tananarive	Commune	3	5	»	15	6	3	32	»	1	»	1	»	»	2	34	1,40
	Province	»	»	»	»	»	»	»	»	»	»	»	»	»	»	»	1,95
	TOTAL	3	5	»	15	6	3	32	»	1	»	1	»	»	2	34	
Ankazobe		»	1	»	1	1	»	3	1	»	»	»	»	»	1	4	1,10
Itasy		»	»	»	2	1	»	3	1	1	»	»	»	»	2	5	7,04
Vakinankaratra		1	»	»	»	»	»	1	2	»	»	2	»	»	4	5	3,40
Ambositra		1	1	1	1	»	»	4	»	»	»	»	»	»	»	4	2,00
Fianarantsoa	Commune	»	»	»	4	1	»	5	»	»	»	1	»	1	2	7	2,09
	Province	»	»	»	»	»	»	»	»	»	»	»	»	»	»	»	»
	TOTAL	»	»	»	4	1	»	5	»	»	»	1	»	1	2	7	
Betroka		»	»	»	»	»	»	»	»	»	»	»	»	»	»	»	»
Maintirano		»	»	»	»	»	»	»	»	»	»	»	»	»	»	»	»
Mahafaly		»	»	»	»	»	»	»	»	»	»	»	»	»	»	»	»
TOTAUX		57	42	7	137	75	23	341	31	35	5	44	24	11	170	511	3,74

ÉTAT DES MARIAGES

N° 3 — ÉTAT INDIQUANT LE NOMBRE DES MARIAGES PENDANT L'ANNÉE 1908 (POPULATION EUROPÉENNE) MILITAIRES NON COMPRIS

Entre Européen et Européenne — Français

Provinces	Âge du mari						Âge de la femme						Totaux
	[illegible]	[illegible]	[illegible]	[illegible]	[illegible]	[illegible]	[illegible]	[illegible]	[illegible]	[illegible]	[illegible]	[illegible]	
Diégo-Suarez — Commune	1	2	6	7	5	»	2	7	7	2	3	»	21
Diégo-Suarez — Province	»	1	»	1	1	»	»	1	1	1	»	»	3
Total	1	3	6	8	6	»	2	8	8	3	3	»	24
Vohémar	»	»	»	1	»	»	»	»	»	1	»	»	1
Maroantsetra	»	»	1	1	»	»	»	»	»	»	1	»	2
Sainte-Marie	»	»	»	»	»	»	»	»	»	»	»	»	»
Tamatave — Commune	»	»	2	10	2	»	1	8	3	1	1	»	14
Tamatave — Province	»	»	»	»	»	»	»	»	»	»	»	»	»
Total	»	»	2	10	2	»	1	8	3	1	1	»	14
Andevorante	»	»	1	1	»	»	»	1	»	1	»	»	2
Vatomandry	»	»	»	»	»	»	»	»	»	»	»	»	»
Mananjary	»	»	»	3	»	»	1	1	1	»	»	»	3
Farafangana	»	»	»	»	»	»	»	»	»	»	»	»	»
Fort-Dauphin	»	»	»	1	»	»	1	»	»	»	»	»	1
Tuléar	»	»	»	»	»	»	»	»	»	»	»	»	»
Morondava	»	»	»	»	»	»	»	»	»	»	»	»	»
Majunga — Commune	»	1	»	1	»	»	1	1	»	»	»	»	2
Majunga — Province	»	»	»	»	»	»	»	»	»	»	»	»	»
Total	»	1	»	1	»	»	1	1	»	»	»	»	2
Maevatanana	»	»	»	2	»	»	»	»	»	1	»	»	2
Analalava	»	»	»	»	»	»	»	»	»	»	»	»	»
Nossi-Bé — Commune	»	»	1	1	»	»	2	»	»	»	»	»	2
Nossi-Bé — Province	»	»	»	»	»	»	»	»	»	»	»	»	»
Total	»	»	1	1	»	»	2	»	»	»	»	»	2
Tananarive — Commune	»	»	4	6	1	»	2	4	3	2	»	»	11
Tananarive — Province	»	»	»	»	»	»	»	»	»	»	»	»	»
Total	»	»	4	6	1	»	2	4	3	2	»	»	11
Ankazobe	»	»	»	»	»	»	»	»	»	»	»	»	»
Itasy	»	»	»	»	»	»	»	»	»	»	»	»	»
Vakinankaratra	»	»	»	1	»	»	»	»	»	»	1	»	1
Ambositra	»	»	»	»	»	»	»	»	1	»	»	»	1
Fianarantsoa — Commune	»	»	»	2	»	»	1	1	»	»	»	»	2
Fianarantsoa — Province	»	»	»	1	»	»	»	»	1	»	»	»	1
Total	»	»	»	3	»	»	1	1	1	»	»	»	3
Betroka	»	»	»	»	»	»	»	»	»	»	»	»	»
Mahafaly	»	»	»	»	»	»	»	»	»	»	»	»	»
Maintirano	»	»	»	»	»	»	»	»	»	»	»	»	»
Totaux	1	4	15	39	10	»	11	25	17	9	6	»	69

Entre Européen et Européenne — Étrangers

Provinces	Âge du mari						Âge de la femme						Totaux
	[illegible]	[illegible]	[illegible]	[illegible]	[illegible]	[illegible]	[illegible]	[illegible]	[illegible]	[illegible]	[illegible]	[illegible]	
Diégo-Suarez — Commune	»	»	»	»	»	»	»	»	»	»	»	»	»
Diégo-Suarez — Province	»	»	»	»	»	»	»	»	»	»	»	»	»
Total	»	»	»	»	»	»	»	»	»	»	»	»	»
Vohémar	»	»	»	»	»	»	»	»	»	»	»	»	»
Maroantsetra	»	»	»	»	»	»	»	»	»	»	»	»	»
Sainte-Marie	»	»	»	»	»	»	»	»	»	»	»	»	»
Tamatave — Commune	»	»	1	1	»	»	1	»	»	1	»	»	2
Tamatave — Province	»	»	»	»	»	»	»	»	»	»	»	»	»
Total	»	»	1	1	»	»	1	»	»	1	»	»	2
Andevorante	»	»	»	»	»	»	»	»	»	»	»	»	»
Vatomandry	»	»	»	»	»	»	»	»	»	»	»	»	»
Mananjary	»	»	»	»	»	»	»	»	»	»	»	»	»
Farafangana	»	»	»	1	»	»	»	»	»	1	»	»	1
Fort-Dauphin	»	»	»	»	»	»	»	»	»	»	»	»	»
Tuléar	»	»	»	»	»	»	»	»	»	»	»	»	»
Morondava	»	»	»	»	»	»	»	»	»	»	»	»	»
Majunga — Commune	»	»	»	»	»	»	»	»	»	»	»	»	»
Majunga — Province	»	»	»	»	»	»	»	»	»	»	»	»	»
Total	»	»	»	»	»	»	»	»	»	»	»	»	»
Maevatanana	»	»	»	»	»	»	»	»	»	»	»	»	»
Analalava	»	»	»	»	»	»	»	»	»	»	»	»	»
Nossi-Bé — Commune	»	»	»	»	»	»	»	»	»	»	»	»	»
Nossi-Bé — Province	»	»	»	»	»	»	»	»	»	»	»	»	»
Total	»	»	»	»	»	»	»	»	»	»	»	»	»
Tananarive — Commune	»	»	»	»	»	»	»	»	»	»	»	»	»
Tananarive — Province	»	»	»	»	»	»	»	»	»	»	»	»	»
Total	»	»	»	»	»	»	»	»	»	»	»	»	»
Ankazobe	»	»	»	»	»	»	»	»	»	»	»	»	»
Itasy	»	»	»	»	»	»	»	»	»	»	»	»	»
Vakinankaratra	»	»	»	»	»	»	»	»	»	»	»	»	»
Ambositra	»	»	»	»	»	»	»	»	»	»	»	»	»
Fianarantsoa — Commune	»	»	»	»	»	»	»	»	»	»	»	»	»
Fianarantsoa — Province	»	»	»	»	»	»	»	»	»	»	»	»	»
Total	»	»	»	»	»	»	»	»	»	»	»	»	»
Betroka	»	»	»	»	»	»	»	»	»	»	»	»	»
Mahafaly	»	»	»	»	»	»	»	»	»	»	»	»	»
Maintirano	»	»	»	»	»	»	»	»	»	»	»	»	»
Totaux	»	»	1	2	»	»	1	1	»	2	1	»	3

Entre Européen et Métis

Provinces	Âge du mari						Âge de la femme						Totaux
	[illegible]	[illegible]	[illegible]	[illegible]	[illegible]	[illegible]	[illegible]	[illegible]	[illegible]	[illegible]	[illegible]	[illegible]	
Diégo-Suarez — Commune	»	»	»	»	»	»	»	»	»	»	»	»	»
Diégo-Suarez — Province	»	»	»	»	»	»	»	»	»	»	»	»	»
Total	»	»	»	»	»	»	»	»	»	»	»	»	»
Vohémar	»	»	»	»	»	»	»	»	»	»	»	»	»
Maroantsetra	»	»	»	»	»	»	»	»	»	»	»	»	»
Sainte-Marie	»	»	»	»	»	»	»	»	»	»	»	»	»
Tamatave — Commune	»	»	»	»	»	»	»	»	»	»	»	»	»
Tamatave — Province	»	»	»	»	»	»	»	»	»	»	»	»	»
Total	»	»	»	»	»	»	»	»	»	»	»	»	»
Andevorante	»	»	»	»	»	»	»	»	»	»	»	»	»
Vatomandry	»	»	»	»	»	»	»	»	»	»	»	»	»
Mananjary	»	»	»	1	»	»	»	1	»	»	»	»	1
Farafangana	»	»	»	»	»	»	»	»	»	»	»	»	»
Fort-Dauphin	»	»	1	»	»	»	»	1	»	»	»	»	1
Tuléar	»	»	»	»	»	»	»	»	»	»	»	»	»
Morondava	»	»	»	»	»	»	»	»	»	»	»	»	»
Majunga — Commune	»	»	3	1	1	»	1	3	»	»	1	»	5
Majunga — Province	»	»	»	»	»	»	»	»	»	»	»	»	»
Total	»	»	3	1	1	»	1	3	»	»	1	»	5
Maevatanana	»	»	»	»	»	»	»	»	»	»	»	»	»
Analalava	»	»	»	»	»	»	»	»	»	»	»	»	»
Nossi-Bé — Commune	»	»	»	»	»	»	»	»	»	»	»	»	»
Nossi-Bé — Province	»	»	»	»	»	»	»	»	»	»	»	»	»
Total	»	»	»	»	»	»	»	»	»	»	»	»	»
Tananarive — Commune	»	»	»	»	»	»	»	»	»	»	»	»	»
Tananarive — Province	»	»	»	»	»	»	»	»	»	»	»	»	»
Total	»	»	»	»	»	»	»	»	»	»	»	»	»
Ankazobe	»	»	»	»	»	»	»	»	»	»	»	»	»
Itasy	»	»	»	»	»	»	»	»	»	»	»	»	»
Vakinankaratra	»	»	»	»	»	»	»	»	»	»	»	»	»
Ambositra	»	»	»	»	»	»	»	»	»	»	»	»	»
Fianarantsoa — Commune	»	»	1	»	»	»	»	1	»	»	»	»	1
Fianarantsoa — Province	»	»	»	»	»	»	»	»	»	»	»	»	»
Total	»	»	1	»	»	»	»	1	»	»	»	»	1
Betroka	»	»	»	»	»	»	»	»	»	»	»	»	»
Mahafaly	»	»	»	»	»	»	»	»	»	»	»	»	»
Maintirano	»	»	»	»	»	»	»	»	»	»	»	»	»
Totaux	»	»	5	2	1	»	1	6	»	»	1	»	8

Entre Européenne et Métis

Provinces	Âge du mari						Âge de la femme						Totaux
	[illegible]	[illegible]	[illegible]	[illegible]	[illegible]	[illegible]	[illegible]	[illegible]	[illegible]	[illegible]	[illegible]	[illegible]	
Diégo-Suarez — Commune	»	»	»	»	»	»	»	»	»	»	»	»	»
Diégo-Suarez — Province	»	»	»	»	»	»	»	»	»	»	»	»	»
Total	»	»	»	»	»	»	»	»	»	»	»	»	»
Vohémar	»	»	»	»	»	»	»	»	»	»	»	»	»
Maroantsetra	»	»	»	»	»	»	»	»	»	»	»	»	»
Sainte-Marie	»	»	»	»	»	»	»	»	»	»	»	»	»
Tamatave — Commune	»	»	»	»	»	»	»	»	»	»	»	»	»
Tamatave — Province	»	»	»	»	»	»	»	»	»	»	»	»	»
Total	»	»	»	»	»	»	»	»	»	»	»	»	»
Andevorante	»	»	»	»	»	»	»	»	»	»	»	»	»
Vatomandry	»	»	»	»	»	»	»	»	»	»	»	»	»
Mananjary	»	»	»	»	»	»	»	»	»	»	»	»	»
Farafangana	»	»	»	»	»	»	»	»	»	»	»	»	»
Fort-Dauphin	»	»	»	»	»	»	»	»	»	»	»	»	»
Tuléar	»	»	»	»	»	»	»	»	»	»	»	»	»
Morondava	»	»	»	»	»	»	»	»	»	»	»	»	»
Majunga — Commune	»	»	»	1	2	»	»	2	»	1	»	»	3
Majunga — Province	»	»	»	»	»	»	»	»	»	»	»	»	»
Total	»	»	»	1	2	»	»	2	»	1	»	»	3
Maevatanana	»	»	»	»	»	»	»	»	»	»	»	»	»
Analalava	»	»	»	»	»	»	»	»	»	»	»	»	»
Nossi-Bé — Commune	»	»	»	»	»	»	»	»	»	»	»	»	»
Nossi-Bé — Province	»	»	»	»	»	»	»	»	»	»	»	»	»
Total	»	»	»	»	»	»	»	»	»	»	»	»	»
Tananarive — Commune	»	»	»	»	»	»	»	»	»	»	»	»	»
Tananarive — Province	»	»	»	»	»	»	»	»	»	»	»	»	»
Total	»	»	»	»	»	»	»	»	»	»	»	»	»
Ankazobe	»	»	»	»	»	»	»	»	»	»	»	»	»
Itasy	»	»	»	»	»	»	»	»	»	»	»	»	»
Vakinankaratra	»	»	»	»	»	»	»	»	»	»	»	»	»
Ambositra	»	»	»	»	»	»	»	»	»	»	»	»	»
Fianarantsoa — Commune	»	»	»	»	»	»	»	»	»	»	»	»	»
Fianarantsoa — Province	»	»	»	»	»	»	»	»	»	»	»	»	»
Total	»	»	»	»	»	»	»	»	»	»	»	»	»
Betroka	»	»	»	»	»	»	»	»	»	»	»	»	»
Mahafaly	»	»	»	»	»	»	»	»	»	»	»	»	»
Maintirano	»	»	»	»	»	»	»	»	»	»	»	»	»
Totaux	»	»	»	1	2	»	»	2	»	1	»	»	3

Entre Européen et Indigène

Provinces	Âge du mari						Âge de la femme						Totaux	Totaux généraux
	[illegible]	[illegible]	[illegible]	[illegible]	[illegible]	[illegible]	[illegible]	[illegible]	[illegible]	[illegible]	[illegible]	[illegible]		
Diégo-Suarez — Commune	»	»	»	»	»	»	»	»	»	»	»	»	»	21
Diégo-Suarez — Province	»	»	»	»	»	»	»	»	»	»	»	»	»	3
Total	»	»	»	»	»	»	»	»	»	»	»	»	»	24
Vohémar	»	»	»	»	»	»	»	»	»	»	»	»	»	1
Maroantsetra	»	»	»	»	»	»	»	»	»	»	»	»	»	2
Sainte-Marie	»	»	»	»	»	»	»	»	»	»	»	»	»	»
Tamatave — Commune	»	»	»	»	»	»	»	»	»	»	»	»	»	16
Tamatave — Province	»	»	»	»	»	»	»	»	»	»	»	»	»	»
Total	»	»	»	»	»	»	»	»	»	»	»	»	»	16
Andevorante	»	»	»	»	»	»	»	»	»	»	»	»	»	2
Vatomandry	»	»	»	»	»	»	»	»	»	»	»	»	»	»
Mananjary	»	»	»	»	»	»	»	»	»	»	»	»	»	4
Farafangana	»	»	»	»	»	»	»	»	»	»	»	»	»	1
Fort-Dauphin	»	»	»	»	»	»	»	»	»	»	»	»	»	2
Tuléar	»	»	»	»	»	»	»	»	»	»	»	»	»	»
Morondava	»	»	»	»	»	»	»	»	»	»	»	»	»	»
Majunga — Commune	»	»	»	»	»	»	»	»	»	»	»	»	»	10
Majunga — Province	»	»	»	»	»	»	»	»	»	»	»	»	»	»
Total	»	»	»	»	»	»	»	»	»	»	»	»	»	10
Maevatanana	»	»	»	»	»	»	»	»	»	»	»	»	»	2
Analalava	»	»	»	»	»	»	»	»	»	»	»	»	»	»
Nossi-Bé — Commune	»	»	»	»	»	»	»	»	»	»	»	»	»	2
Nossi-Bé — Province	»	»	»	»	»	»	»	»	»	»	»	»	»	»
Total	»	»	»	»	»	»	»	»	»	»	»	»	»	2
Tananarive — Commune	»	»	»	»	»	»	»	»	»	»	»	»	»	11
Tananarive — Province	»	»	»	»	»	»	»	»	»	»	»	»	»	»
Total	»	»	»	»	»	»	»	»	»	»	»	»	»	11
Ankazobe	»	»	»	»	»	»	»	»	»	»	»	»	»	»
Itasy	»	»	»	»	»	»	»	»	»	»	»	»	»	»
Vakinankaratra	»	»	»	»	»	»	»	»	»	»	»	»	»	1
Ambositra	»	»	»	»	»	»	»	»	»	»	»	»	»	1
Fianarantsoa — Commune	»	»	»	2	»	»	2	»	»	»	»	»	2	5
Fianarantsoa — Province	»	»	»	»	»	»	»	»	»	»	»	»	»	1
Total	»	»	»	2	»	»	2	»	»	»	»	»	2	6
Betroka	»	»	»	»	»	»	»	»	»	»	»	»	»	»
Mahafaly	»	»	»	»	»	»	»	»	»	»	»	»	»	»
Maintirano	»	»	»	»	»	»	»	»	»	»	»	»	»	»
Totaux	»	»	»	2	»	»	2	»	»	»	»	»	2	85

N° 4 — ÉTAT GÉNÉRAL INDIQUANT LE NOMBRE DES DIVORCES PENDANT L'ANNÉE 1908

(POPULATION EUROPÉENNE) MILITAIRES NON COMPRIS

DURÉE DU MARIAGE	AGE DU MARI						AGE DE LA FEMME						TOTAUX	OBSERVATIONS
	18 à 19 ans.	20 à 24 ans.	25 à 29 ans.	30 à 39 ans.	40 à 59 ans.	plus de 60 ans.	15 à 19 ans.	20 à 24 ans.	25 à 29 ans	30 à 39 ans.	40 à 59 ans.	plus de 60 ans.		
Moins de 2 ans	»	»	1	»	»	»	»	1	»	»	»	»	1	(Tananarive-Ville.)
— de 2 à 4 ans	»	»	»	2	»	»	»	»	2	»	»	»	2	(Mananjary — 1.) (Diégo-Suarez — 1.)
— de 5 à 9 ans	»	»	»	»	1	»	»	»	»	1	»	»	1	(Majunga.)
— de 10 à 14 ans	»	»	»	»	»	»	»	»	»	»	»	»	»	
— de 15 à 19 ans	»	»	»	»	»	»	»	»	»	»	»	»	»	
— de 20 à 24 ans	»	»	»	»	»	»	»	»	»	»	»	»	»	
— de 25 ans et au-dessus	»	»	»	»	»	»	»	»	»	»	»	»	»	
TOTAUX	»	»	1	2	1	»	»	1	2	1	»	»	4	

POPULATION INDIGÈNE

N° 5 — TABLEAU INDIQUANT LE NOMBRE DES NAISSANCES PENDANT L'ANNÉE 1908 (POPULATION INDIGÈNE)

PROVINCES		ANTAIMORO			ANTAISAKA			ANTAIVONGO			ANTAMBAHOAKA			ANTANDROY		
		Garçons	Filles	Totaux	Garçons	Filles	Totaux	Garçons	Filles	Totaux	Garçons	Filles	Totaux	Garçons	Filles	Totaux
Diégo-Suarez	Commune	6	9	15	»	»	»	»	»	»	»	»	»	»	»	»
	Province	17	18	35	»	»	»	»	»	»	»	»	»	»	»	»
	Total	23	27	50	»	»	»	»	»	»	»	»	»	»	»	»
Vohémar		»	»	»	»	»	»	»	»	»	»	»	»	»	»	»
Maroantsetra		»	»	»	»	»	»	27	21	48	»	»	»	»	»	»
Sainte-Marie		»	»	»	»	»	»	»	»	»	»	»	»	»	»	»
Tamatave	Commune	5	2	7	»	»	»	»	»	»	»	»	»	»	»	»
	Province	42	45	87	»	»	»	»	»	»	»	»	»	»	»	»
	Total	47	47	94	»	»	»	»	»	»	»	»	»	»	»	»
Andevorante		»	»	»	»	»	»	»	»	»	»	»	»	»	»	»
Vatomandry		206	217	423	»	»	»	»	»	»	»	»	»	»	»	»
Mananjary		83	72	155	»	»	»	»	»	»	15	11	26	»	»	»
Farafangana		385	453	838	973	1.053	2.026	»	»	»	»	»	»	»	»	»
Fort-Dauphin		»	»	»	177	144	321	»	»	»	»	»	»	2.692	2.711	5.403
Tuléar		»	»	»	»	»	»	»	»	»	»	»	»	64	42	106
Morondava		»	»	»	»	»	»	»	»	»	»	»	»	»	»	»
Majunga	Commune	»	»	»	»	»	»	»	»	»	»	»	»	»	»	»
	Province	»	»	»	»	»	»	»	»	»	»	»	»	»	»	»
	Total	»	»	»	»	»	»	»	»	»	»	»	»	»	»	»
Maevatanana		»	»	»	»	»	»	»	»	»	»	»	»	»	»	»
Analalava		»	»	»	»	»	»	»	»	»	»	»	»	»	»	»
Nossi-Bé	Commune	»	»	»	»	»	»	»	»	»	»	»	»	»	»	»
	Province	»	»	»	»	»	»	»	»	»	»	»	»	»	»	»
	Total	»	»	»	»	»	»	»	»	»	»	»	»	»	»	»
Tananarive	Commune	»	»	»	»	»	»	»	»	»	»	»	»	»	»	»
	Province	»	»	»	»	»	»	»	»	»	»	»	»	»	»	»
	Total	»	»	»	»	»	»	»	»	»	»	»	»	»	»	»
Ankazobe		»	»	»	»	»	»	»	»	»	»	»	»	»	»	»
Itasy		»	»	»	»	»	»	»	»	»	»	»	»	»	»	»
Vakinankaratra		»	»	»	»	»	»	»	»	»	»	»	»	»	»	»
Ambositra		»	»	»	»	»	»	»	»	»	»	»	»	»	»	»
Fianarantsoa	Commune	»	»	»	»	»	»	»	»	»	»	»	»	»	»	»
	Province	»	»	»	»	»	»	»	»	»	»	»	»	»	»	»
	Total	»	»	»	»	»	»	»	»	»	»	»	»	»	»	»
Betroka		»	»	»	384	402	786	»	»	»	»	»	»	»	»	»
Maintirano		»	»	»	»	»	»	»	»	»	»	»	»	»	»	»
Mahafaly		»	»	»	»	»	»	»	»	»	»	»	»	»	»	»
Totaux		794	807	1.601	1.534	1.596	3.130	27	21	48	15	11	26	2.756	2.753	5.509

PROVINCES		ANTANKARANA			ANTANOSY			BARA			BETSILEO			BETSIMISARAKA			BEZANOZANO			COMORIENS			HOVA		
		Garçons	Filles	Totaux	Garçons	Filles	Totaux	Garçons	Filles	Totaux	Garçons	Filles	Totaux	Garçons	Filles	Totaux	Garçons	Filles	Totaux	Garçons	Filles	Totaux	Garçons	Filles	Totaux
Diégo-Suarez	Commune	29	17	46	»	»	»	»	»	»	7	2	9	12	8	20	»	»	»	»	»	»	13	15	28
	Province	78	49	127	»	»	»	»	»	»	7	6	13	19	18	37	»	»	»	»	»	»	7	18	25
	Total	107	66	173	»	»	»	»	»	»	14	8	22	31	26	57	»	»	»	»	»	»	20	33	53
Vohémar		»	»	»	»	»	»	»	»	»	»	»	»	216	232	448	»	»	»	»	»	»	28	19	47
Maroantsetra		»	»	»	»	»	»	»	»	»	»	»	»	119	124	243	2	3	5	»	»	»	25	14	39
Sainte-Marie		»	»	»	»	»	»	»	»	»	»	»	»	3	2	5	»	»	»	»	»	»	»	2	2
Tamatave	Commune	»	»	»	»	»	»	»	»	»	1	»	1	10	4	14	»	»	»	»	»	»	24	26	50
	Province	»	»	»	»	»	»	»	»	»	»	»	»	322	309	631	1	»	1	»	»	»	130	135	265
	Total	»	»	»	»	»	»	»	»	»	1	»	1	332	313	645	1	»	1	»	»	»	154	161	315
Andevorante		»	»	»	»	»	»	»	»	»	»	»	»	366	327	693	247	254	501	»	»	»	95	73	168
Vatomandry		»	»	»	»	»	»	»	»	»	»	»	»	1.026	1.055	2.081	»	»	»	»	»	»	3	4	7
Mananjary		»	»	»	»	»	»	»	»	»	35	41	76	239	262	501	11	8	19	»	»	»	16	14	30
Farafangana		»	»	»	432	484	916	»	»	»	»	»	»	»	»	»	»	»	»	»	»	»	28	24	52
Fort-Dauphin		»	»	»	715	814	1.529	785	831	1.616	45	47	92	»	»	»	»	»	»	»	»	»	15	12	27
Tuléar		»	»	»	6	11	17	275	310	585	41	32	73	»	»	»	»	»	»	»	»	»	»	»	»
Morondava		»	»	»	»	»	»	99	115	214	110	117	227	»	»	»	»	»	»	»	2	2	44	37	81
Majunga	Commune	»	»	»	»	»	»	»	»	»	7	5	12	»	»	»	»	»	»	1	»	1	5	6	11
	Province	»	»	»	»	»	»	»	»	»	57	49	106	7	4	11	»	»	»	6	6	12	40	37	77
	Total	»	»	»	»	»	»	»	»	»	64	54	118	7	4	11	»	»	»	7	6	13	45	43	88
Maevatanana		»	»	»	»	»	»	»	»	»	72	67	139	3	2	5	»	»	»	»	»	»	66	73	139
Analalava		»	»	»	»	»	»	»	»	»	»	»	»	21	28	49	»	»	»	»	»	»	102	84	186
Nossi-Bé	Commune	»	»	»	»	»	»	»	»	»	»	»	»	»	»	»	»	»	»	3	4	7	1	2	3
	Province	85	76	161	»	»	»	»	»	»	»	»	»	»	»	»	»	»	»	11	13	24	2	»	2
	Total	85	76	161	»	»	»	»	»	»	»	»	»	»	»	»	»	»	»	14	17	31	3	2	5
Tananarive	Commune	»	»	»	»	»	»	»	»	»	8	22	30	4	5	9	»	»	»	»	1	1	1.312	1.324	2.636
	Province	»	»	»	»	»	»	»	»	»	68	77	145	5	4	9	»	»	»	»	»	»	6.694	6.470	13.164
	Total	»	»	»	»	»	»	»	»	»	76	99	175	9	9	18	»	»	»	»	1	1	8.006	7.794	15.800
Ankazobe		»	»	»	»	»	»	»	»	»	14	12	26	28	17	45	»	»	»	»	»	»	808	337	1.145
Itasy		»	»	»	»	»	»	»	3	3	»	»	»	»	»	»	»	»	»	»	»	»	1.224	1.152	2.376
Vakinankaratra		»	»	»	»	»	»	»	»	»	2	6	8	»	»	»	»	»	»	»	»	»	1.206	2.014	3.220
Ambositra		»	»	»	»	»	»	3	2	5	1.480	1.520	3.000	»	»	»	»	»	»	»	»	»	187	240	427
Fianarantsoa	Commune	»	»	»	»	»	»	»	»	»	12	6	18	»	»	»	»	»	»	»	»	»	98	123	221
	Province	»	»	»	»	»	»	4	2	6	1.619	1.660	3.279	»	»	»	»	»	»	»	»	»	156	194	350
	Total	»	»	»	»	»	»	4	2	6	1.631	1.666	3.297	»	»	»	»	»	»	»	»	»	254	317	571
Betroka		»	»	»	»	»	»	724	621	1.345	32	32	64	»	»	»	»	»	»	»	»	»	15	13	28
Maintirano		»	»	»	»	»	»	»	»	»	»	»	»	»	»	»	»	»	»	»	»	»	»	»	»
Mahafaly		»	»	»	»	»	»	»	»	»	»	»	»	»	»	»	»	»	»	»	»	»	»	»	»
Totaux		192	142	334	1.153	1.309	2.462	1.890	1.884	3.774	3.617	3.712	7.329	2.480	2.405	4.885	261	265	526	21	26	47	13.528	13.282	26.810

N° 5 — TABLEAU INDIQUANT LE NOMBRE DES NAISSANCES PENDANT L'ANNÉE 1908 (POPULATION INDIGÈNE) (Suite et fin.)

PROVINCES		Mahafaly Garçons	Mahafaly Filles	Mahafaly Totaux	Makoa Garçons	Makoa Filles	Makoa Totaux	Métis Garçons	Métis Filles	Métis Totaux	Saintemariens Garçons	Saintemariens Filles	Saintemariens Totaux	Sakalava Garçons	Sakalava Filles	Sakalava Totaux
Diégo-Suarez	Commune	»	»	»	25	22	47	8	9	17	34	17	51	20	13	33
	Province	»	»	»	25	24	49	3	»	3	10	6	16	57	28	82
	Total	»	»	»	50	46	96	11	9	20	40	26	70	77	40	117
Vohémar		»	»	»	15	8	23	»	»	»	»	»	»	57	54	111
Maroantsetra		»	»	»	9	4	13	»	1	1	»	1	1	»	»	»
Sainte-Marie		»	»	»	»	»	»	»	3	3	72	78	150	»	»	»
Tamatave	Commune	»	»	»	»	»	»	2	3	5	»	»	»	»	»	»
	Province	»	»	»	16	20	36	»	»	»	28	35	63	»	»	»
	Total	»	»	»	16	20	36	2	3	5	28	35	63	»	»	»
Andevorante		»	»	»	»	»	»	1	»	2	»	»	»	»	»	»
Vatomandry		»	»	»	»	»	»	»	»	»	»	»	»	»	»	»
Mananjary		»	»	»	»	»	»	»	»	»	»	»	»	»	»	»
Farafangana		»	»	»	»	»	»	1	1	2	»	»	»	»	»	»
Fort-Dauphin		120	117	237	»	»	»	»	»	»	»	»	»	»	»	»
Tuléar		97	81	178	»	»	»	1	2	3	»	»	»	42	46	88
Morondava		»	»	»	131	129	260	8	5	13	»	»	»	578	538	1.116
Majunga	Commune	»	»	»	4	1	5	»	»	»	»	»	»	10	11	21
	Province	»	»	»	99	78	177	»	»	»	»	»	»	173	161	334
	Total	»	»	»	103	79	182	»	»	»	»	»	»	183	172	355
Maevatanana		»	»	»	9	7	16	»	»	»	»	»	»	147	157	304
Analalava		»	»	»	112	116	228	»	»	»	»	»	»	134	105	239
Nossi-Bé	Commune	»	»	»	2	3	5	5	2	7	»	»	»	4	5	9
	Province	»	»	»	37	49	86	2	1	3	»	»	»	173	186	359
	Total	»	»	»	39	52	91	7	3	10	»	»	»	177	191	368
Tananarive	Commune	»	»	»	»	»	»	»	»	»	»	»	»	»	2	2
	Province	»	»	»	»	»	»	4	4	8	»	»	»	»	»	»
	Total	»	»	»	»	»	»	4	4	8	»	»	»	»	2	2
Ankazobe		»	»	»	»	»	»	»	»	»	»	»	»	7	4	11
Itasy		»	»	»	»	»	»	2	»	2	»	»	»	27	26	53
Vakinankaratra		»	»	»	»	»	»	»	2	2	»	»	»	»	»	»
Ambositra		»	»	»	»	»	»	»	»	»	»	»	»	»	»	»
Fianarantsoa	Commune	»	»	»	»	»	»	»	»	»	»	»	»	1	»	1
	Province	»	»	»	»	»	»	»	»	»	»	»	»	»	»	»
	Total	»	»	»	»	»	»	»	»	»	»	»	»	1	»	1
Betroka		»	»	»	»	»	»	»	»	»	»	»	»	»	»	»
Maintirano		»	»	»	»	»	»	»	»	»	»	»	»	»	»	»
Mohéli		»	»	»	»	»	»	»	»	»	»	»	»	»	»	»
Totaux		217	198	415	484	461	945	38	33	71	149	140	289	1.430	1.335	2.765

PROVINCES		Sihanaka Garçons	Sihanaka Filles	Sihanaka Totaux	Tanala Garçons	Tanala Filles	Tanala Totaux	Tsimihety Garçons	Tsimihety Filles	Tsimihety Totaux	Vezo Garçons	Vezo Filles	Vezo Totaux	Zafimaniry Garçons	Zafimaniry Filles	Zafimaniry Totaux	Zanamanga Garçons	Zanamanga Filles	Zanamanga Totaux	Divers Garçons	Divers Filles	Divers Totaux	Totaux généraux Garçons	Totaux généraux Filles	Totaux généraux Totaux
Diégo-Suarez	Commune	»	»	»	»	»	»	»	»	»	»	»	»	»	»	»	»	»	»	»	»	»	134	111	245
	Province	»	»	»	»	»	»	»	»	»	»	»	»	»	»	»	»	»	»	»	»	»	228	170	398
	Total	»	»	»	»	»	»	»	»	»	»	»	»	»	»	»	»	»	»	»	»	»	362	281	643
Vohémar		»	»	»	»	»	»	79	80	159	»	»	»	»	»	»	»	»	»	»	»	»	395	393	788
Maroantsetra		4	5	9	»	»	»	101	123	224	»	»	»	»	»	»	»	»	»	»	»	»	289	298	587
Sainte-Marie		»	»	»	»	»	»	»	»	»	»	»	»	»	»	»	»	»	»	»	»	»	75	85	160
Tamatave	Commune	»	»	»	»	»	»	»	»	»	»	»	»	»	»	»	»	»	»	»	»	»	42	35	77
	Province	390	317	707	»	»	»	»	»	»	»	»	»	»	»	»	»	»	»	3	3	6	932	804	1.736
	Total	390	317	707	»	»	»	»	»	»	»	»	»	»	»	»	»	»	»	3	3	6	974	899	1.873
Andevorante		»	»	»	»	»	»	»	»	»	»	»	»	»	»	»	»	»	»	»	»	»	710	656	1.366
Vatomandry		»	»	»	»	»	»	»	»	»	»	»	»	»	»	»	»	»	»	»	»	»	1.233	1.278	2.511
Mananjary		»	»	»	363	371	734	»	»	»	»	»	»	»	»	»	»	»	»	»	»	»	762	779	1.541
Farafangana		»	»	»	931	1.440	2.371	»	»	»	»	»	»	»	»	»	»	»	»	»	»	»	2.760	3.444	6.204
Fort-Dauphin		»	»	»	170	242	412	»	»	»	»	»	»	»	»	»	»	»	»	»	»	»	4.719	4.918	9.637
Tuléar		»	»	»	»	»	»	»	»	»	26	29	55	»	»	»	»	»	»	»	»	»	552	553	1.105
Morondava		»	»	»	»	»	»	»	»	»	2	7	9	»	»	»	»	»	»	»	»	»	972	950	1.922
Majunga	Commune	2	3	5	»	»	»	»	»	»	»	»	»	»	»	»	»	»	»	»	»	»	29	27	56
	Province	11	17	28	»	»	»	79	65	144	»	»	»	»	»	»	»	»	»	»	»	»	472	417	889
	Total	13	20	33	»	»	»	79	65	144	»	»	»	»	»	»	»	»	»	»	»	»	501	444	945
Maevatanana		29	26	55	»	»	»	»	»	»	»	»	»	»	»	»	»	»	»	4	2	6	330	374	704
Analalava		17	23	40	»	»	»	267	303	570	»	»	»	»	»	»	»	»	»	»	»	»	653	660	1.313
Nossi-Bé	Commune	»	»	»	»	»	»	»	»	»	»	»	»	»	»	»	»	»	»	»	»	»	15	16	31
	Province	»	»	»	»	»	»	29	27	56	»	»	»	»	»	»	»	»	»	»	»	»	339	352	691
	Total	»	»	»	»	»	»	29	27	56	»	»	»	»	»	»	»	»	»	»	»	»	354	367	721
Tananarive	Commune	1	3	4	»	»	»	»	»	»	»	»	»	»	»	»	»	»	»	»	»	»	1.325	737	2.062
	Province	»	»	»	»	»	»	»	»	»	»	»	»	»	»	»	»	»	»	»	»	»	6.771	6.555	13.326
	Total	1	3	4	»	»	»	»	»	»	»	»	»	»	»	»	»	»	»	»	»	»	8.096	7.292	15.388
Ankazobe		»	»	»	»	»	»	»	»	»	»	»	»	»	»	»	»	»	»	»	»	»	641	590	1.231
Itasy		»	»	»	»	»	»	»	»	»	»	»	»	»	»	»	»	»	»	»	»	»	1.790	1.655	3.445
Vakinankaratra		»	»	»	»	»	»	»	»	»	»	»	»	»	»	»	»	»	»	537	475	1.012	2.606	[illegible]	5.233
Ambositra		»	»	»	129	134	263	»	»	»	»	»	»	43	41	84	»	»	»	»	»	»	1.842	1.947	3.789
Fianarantsoa	Commune	»	»	»	»	»	»	»	»	»	»	»	»	»	»	»	»	»	»	»	»	»	111	129	240
	Province	»	»	»	84	72	156	»	»	»	»	»	»	»	»	»	»	»	»	»	»	»	1.865	1.926	3.791
	Total	»	»	»	84	72	156	»	»	»	»	»	»	»	»	»	»	»	»	»	»	»	1.976	2.055	4.031
Betroka		»	»	»	425	476	901	»	»	»	»	»	»	»	»	»	»	»	»	»	»	»	1.384	1.344	2.728
Maintirano		»	»	»	»	»	»	»	»	»	»	»	»	»	»	»	»	»	»	»	»	»	»	»	»
Mohéli		»	»	»	»	»	»	»	»	»	»	»	»	»	»	»	»	»	»	»	»	»	»	»	»
Totaux		450	392	842	2.102	2.785	4.887	555	598	1.153	28	36	64	43	41	84	»	»	»	544	480	1.024	34.198	34.604	68.802

N° 6 — ÉTAT INDIQUANT LE NOMBRE DES DÉCÈS PENDANT L'ANNÉE 1908 (POPULATION INDIGÈNE)

PROVINCES	ANTAIFASY				ANTAIMORO				ANTAISAKA				ANTAIVONGO				ANTAMBAHOAKA			
	HOMMES	FEMMES	ENFANTS moins de 15 ans	TOTAL	HOMMES	FEMMES	ENFANTS moins de 15 ans	TOTAL	HOMMES	FEMMES	ENFANTS moins de 15 ans	TOTAL	HOMMES	FEMMES	ENFANTS moins de 15 ans	TOTAL	HOMMES	FEMMES	ENFANTS moins de 15 ans	TOTAL
Diégo-Suarez — Commune	»	»	»	»	8	3	2	13	»	»	»	»	»	»	»	»	»	»	»	»
Diégo-Suarez — Province	»	»	»	»	18	8	13	39	»	»	»	»	»	»	»	»	»	»	»	»
Total	»	»	»	»	26	11	15	52	»	»	»	»	»	»	»	»	»	»	»	»
Vohémar	»	»	»	»	»	»	»	»	»	»	»	»	»	»	»	»	»	»	»	»
Maroantsetra	»	»	»	»	»	»	»	»	»	»	»	»	4	8	12	24	»	»	»	»
Sainte-Marie	»	»	»	»	»	»	»	»	»	»	»	»	»	»	»	»	»	»	»	»
Tamatave — Commune	»	»	»	»	10	»	5	15	»	»	»	»	»	»	»	»	»	»	»	»
Tamatave — Province	»	»	»	»	70	37	109	216	»	»	»	»	»	»	»	»	»	»	»	»
Total	»	»	»	»	80	37	114	231	»	»	»	»	»	»	»	»	»	»	»	»
Andevorante	»	»	»	»	5	1	»	6	»	»	»	»	»	»	»	»	»	»	»	»
Vatomandry	»	»	»	»	100	82	315	497	»	»	»	»	»	»	»	»	»	»	»	»
Mananjary	»	»	»	»	27	31	75	133	»	»	»	»	»	»	»	»	14	10	21	45
Farafangana	»	»	»	»	110	238	1.737	2.085	1.026	879	2.810	4.715	»	»	»	»	»	»	»	»
Fort-Dauphin	»	»	»	»	»	»	»	»	»	»	»	»	»	»	»	»	»	»	»	»
Tuléar	»	»	»	»	»	»	»	»	»	»	»	»	»	»	»	»	»	»	»	»
Morondava	»	»	»	»	»	»	»	»	»	»	»	»	»	»	»	»	»	»	»	»
Majunga — Commune	»	»	»	»	»	»	»	»	»	»	»	»	»	»	»	»	»	»	»	»
Majunga — Province	»	»	»	»	»	»	»	»	»	»	»	»	»	»	»	»	»	»	»	»
Total	»	»	»	»	»	»	»	»	»	»	»	»	»	»	»	»	»	»	»	»
Maevatanana	»	»	»	»	»	»	»	»	»	»	»	»	»	»	»	»	»	»	»	»
Analalava	»	»	»	»	»	»	»	»	»	»	»	»	»	»	»	»	»	»	»	»
Nossi-Bé — Commune	»	»	»	»	»	»	»	»	»	»	»	»	»	»	»	»	»	»	»	»
Nossi-Bé — Province	»	»	»	»	»	»	»	»	»	»	»	»	»	»	»	»	»	»	»	»
Total	»	»	»	»	»	»	»	»	»	»	»	»	»	»	»	»	»	»	»	»
Tananarive — Commune	»	»	»	»	»	»	»	»	»	»	»	»	»	»	»	»	»	»	»	»
Tananarive — Province	»	»	»	»	»	»	»	»	»	»	»	»	»	»	»	»	»	»	»	»
Total	»	»	»	»	»	»	»	»	»	»	»	»	»	»	»	»	»	»	»	»
Ankazobe	»	»	»	»	»	»	»	»	»	»	»	»	»	»	»	»	»	»	»	»
Itasy	»	»	»	»	»	»	»	»	»	»	»	»	»	»	»	»	»	»	»	»
Vakinankaratra	»	»	»	»	»	»	»	»	»	»	»	»	»	»	»	»	»	»	»	»
Ambositra	»	»	»	»	»	»	»	»	»	»	»	»	»	»	»	»	»	»	»	»
Fianarantsoa — Commune	»	»	»	»	»	»	»	»	1	»	»	1	»	»	»	»	»	»	»	»
Fianarantsoa — Province	»	»	»	»	»	»	»	»	»	»	»	»	»	»	»	»	»	»	»	»
Total	»	»	»	»	»	»	»	»	1	»	»	1	»	»	»	»	»	»	»	»
[illegible]	»	»	»	»	»	»	»	»	106	95	126	327	»	»	»	»	»	»	»	»
Maintirano	»	»	»	»	»	»	»	»	»	»	»	»	»	»	»	»	»	»	»	»
Mahafaly	»	»	»	»	»	»	»	»	»	»	»	»	»	»	»	»	»	»	»	»
TOTAUX	»	»	»	»	348	400	2.256	3.004	1.133	974	2.936	5.043	4	8	12	24	14	10	21	45

N° 6 — ÉTAT INDIQUANT LE NOMBRE DES DÉCÈS PENDANT L'ANNÉE 1908 (POPULATION INDIGÈNE) (Suite.)

PROVINCES	ANTANDROY				ANTANKARANA				ANTANOSY				BARA				BETSILEO			
	HOMMES	FEMMES	ENFANTS moins de 15 ans	TOTAL	HOMMES	FEMMES	ENFANTS moins de 15 ans	TOTAL	HOMMES	FEMMES	ENFANTS moins de 15 ans	TOTAL	HOMMES	FEMMES	ENFANTS moins de 15 ans	TOTAL	HOMMES	FEMMES	ENFANTS moins de 15 ans	TOTAL
Diégo-Suarez { Commune	»	»	»	»	18	8	25	51	»	»	»	»	»	»	»	»	1	»	3	4
Diégo-Suarez { Province	»	»	»	»	83	61	69	193	»	»	»	»	»	»	»	»	20	4	13	37
Total	»	»	»	»	101	69	94	264	»	»	»	»	»	»	»	»	21	4	16	41
Vohémar	»	»	»	»	»	»	»	»	»	»	»	»	»	»	»	»	»	»	»	»
Maroantsetra	»	»	»	»	»	»	»	»	»	»	»	»	»	»	»	»	»	»	»	»
Sainte-Marie	»	»	»	»	»	»	»	»	»	»	»	»	»	»	»	»	»	»	»	»
Tamatave { Commune	»	»	»	»	»	»	»	»	»	»	»	»	»	»	»	»	»	»	»	»
Tamatave { Province	»	»	»	»	»	»	»	»	»	»	»	»	»	»	»	»	»	»	»	»
Total	»	»	»	»	»	»	»	»	»	»	»	»	»	»	»	»	»	»	»	»
Ambatondrazaka	»	»	»	»	»	»	»	»	»	»	»	»	»	»	»	»	»	»	»	3
Vatomandry	»	»	»	»	»	»	»	»	»	»	»	»	»	»	»	»	»	»	»	»
Mananjary	»	»	»	»	»	»	»	»	»	»	»	»	»	»	»	»	48	30	67	145
Farafangana	»	»	»	»	»	»	»	»	545	438	651	1.634	»	»	»	»	»	»	»	»
Fort-Dauphin	2.247	2.010	1.122	5.388	»	»	»	»	62	36	28	126	333	385	100	937	4	4	15	23
Tuléar	20	5	2	27	»	»	»	»	40	10	7	57	190	224	175	589	23	12	8	43
Morondava	»	»	»	»	»	»	»	»	»	»	»	»	72	61	73	206	64	36	30	129
Majunga { Commune	»	»	»	»	»	»	»	»	»	»	»	»	»	»	»	»	4	1	3	8
Majunga { Province	»	»	»	»	»	»	»	»	»	»	»	»	»	»	»	»	77	41	54	172
Total	»	»	»	»	»	»	»	»	»	»	»	»	»	»	»	»	81	42	57	180
Maevatanana	»	»	»	»	»	»	»	»	»	»	»	»	»	»	»	»	99	102	73	274
Analalava	»	»	»	»	»	»	»	»	»	»	»	»	»	»	»	»	18	12	17	47
Nossi-Bé { Commune	»	»	»	»	»	»	»	»	»	»	»	»	»	»	»	»	»	»	»	»
Nossi-Bé { Province	»	»	»	»	80	24	26	130	»	»	»	»	»	»	»	»	»	»	»	»
Total	»	»	»	»	80	24	26	130	»	»	»	»	»	»	»	»	»	»	»	»
Tananarive { Commune	»	»	»	»	»	»	»	»	»	»	»	»	»	»	»	»	9	3	2	14
Tananarive { Province	»	»	»	»	»	»	»	»	»	»	»	»	»	»	»	»	25	37	83	145
Total	»	»	»	»	»	»	»	»	»	»	»	»	»	»	»	»	»	»	»	»
Ankazobe	»	»	»	»	»	»	»	»	»	»	»	»	»	»	»	»	9	9	10	28
Itasy	»	»	»	»	»	»	»	»	»	»	»	»	»	»	»	»	»	»	»	»
Vakinankaratra	»	»	»	»	»	»	»	»	»	»	»	»	»	»	»	»	7	3	8	18
Ambositra	»	»	»	»	»	»	»	»	»	»	»	»	3	1	1	5	860	880	1.774	3.514
Fianarantsoa { Commune	»	»	»	»	»	»	»	»	»	»	»	»	3	»	»	3	35	24	48	107
Fianarantsoa { Province	»	»	»	»	»	»	»	»	»	»	»	»	6	3	3	12	1.571	1.559	1.907	5.037
Total	»	»	»	»	»	»	»	»	»	»	»	»	9	3	3	15	1.606	1.583	1.955	5.144
Betroka	»	»	»	»	»	»	»	»	»	»	»	»	553	388	302	1.243	42	23	27	92
Maintirano	»	»	»	»	»	»	»	»	»	»	»	»	»	»	»	»	»	»	»	»
Mahafaly	»	»	»	»	»	»	»	»	»	»	»	»	»	»	»	»	»	»	»	»
Totaux	2.267	2.015	1.124	5.415	181	93	120	394	647	484	686	1.817	1.259	1.066	713	2.984	2.983	2.760	4.150	9.833

N° 6 — ÉTAT INDIQUANT LE NOMBRE DES DÉCÈS PENDANT L'ANNÉE 1908 (POPULATION INDIGÈNE) (Suite.)

PROVINCES		BETSIMISARAKA				BEZANOZANO			
		HOMMES	FEMMES	ENFANTS moins de 15 ans.	TOTAL	HOMMES	FEMMES	ENFANTS moins de 15 ans.	TOTAL
Diégo-Suarez	Commune	10	8	6	24	»	»	»	»
	Province	10	14	11	35	»	»	»	»
	TOTAL	20	22	17	59	»	»	»	»
Vohémar		146	80	228	454	»	»	»	»
Maroantsetra		103	40	102	245	6	1	2	9
Sainte-Marie		13	»	»	13	»	»	»	»
Tamatave	Commune	14	0	15	[illegible]	»	»	»	»
	Province	331	290	743	1.364	1	4	2	7
	TOTAL	345	290	758	1.393	1	4	2	7
Andevorante		388	303	433	1.124	129	99	303	531
Vatomandry		865	675	1.533	3.073	»	»	»	»
Mananjary		87	83	320	490	»	»	»	»
Farafangana		»	»	»	»	»	»	»	»
Fort-Dauphin		»	»	»	»	»	»	»	»
Tuléar		»	»	»	»	»	»	»	»
Morondava		»	»	»	»	»	»	»	»
Majunga	Commune	»	»	»	»	»	»	»	»
	Province	»	»	»	»	»	»	»	»
	TOTAL	»	»	»	»	»	»	»	»
Maevatanana		»	»	»	»	»	»	»	»
Analalava		»	»	»	»	»	»	»	»
Nossi-Bé	Commune	»	»	»	»	»	»	»	»
	Province	»	»	»	»	»	»	»	»
	TOTAL	»	»	»	»	»	»	»	»
Tananarive	Commune	2	»	»	2	»	»	»	»
	Province	2	6	9	17	»	»	»	»
	TOTAL	»	»	»	»	»	»	»	»
Ankazobe		12	14	22	48	»	»	3	»
Itasy		»	»	»	»	»	»	»	»
Vakinankaratra		2	»	»	2	»	»	»	»
Ambositra		»	»	»	»	»	»	»	»
Fianarantsoa	Commune	1	»	»	1	»	»	»	»
	Province	»	»	»	»	»	»	»	»
	TOTAL	1	»	»	1	»	»	»	»
Betroka		»	»	»	»	»	»	»	»
Maintirano		»	»	»	»	»	»	»	»
Mahafaly		»	»	»	»	»	»	»	»
TOTAUX		2.012	1.533	3.422	6.968	136	108	307	397

PROVINCES		COMORIENS				HOVA				MAHAFALY			
		HOMMES	FEMMES	ENFANTS moins de 15 ans.	TOTAL	HOMMES	FEMMES	ENFANTS moins de 15 ans.	TOTAL	HOMMES	FEMMES	ENFANTS moins de 15 ans.	TOTAL
Diégo-Suarez	Commune	»	»	»	»	7	6	11	24	»	»	»	»
	Province	»	»	»	»	11	10	12	33	»	»	»	»
	TOTAL	»	»	»	»	18	16	23	57	»	»	»	»
Vohémar		»	»	»	»	28	16	13	57	»	»	»	»
Maroantsetra		»	»	»	»	28	11	9	48	»	»	»	»
Sainte-Marie		»	»	»	»	2	»	»	2	»	»	»	»
Tamatave	Commune	»	»	»	»	23	22	38	83	»	»	»	»
	Province	»	»	»	»	134	116	221	471	»	»	»	»
	TOTAL	»	»	»	»	157	138	259	554	»	»	»	»
Andevorante		»	»	»	»	131	67	97	295	»	»	»	»
Vatomandry		»	»	»	»	5	4	8	17	»	»	»	»
Mananjary		»	»	»	»	5	4	15	24	»	»	»	»
Farafangana		»	»	»	»	23	11	38	72	»	»	»	»
Fort-Dauphin		»	»	»	»	13	5	2	20	425	436	110	971
Tuléar		»	»	»	»	»	»	»	»	50	21	8	79
Morondava		4	»	»	»	90	103	85	278	»	»	»	»
Majunga	Commune	»	»	»	»	2	3	4	9	»	»	»	»
	Province	»	»	»	»	30	15	16	61	»	»	»	»
	TOTAL	»	»	»	»	32	18	20	70	»	»	»	»
Maevatanana		»	»	»	»	65	68	62	195	»	»	»	»
Analalava		»	»	»	»	53	51	80	184	»	»	»	»
Nossi-Bé	Commune	8	»	3	11	1	»	»	1	»	»	»	»
	Province	12	3	3	18	2	»	2	4	»	»	»	»
	TOTAL	20	3	6	29	3	»	2	5	»	»	»	»
Tananarive	Commune	2	»	»	2	518	682	1.787	2.987	»	»	»	»
	Province	»	»	»	»	3.312	4.182	7.026	14.520	»	»	»	»
	TOTAL	»	»	»	»	»	»	»	»	»	»	»	»
Ankazobe		»	»	»	»	379	456	818	1.653	»	»	»	»
Itasy		»	»	»	»	494	1.106	1.302	2.902	»	»	»	»
Vakinankaratra		»	»	»	»	1.293	1.106	2.912	5.301	»	»	»	»
Ambositra		»	»	»	»	63	43	137	243	»	»	»	»
Fianarantsoa	Commune	»	»	»	»	33	31	109	173	»	»	»	»
	Province	»	»	»	»	135	118	215	468	»	»	»	»
	TOTAL	»	»	»	»	168	149	324	641	»	»	»	»
Betroka		»	»	»	»	9	4	9	22	»	»	»	»
Maintirano		»	»	»	»	»	»	»	»	»	»	»	»
Mahafaly		»	»	»	»	»	»	»	»	»	»	»	»
TOTAUX		26	3	6	35	7.126	8.301	15.439	30.866	475	457	118	1.050

N° 6 — ÉTAT INDIQUANT LE NOMBRE DES DÉCÈS PENDANT L'ANNÉE 1908 (POPULATION INDIGÈNE) (Suite.)

PROVINCES		MAKOA				MÉTIS				SAINTES-MARIENS				SAKALAVA				SIHANAKA			
		Hommes	Femmes	Enfants moins de 15 ans.	Total	Hommes	Femmes	Enfants moins de 15 ans.	Total	Hommes	Femmes	Enfants moins de 15 ans.	Total	Hommes	Femmes	Enfants moins de 15 ans.	Total	Hommes	Femmes	Enfants moins de 15 ans.	Total
Diégo-Suarez	Commune	10	10	20	40	»	3	7	10	9	3	12	24	19	10	34	63	»	»	»	»
	Province	30	9	16	55	4	1	14	19	18	11	9	38	38	18	29	85	»	»	»	»
	Total	40	19	36	95	4	4	21	29	27	14	21	62	57	28	63	148	»	»	»	»
Vohémar		11	4	12	27	»	»	»	»	»	»	»	»	28	21	34	83	»	»	»	»
Maroantsetra		3	»	5	8	»	»	»	»	»	»	3	3	»	»	»	»	8	12	44	64
Sainte-Marie		»	»	»	»	1	»	1	2	33	37	166	236	»	»	»	»	»	»	»	»
Tamatave	Commune	»	»	»	»	»	»	2	2	»	»	»	»	»	»	»	»	»	»	»	»
	Province	»	»	»	»	»	»	»	»	53	52	97	202	»	»	»	»	208	198	680	1.086
	Total	»	»	»	»	»	»	2	2	53	52	97	202	»	»	»	»	208	198	680	1.086
Andevorante		»	»	»	»	»	»	1	1	»	»	»	»	»	»	»	»	»	»	»	»
Vatomandry		»	»	»	»	»	»	»	»	»	»	»	»	»	»	»	»	»	»	»	»
Mananjary		»	»	»	»	»	»	1	1	»	»	»	»	»	»	»	»	»	»	»	»
Farafangana		»	»	»	»	»	»	»	»	»	»	»	»	»	»	»	»	»	»	»	»
Fort-Dauphin		»	»	»	1	»	»	2	3	»	»	»	»	»	»	»	»	»	»	»	»
Tuléar		»	»	»	»	»	»	»	»	»	»	»	»	74	39	34	147	»	»	»	»
Morondava		159	66	51	276	5	4	4	13	»	»	»	»	565	373	256	1.194	»	»	»	»
Majunga	Commune	»	»	»	»	»	»	»	»	»	»	»	»	3	2	4	9	»	»	»	»
	Province	»	»	»	»	»	»	»	»	»	»	»	»	175	109	94	378	29	20	41	90
	Total	»	»	»	»	»	»	»	»	»	»	»	»	178	111	98	387	29	20	41	90
Maevatanana		»	»	»	»	»	»	»	»	»	»	»	»	153	159	135	447	»	»	»	»
Analalava		22	40	74	136	10	6	6	22	»	»	»	»	76	65	108	249	»	»	»	»
Nossi-Bé	Commune	6	4	»	10	1	»	1	2	»	»	»	»	3	6	3	13	»	»	»	»
	Province	55	17	23	95	»	1	1	2	»	»	»	»	128	74	26	238	»	»	»	»
	Total	61	21	23	105	1	1	2	4	»	»	»	»	132	80	30	251	»	»	»	»
Tananarive	Commune	»	»	»	»	»	»	»	»	»	»	»	»	2	»	»	2	»	»	»	»
	Province	»	»	»	»	»	»	»	»	»	»	»	»	»	»	»	»	»	»	»	»
	Total	»	»	»	»	»	»	»	»	»	»	»	»	»	»	10	»	»	»	»	»
Ankazobe		»	»	»	»	»	3	»	»	»	»	»	»	5	8	26	13	»	»	»	»
Itasy		»	»	»	»	»	»	1	1	»	»	»	»	30	25	»	81	»	»	»	»
Vakinankaratra		»	»	»	»	»	»	»	»	»	»	»	»	»	»	»	»	»	»	»	»
Ambositra		»	»	»	»	»	»	»	»	»	»	»	»	»	»	»	»	»	»	»	»
Fianarantsoa	Commune	»	»	»	»	»	»	»	»	»	»	»	»	»	»	»	»	»	»	»	»
	Province	»	»	»	»	»	»	»	»	»	»	»	»	»	»	»	»	»	»	»	»
	Total	»	»	»	»	»	»	»	»	»	»	»	»	»	»	»	»	»	»	»	»
Betroka		3	»	»	2	»	»	»	»	»	»	»	»	»	»	»	»	»	»	»	»
Maintirano		»	»	»	»	»	»	»	»	»	»	»	»	»	»	»	»	»	»	»	»
Mahafaly		»	»	»	»	»	»	»	»	»	»	»	»	»	»	»	»	»	»	»	»
Totaux		336	179	192	707	21	15	41	77	113	103	289	505	1.300	889	823	3.012	245	230	765	1.240

N° 6 — ÉTAT INDIQUANT LE NOMBRE DES DÉCÈS PENDANT L'ANNÉE 1908 (POPULATION INDIGÈNE) (Suite et fin.)

PROVINCES		TANALA				TSIMIHETY				VEZO			
		Hommes	Femmes	Enfants moins de 15 ans	Total	Hommes	Femmes	Enfants moins de 15 ans	Total	Hommes	Femmes	Enfants moins de 15 ans	Total
Diégo-Suarez	Commune	»	»	»	»	»	»	»	»	»	»	»	»
	Province	»	»	»	»	»	»	»	»	»	»	»	»
	Total	»	»	»	»	»	»	»	»	»	»	»	»
Vohémar		»	»	»	»	44	14	44	102	»	»	»	»
Maroantsetra		»	»	»	»	63	35	135	233	»	»	»	»
Sainte-Marie		»	»	»	»	»	»	»	»	»	»	»	»
Tamatave	Commune	»	»	»	»	»	»	»	»	»	»	»	»
	Province	»	»	»	»	»	»	»	»	»	»	»	»
	Total	»	»	»	»	»	»	»	»	»	»	»	»
Andevorante		»	»	»	»	»	»	»	»	»	»	»	»
Vatomandry		»	»	»	»	»	»	»	»	»	»	»	»
Mananjary		151	181	622	954	»	»	»	»	»	»	»	»
Farafangana		463	677	1.716	2.856	»	»	»	»	»	»	»	»
Fort-Dauphin		72	87	65	224	»	»	»	»	»	»	»	»
Tuléar		»	»	»	»	»	»	»	»	48	23	48	119
Morondava		»	»	»	»	»	»	»	»	15	6	3	24
Majunga	Commune	»	»	»	»	»	»	»	»	»	»	»	»
	Province	»	»	»	»	52	36	130	218	»	»	»	»
	Total	»	»	»	»	52	36	130	218	»	»	»	»
Maevatanana		»	»	»	»	»	»	»	»	»	»	»	»
Analalava		»	»	»	»	151	127	197	475	»	»	»	»
Nossi-Bé	Commune	»	»	»	»	»	»	»	»	»	»	»	»
	Province	»	»	»	»	40	21	19	80	»	»	»	»
	Total	»	»	»	»	40	21	19	80	»	»	»	»
Tananarive	Commune	»	»	»	»	»	»	»	»	»	»	»	»
	Province	»	»	»	»	»	»	»	»	»	»	»	»
	Total	»	»	»	»	»	»	»	»	»	»	»	»
Ankazobe		»	»	»	»	»	»	»	»	»	»	»	»
Itasy		»	»	»	»	»	»	»	»	»	»	»	»
Vakinankaratra		»	»	»	»	»	»	»	»	»	»	»	»
Ambositra		83	54	184	321	»	»	»	»	»	»	»	»
Fianarantsoa	Commune	»	»	»	»	»	»	»	»	»	»	»	»
	Province	77	73	224	374	»	»	»	»	»	»	»	»
	Total	77	73	224	374	»	»	»	»	»	»	»	»
Betroka		271	215	203	689	»	»	»	»	»	»	»	»
Maintirano		»	»	»	»	»	»	»	»	»	»	»	»
Mahafaly		»	»	»	»	»	»	»	»	»	»	»	»
Totaux		1.117	1.286	3.014	5.417	350	233	525	1.108	63	29	51	143

PROVINCES		ZAFIMANIRY				DIVERS				TOTAUX GÉNÉRAUX				POURCENTAGE
		Hommes	Femmes	Enfants moins de 15 ans	Total	Hommes	Femmes	Enfants moins de 15 ans	Total	Hommes	Femmes	Enfants moins de 15 ans	Total	
Diégo-Suarez	Commune	»	»	»	»	»	»	»	»	82	51	127	260	1,36
	Province	»	»	»	»	»	»	»	»	243	122	179	544	0,14
	Total	»	»	»	»	»	»	»	»	325	173	306	804	
Vohémar		»	»	»	»	»	»	»	»	237	164	331	732	1,56
Maroantsetra		»	»	»	»	»	»	»	»	215	107	312	634	1,28
Sainte-Marie		»	»	»	»	»	»	»	»	49	37	169	255	0,16
Tamatave	Commune	»	»	»	»	»	»	»	»	47	31	60	138	3,03
	Province	»	»	»	»	3	4	4	11	800	724	1.853	3.377	1,11
	Total	»	»	»	»	3	4	4	11	847	755	1.915	3.515	
Andevorante		»	»	»	»	»	»	»	»	624	472	861	1.957	2,45
Vatomandry		»	»	»	»	»	»	»	»	990	761	1.856	3.607	2,57
Mananjary		»	»	»	»	»	»	»	»	332	339	1.121	1.792	1,54
Farafangana		»	»	»	»	»	»	»	»	2.137	2.223	6.952	11.312	4,76
Fort-Dauphin		»	»	»	»	»	»	»	»	3.216	2.373	1.503	7.091	3,10
Tuléar		»	»	»	»	»	»	»	»	445	334	282	1.061	3,00
Morondava		»	»	»	»	»	»	»	»	970	699	511	2.180	3,40
Majunga	Commune	»	»	»	»	»	»	»	»	9	8	11	28	1,04
	Province	»	»	»	»	»	»	»	»	300	221	398	919	0,78
	Total	»	»	»	»	»	»	»	»	378	227	340	945	
Maevatanana		»	»	»	»	25	36	46	107	341	346	335	1.022	2,10
Analalava		»	»	»	»	»	»	»	»	364	309	499	1.172	2,70
Nossi-Bé	Commune	»	»	»	»	»	»	»	»	20	10	7	37	2,05
	Province	»	»	»	»	»	»	»	»	326	154	161	579	2,20
	Total	»	»	»	»	»	»	»	»	346	164	168	616	
Tananarive	Commune	»	»	»	»	»	»	»	»	533	665	1.789	2.987	5,10
	Province	»	»	»	»	»	»	»	»	3.337	4.225	7.118	14.680	5,36
	Total	»	»	»	»	»	»	»	»	»	»	»	»	
Ankazobe		»	»	»	»	»	»	»	»	405	487	660	1.552	1,32
Itasy		»	»	»	»	292	335	710	1.337	1.196	1.486	2.639	5.321	2,65
Vakinankaratra		»	»	»	»	»	»	»	»	1.102	1.199	2.920	5.221	0,41
Ambositra		32	21	56	109	»	»	»	»	1.030	1.009	2.152	4.191	2,57
Fianarantsoa	Commune	»	»	»	»	»	»	»	»	73	55	157	285	1,00
	Province	»	»	»	»	»	»	»	»	1.609	1.752	2.350	5.711	2,70
	Total	»	»	»	»	»	»	»	»	1.682	1.807	2.507	5.996	
Betroka		»	»	»	»	»	»	»	»	980	755	637	2.372	3,17
Maintirano		»	»	»	»	»	»	»	»	»	»	»	»	
Mahafaly		»	»	»	»	»	»	»	»	»	»	»	»	
Totaux		32	21	56	109	320	375	760	1.455	22.348	21.613	37.817	81.778	1,02

POPULATION TOTALE

N° 7 — ÉTAT GÉNÉRAL DE LA POPULATION DE MADAGASCAR AU 1er JANVIER 1909, MILITAIRES NON COMPRIS

NATIONALITÉS			HOMMES	FEMMES	ENFANTS GARÇONS	ENFANTS FILLES	TOTAUX PARTIELS	TOTAUX GÉNÉRAUX				
Français nés en France		Fonctionnaires non militaires	760	45	»	»	805					
		Non fonctionnaires	1.470	(1) 498	(1) 189	(1) 204	(1) 2.361		3.166			
Français nés aux colonies.	A la Réunion	Fonctionnaires non militaires	127	19	»	»	146					
		Non fonctionnaires	1.658	(2) 1.056	(2) 581	(2) 534	(2) 3.829	3.975		7.606		
	A Madagascar	Fonctionnaires non militaires	4	»	»	»	4					
		Non fonctionnaires	32	(3) 16	(3) 164	(3) 177	(3) 389	493	4.440			
	Autres	Fonctionnaires non militaires	10	»	»	»	10					
		Non fonctionnaires	25	(4) 16	(4) 11	(4) 10	62	72				
Étrangers européens ou d'origine européenne.	Anglais	Mauriciens	524	258	129	130	1.041					
		Autres	120	54	20	20	214	1.255			9.694	
	Allemands		54	3	1	3	61	61				
	Grecs		262	7	9	8	286	286				
	Italiens		140	13	4	5	162	162				
	Belges		14	»	»	»	14	14				
	Suisses		21	9	5	4	39	39	2.088			
	Espagnols		5	»	»	»	5	5				
	Norvégiens, Suédois		46	45	25	25	141	141				
	Turcs		51	5	6	6	68	68				
	Américains	Des États-Unis	10	6	1	1	18					
		Autres	2	»	»	»	2	20				2.706.661
	Autres nationalités		31	2	1	3	37	37				
Asiatiques	Hindous	Français	17	6	»	1	24					
		Anglais	1.616	558	488	449	3.111	3.135				
	Chinois		453	4	2	4	463	463	3.602			
	Autres		4	»	»	»	4	4		5.580		
Africains	Somalis		179	21	12	20	232	232				
	Comoriens		912	220	141	198	1.471	1.471	1.978			
	Autres		215	29	14	17	275	275				
Malgaches	Fonctionnaires et non fonctionnaires		770.340	867.298	531.376	521.367	2.690.381	2.690.381				
	Métis (fonctionnaires et non fonctionnaires)		100	60	429	417	1.006	1.006	2.691.387			
TOTAUX			779.202	870.248	533.608	523.603	2.706.661					

(1) Dont 119 femmes, 42 garçons et 50 filles de fonctionnaires ou agents administratifs.
(2) Dont 57 femmes, 32 garçons et 47 filles de fonctionnaires ou agents administratifs.
(3) Dont 1 femme, 12 garçons et 13 filles de fonctionnaires ou agents administratifs.
(4) Dont 2 femmes, 3 garçons et 2 filles de fonctionnaires ou agents administratifs.

N° 8 — ÉTAT PAR PROVINCES ET PAR NATIONALITÉS

DE LA POPULATION DE MADAGASCAR AU 1er JANVIER 1909, MILITAIRES NON COMPRIS

PROVINCES	FRANÇAIS	ÉTRANGERS européens ou d'origine européenne	ASIATIQUES			AFRICAINS	MALGACHES	MÉTIS	TOTAUX par province
			HINDOUS	CHINOIS	AUTRES				
Diégo-Suarez	1.527	231	197	134	»	521	15.251	10	17.871
Vohémar	114	37	119	10	»	90	40.971	»	41.341
Betsimisaraka du Nord	75	54	13	»	»	»	22.335	23	22.500
Sainte-Marie	60	4	9	»	»	»	5.650	47	5.770
Betsimisaraka du Centre	106	60	9	12	»	4	81.555	19	81.765
Tamatave-Ville	1.719	465	155	77	»	69	4.486	55	7.026
Fetraomby	261	67	26	79	4	75	17.776	53	18.341
Beforona	18	2	»	5	»	6	8.775	»	8.806
Betanimena	133	38	20	30	»	15	25.078	20	25.334
Betsimisaraka du Sud	146	100	13	25	»	5	100.942	41	101.272
Mananjary	210	109	20	23	»	1	70.365	»	70.728
Farafangana	62	33	5	1	»	»	306.520	17	306.638
Nossi-Bé	296	26	536	10	»	698	48.085	»	49.651
Analalava	57	23	149	»	»	66	41.070	21	42.286
Majunga	807	131	1.030	14	»	173	52.202	9	54.456
Maintirano	17	12	38	»	»	19	29.416	6	29.508
Maevatanana	67	42	225	»	»	86	47.297	12	47.729
Morondava	31	42	219	»	»	96	71.684	58	72.130
Tuléar	149	39	272	1	»	12	134.532	»	135.005
Mandritsara	14	»	11	»	»	»	27.964	6	27.995
Angavo-Mangoro	186	61	3	15	»	36	140.975	85	141.361
Imerina-Nord	32	6	»	»	»	»	41.675	5	41.718
Itasy	77	18	1	»	»	»	126.300	13	126.409
Imerina-Centrale	105	35	»	»	»	»	359.328	43	359.511
Tananarive-Ville	721	200	14	4	»	»	61.723	386	63.048
Vakinankaratra	91	57	»	»	»	1	147.497	»	147.646
Ambositra	129	36	»	2	»	»	149.950	4	150.121
Fianarantsoa	176	85	7	13	»	1	292.951	47	293.280
Fort-Dauphin	122	64	27	8	»	2	178.134	18	178.375
Mahafaly	8	11	17	»	»	2	38.994	8	39.040
TOTAUX	7.606	2.088	3.135	463	4	1.978	2.690.381	1.006	2.706.661

II

PROFESSIONS

N° 9 — STATISTIQUES PAR PROFESSIONS DE LA POPULATION EUROPÉENNE AU 1er JANVIER 1909

PROVINCES	Agents de Cies de navigation	Agents d'affaires	Agents d'assurances	Agriculteurs, cultivateurs	Architectes et ingénieurs	Armateurs	Avocats-défenseurs	Banquiers	Blanchisseurs	Bouchers	Boulangers, pâtissiers	Briquetiers, fabricants de chaux	Carriers, [illegible]	Capitaines de navires	Charcutiers	Charpentiers, menuisiers, charrons	Chaudronniers	Cochers	Coiffeurs	Commerçants divers	Commissionnaires	Courtiers	Constructeurs de navires	Consuls	Cordonniers, selliers	Cuisiniers, domestiques	Débitants	Distillateurs
Diégo-Suarez — Commune	4	»	»	23	4	»	4	1	1	1	9	2	4	»	5	22	2	4	6	21	»	»	1	2	8	4	»	»
Diégo-Suarez — Province	»	»	»	84	»	»	»	»	2	1	2	1	1	»	»	9	1	»	»	17	»	»	»	»	1	»	»	»
Total	4	»	»	107	4	»	4	1	3	2	11	3	5	»	5	31	3	4	6	41	»	»	1	2	9	4	»	»
Vohémar	»	»	»	10	»	1	»	»	»	»	1	»	3	»	»	14	»	»	»	14	»	»	»	»	»	»	»	»
Maevatanana	»	»	»	16	»	»	»	»	»	»	4	»	»	»	»	8	»	»	»	8	»	»	»	»	1	2	»	»
Sainte-Marie	»	»	»	6	»	1	»	»	»	»	1	»	»	»	»	1	»	»	»	7	»	»	»	»	»	»	»	»
Tamatave — Commune	10	3	»	20	»	»	7	9	47	6	15	»	3	2	5	81	4	1	5	36	1	5	4	3	10	27	1	»
Tamatave — Province	2	»	»	33	»	»	»	»	»	»	»	»	»	»	»	3	»	»	»	19	»	»	»	»	»	»	»	»
Total	11	3	»	53	»	»	7	9	47	6	15	»	3	2	5	84	4	1	5	55	1	5	4	3	10	27	1	»
Andovoranto	2	»	»	48	»	»	»	»	»	»	1	»	1	»	1	12	»	»	»	12	1	»	»	»	2	»	»	1
Vatomandry	»	1	»	46	»	»	»	»	»	»	1	»	1	»	»	7	»	»	»	12	»	»	»	»	»	»	»	»
Mananjary	1	»	»	15	»	»	»	4	»	»	1	»	1	»	»	7	»	»	»	5	1	»	»	»	»	1	»	»
Farafangana	»	»	»	3	»	»	»	»	»	»	»	»	6	»	»	4	»	»	»	4	»	»	»	»	»	»	»	»
Fort-Dauphin	»	»	»	6	»	»	»	»	»	»	1	»	3	»	»	7	»	»	»	21	»	»	»	»	»	2	»	1
Tuléar	»	2	»	8	»	1	»	4	»	»	»	»	4	»	»	1	»	»	»	18	»	»	»	»	»	»	»	»
Morondava	1	»	»	7	»	»	»	»	»	»	»	»	8	»	»	1	»	»	»	11	»	1	»	»	»	2	»	»
Majunga — Commune	7	»	»	6	1	»	2	7	5	2	4	»	3	1	1	22	1	»	1	34	1	1	5	»	»	6	»	»
Majunga — Province	»	2	»	9	1	»	»	»	»	»	»	»	14	»	»	4	»	»	1	17	»	»	»	»	»	1	»	»
Total	7	2	»	15	2	»	2	7	5	2	4	»	17	1	1	26	1	»	2	51	1	1	5	»	»	7	»	»
Maevarano	»	»	»	1	»	»	»	»	»	»	»	»	10	»	»	»	»	»	»	5	»	»	»	»	»	»	»	»
Analalava	»	1	»	13	»	»	»	»	»	»	»	»	4	»	»	2	»	»	»	9	»	»	»	»	»	»	»	»
Nossi-Bé — Commune	»	»	»	9	»	»	1	2	»	»	1	»	2	»	»	3	»	»	»	1	»	2	»	»	3	»	»	1
Nossi-Bé — Province	»	»	»	42	»	»	»	1	»	»	»	»	»	»	»	»	»	»	»	16	»	1	»	»	»	»	»	»
Total	»	»	»	51	»	»	1	3	»	»	1	»	2	»	»	3	»	»	»	17	»	3	»	»	3	»	»	1
Tananarive — Commune	»	2	»	15	6	»	10	»	»	»	6	»	16	»	1	11	»	»	3	21	1	»	»	3	1	2	»	1
Tananarive — Province	»	»	»	31	»	»	»	»	»	»	»	»	3	»	»	»	»	»	»	2	»	»	»	»	»	»	»	2
Total	»	2	»	46	6	»	10	»	»	»	6	»	19	»	1	11	»	»	3	23	1	»	»	3	1	2	»	3
Ankazobé	»	»	»	5	»	»	»	»	»	»	»	»	»	»	»	1	»	»	»	1	»	»	»	»	»	»	»	»
Itasy	»	»	»	11	»	»	»	»	»	»	»	»	1	»	»	»	»	»	»	»	»	»	»	»	»	»	»	»
Vakinankaratra	»	»	»	8	1	»	»	»	»	»	»	»	1	»	1	»	»	»	»	4	»	»	»	»	»	»	»	1
Ambositra	»	»	»	9	»	»	»	»	»	»	1	»	»	»	»	»	»	»	»	3	»	»	»	»	»	»	»	»
Fianarantsoa — Commune	»	2	»	1	»	»	1	»	»	»	1	»	»	»	»	»	»	»	»	3	»	»	»	1	»	»	1	2
Fianarantsoa — Province	»	»	»	6	»	»	»	»	»	»	»	»	»	»	»	»	»	»	»	1	»	»	»	»	»	»	»	»
Total	»	2	»	7	»	»	1	»	»	»	1	»	»	»	»	»	»	»	»	4	»	»	»	1	»	»	1	2
Betroka	»	»	»	»	»	»	»	»	»	»	»	»	2	»	»	2	»	»	»	3	»	»	»	»	»	»	»	»
Mandritsara	»	»	»	»	»	»	»	»	»	»	»	»	»	»	»	»	»	»	»	»	»	»	»	»	»	»	»	»
Mahafaly	»	»	»	»	»	»	»	»	»	»	»	»	»	»	»	»	»	»	»	»	»	»	»	»	»	»	»	»
Totaux	26	13	»	481	12	3	25	28	55	10	49	3	91	3	14	222	8	5	16	329	5	10	10	9	26	45	2	6

PROVINCES	Ébénistes	Éleveurs	Employés de commerce	Entrepreneurs de constructions	Entrepreneurs de transports	Épiciers	Exploitants forestiers	Exploitants des mines, prospecteurs	Fabricants de bière	Fabricants d'eaux gazeuses	Fabricants de chapeaux	Fabricants de glace	Fabricants de savon	Fabricants de tabac, cigares et cigarettes	Ferblantiers, forgerons, serruriers, mécaniciens	Horlogers, bijoutiers	Hôteliers, restaurateurs, aubergistes	Imprimeurs, typographes, libraires	Journaliers, tâcherons	Journalistes	Maçons et tailleurs de pierres	Maraîchers	Marchands ambulants	Marchands de bestiaux	Marchands de bois	Marchands de charbon	Médecins civils	Missionnaires	Pêcheurs	Peintres et vitriers	Pharmaciens, infirmiers	Photographes	Préparateurs de vanille	Professeurs et instituteurs libres	Tailleurs, couturières et modistes	Tanneurs, marchands de peaux	Teinturiers
Diégo-Suarez — Commune	1	7	66	14	3	3	»	14	»	»	»	1	»	»	32	2	5	6	5	»	53	»	»	»	»	»	»	»	1	6	7	»	»	»	5	2	»
Diégo-Suarez — Province	»	»	12	»	»	»	»	1	»	»	2	»	»	»	5	»	2	»	5	»	5	»	1	»	»	»	»	»	1	»	»	»	»	»	1	»	»
Total	1	3	78	14	3	3	»	15	»	»	2	1	»	»	37	2	7	6	10	»	58	»	1	»	»	»	»	»	2	6	7	»	»	»	6	2	»
Vohémar	1	»	24	»	»	1	11	1	»	»	»	»	»	»	6	»	»	»	»	»	1	»	»	»	1	»	»	2	»	1	»	»	19	»	4	»	»
Maevatanana	»	»	18	»	»	»	8	1	»	»	»	»	»	»	»	»	»	»	»	»	5	»	»	»	2	1	»	»	1	»	»	»	12	»	»	»	»
Sainte-Marie	»	»	4	»	»	»	»	»	»	»	1	»	»	»	1	»	»	»	1	»	»	»	»	»	»	»	»	2	»	»	»	»	5	»	»	»	»
Tamatave — Commune	4	»	107	6	1	7	»	3	»	»	»	1	»	2	64	7	5	6	5	3	17	»	2	»	1	»	2	23	23	15	5	»	1	1	87	»	»
Tamatave — Province	»	»	14	»	»	1	5	8	»	»	»	»	»	»	1	»	»	»	»	»	»	»	»	»	»	»	»	7	4	»	»	»	»	1	»	»	»
Total	4	»	121	6	1	8	5	11	»	»	»	1	»	2	65	7	5	6	5	2	17	»	2	»	1	»	2	29	27	15	5	»	1	2	87	»	»
Andovoranto	»	»	15	2	10	»	»	18	»	»	»	»	»	»	3	2	8	»	4	»	»	»	»	»	»	»	»	»	»	»	»	»	»	»	5	»	»
Vatomandry	»	»	14	»	»	»	»	31	»	»	»	»	»	»	5	»	»	»	»	»	1	»	»	»	»	»	»	»	»	1	»	»	1	»	»	»	»
Mananjary	»	»	22	4	»	»	»	39	»	»	»	»	»	»	3	»	6	»	1	»	»	»	»	»	»	»	»	8	»	»	2	»	1	»	4	»	»
Farafangana	»	»	6	»	»	1	»	13	»	»	»	»	»	»	»	»	»	»	»	»	»	»	»	»	»	»	»	»	»	»	»	»	1	»	»	»	»
Fort-Dauphin	»	»	11	»	»	»	»	»	»	»	»	»	»	»	1	»	»	»	»	»	2	»	»	»	»	»	»	»	»	»	»	»	»	»	»	»	»
Tuléar	»	»	6	»	»	»	»	»	»	»	»	»	»	»	»	»	1	»	1	»	»	1	1	1	»	»	»	»	1	»	»	»	»	»	»	»	»
Morondava	»	»	14	»	»	5	»	7	»	»	»	»	»	»	»	»	»	»	»	»	»	»	»	»	»	»	»	»	»	»	»	»	»	»	»	»	»
Majunga — Commune	2	»	53	6	5	1	»	4	»	»	»	»	»	»	14	»	1	7	2	»	12	»	»	1	»	»	2	»	»	1	3	1	»	1	7	»	1
Majunga — Province	»	3	42	1	1	4	»	1	»	»	»	1	»	»	4	»	»	»	»	»	»	»	»	4	»	»	»	4	»	»	»	»	»	»	2	»	»
Total	2	3	95	7	6	5	»	5	»	»	»	1	»	»	16	»	3	7	2	»	12	»	»	5	»	»	2	4	»	1	3	1	»	1	9	»	1
Maevarano	»	1	24	»	»	7	»	12	»	»	»	»	»	»	»	»	9	»	11	»	»	»	»	1	»	»	»	»	»	»	»	»	»	»	»	»	»
Analalava	»	»	12	»	1	»	»	4	»	»	»	»	1	»	1	»	»	»	»	»	»	»	»	»	»	»	»	2	»	»	»	»	»	»	»	»	»
Nossi-Bé — Commune	»	»	7	»	»	»	»	»	»	»	»	»	»	»	4	1	1	»	»	»	3	»	»	»	»	»	»	»	»	»	»	»	»	»	»	»	»
Nossi-Bé — Province	»	»	7	»	»	»	»	5	»	»	»	»	»	»	3	»	»	»	»	»	»	»	»	»	»	»	»	»	»	»	»	»	»	»	»	»	»
Total	»	»	14	»	»	»	»	5	»	»	»	»	»	»	7	1	1	»	»	»	3	»	»	»	»	»	»	»	»	»	»	»	»	»	»	»	»
Tananarive — Commune	»	1	45	10	8	8	»	22	1	»	»	»	1	»	14	2	4	4	18	2	1	2	»	»	»	1	3	70	»	2	5	»	»	»	4	1	»
Tananarive — Province	»	»	7	1	2	2	»	3	»	»	»	1	»	»	2	»	2	»	3	»	»	»	»	»	1	»	»	6	»	»	»	»	»	»	»	»	»
Total	»	1	51	20	10	10	»	25	1	»	»	1	1	»	16	2	6	4	21	2	1	2	»	»	1	1	3	76	»	2	5	»	»	»	4	1	»
Ankazobé	»	1	3	»	2	»	»	3	»	»	»	»	»	»	»	»	»	»	2	»	»	»	»	»	»	»	»	3	»	»	»	»	»	»	»	»	»
Itasy	»	»	»	»	»	1	»	21	»	»	»	»	»	»	»	»	1	»	»	»	»	»	»	»	»	»	»	»	»	»	»	»	»	»	»	»	»
Vakinankaratra	»	»	11	1	»	»	»	10	1	»	»	»	»	»	1	»	4	»	1	»	»	»	»	»	»	»	»	16	»	»	»	»	»	»	»	»	»
Ambositra	»	»	6	»	»	»	»	43	»	»	»	»	»	»	»	»	»	»	»	»	»	1	»	»	»	»	»	»	»	»	»	»	»	»	»	»	»
Fianarantsoa — Commune	»	»	7	1	»	»	1	6	»	»	»	»	»	»	1	»	»	»	»	2	1	»	»	»	»	»	»	33	»	»	»	»	»	»	»	»	»
Fianarantsoa — Province	»	»	»	2	»	»	1	23	»	»	»	»	»	»	1	»	»	»	1	»	»	»	»	»	»	»	»	25	»	»	»	»	»	»	»	»	»
Total	»	»	7	3	»	»	2	27	»	»	»	»	»	»	8	»	»	»	1	2	1	»	»	»	»	»	»	55	»	»	»	»	»	»	»	»	»
Betroka	»	»	»	»	»	»	»	1	»	»	»	»	»	»	»	»	»	»	»	»	1	»	»	»	»	»	»	»	»	»	»	»	»	»	»	»	»
Mandritsara	»	»	»	»	»	»	»	»	»	»	»	»	»	»	»	»	»	»	»	»	»	»	»	»	»	»	»	»	»	»	»	»	»	»	»	»	»
Mahafaly	»	»	»	»	»	»	»	1	»	»	»	»	»	»	»	»	»	»	»	»	»	»	»	»	»	»	»	»	»	»	»	»	»	»	»	»	»
Totaux	4	8	554	57	35	38	26	300	2	»	3	3	2	2	100	15	51	23	61	6	70	4	4	7	5	2	7	190	31	20	22	1	40	3	110	3	1

III

FINANCES

N° 10 — SITUATION FINANCIÈRE DE 1899 A 1908

ANNÉES	RECETTES		DÉPENSES		RECETTES ET DÉPENSES	
	EN PLUS sur prévisions.	EN MOINS sur prévisions.	EN PLUS sur prévisions.	EN MOINS sur prévisions.	EXCÉDENTS	DÉFICITS
	francs.	francs.	francs.	francs.	francs.	francs.
1899	3.849.154		2.940.823		909.266	
1900	5.538.785		3.290.635		2.248.541	
1901	3.657.120		3.244.682		413.362	
1902	3.618.137		3.319.073		300.369	
1903	1.394.323		700.982		693.341	
1904	1.060.299			1.371.067	2.431.367	
1905	1.405.906			735.419	2.141.325	
1906	(1) 702.391			(1) 5.220.075	(2) 5.922.466	
1907	(1) 656.065			(1) 2.755.298	(2) 3.411.364	
1908						

(1) Voir les tableaux de développement ci-contre pour la décomposition des recettes et dépenses en :

Recettes et dépenses ordinaires ;
Recettes et dépenses extraordinaires ;
Recettes et dépenses du budget annexe du chemin de fer.

(2) Les chiffres généraux des excédents de recettes par rapport aux dépenses pour 1906 et 1907 se décomposent ainsi :

1906	Recettes ordinaires	3.984.846
	Recettes extraordinaires	1.837.620
	Totaux	5.922.466
1907	Recettes ordinaires	2.881.329
	Recettes extraordinaires	297.227
	Recettes du budget annexe du chemin de fer	232.808
	Totaux	3.411.364

N° 14. — BUDGETS LOCAUX. — RECETTES DE L'ANNÉE 1899 A L'ANNÉE 1908 INCLUSIVEMENT.

NATURE DES RECETTES	1899	1900	1901	1902	1903	1904	1905	1906	1907	1908	OBSERVATIONS
RECETTES RÉALISÉES											
Section I. — Budget ordinaire (*Recettes ordinaires*)	14.985.155 82	19.310.785 21	23.561.120 78	25.623.137 63	24.901.323 67	24.865.299 60	25.497.486 83	25.560.948 22	25.301.276 11	»	
Section II. — Recettes extraordinaires (1)	»	»	»	»	»	»	»	5.180.798 58	4.441.422 05	»	(1) A compter de 1906 les recettes extraordinaires qui figuraient antérieurement à un budget distinct ont été incorporées au budget local dont elles forment la section II. Afin de permettre la comparaison des recettes ordinaires réalisées et des prévisions budgétaires de 1906 et 1907 avec les antérieures des budgets ordinaires de 1899 à 1905 toutes les recettes et prévisions de 1906 et 1907 ont été décomposées par section.
Section III. — Budget annexe du chemin de fer	»	»	»	»	»	»	»	»	945.943 31	»	
Totaux	14.985.155 82	19.310.785 21	23.561.120 78	25.623.137 63	24.901.323 67	24.865.299 60	25.497.486 63	30.693.746 80	30.688.642 27	»	
PRÉVISIONS											
Section I. — Budget ordinaire (*Recettes ordinaires*)	11.136.000 »	13.773.000 »	19.904.000 »	22.005.000 »	23.507.000 »	23.805.000 »	24.091.580 70	23.243.355 83	23.483.918 14	35.580.700 »	
Section II. — Recettes extraordinaires (1)	»	»	»	»	»	»	»	6.748.000 »	5.790.000 »	5.690.000 »	
Section III. — Budget annexe du chemin de fer	»	»	»	»	»	»	»	»	758.656 58	861.860 »	
Totaux	11.136.000 »	13.773.000 »	19.904.000 »	22.005.000 »	23.507.000 »	23.805.000 »	24.091.580 70	29.991.355 83	30.032.574 72	42.091.610 »	
PLUS-VALUE OU MOINS-VALUE PAR RAPPORT AUX PRÉVISIONS											
Section I. — Budget ordinaire (*Recettes ordinaires*)	+ 3.849.155 82	+ 5.538.785 21	+ 3.657.120 78	— 3.618.137 63	+ 1.394.323 67	+ 1.060.299 60	+ 1.405.906 13	+ 2.260.592 40	+ 1.817.357 97	»	
Section II. — Recettes extraordinaires (1)	»	»	»	»	»	»	»	— 1.568.201 34	— 1.348.577 05	»	
Section III. — Budget annexe du chemin de fer	»	»	»	»	»	»	»	»	+ 187.286 73	»	
Totaux	+ 3.849.155 82	+ 5.538.785 21	— 3.657.120 78	+ 3.618.137 63	+ 1.394.323 67	+ 1.060.299 60	+ 1.405.906 13	+ 702.391 06	+ 656.065 65	»	

N° 12. — BUDGETS LOCAUX. — DÉPENSES DE L'ANNÉE 1899 A L'ANNÉE 1908 INCLUSIVEMENT.

NATURE DES DÉPENSES	1899	1900	1901	1902	1903	1904	1905	1906	1907	PRÉVISIONS DU BUDGET 1908	OBSERVATIONS
	fr. c.	fr. c.	fr. c.	fr. c.	fr. c.	fr. c.	fr. c.	fr. c.	fr. c.	fr. c.	
DÉPENSES EFFECTUÉES											
Section I. — Budget ordinaire (*Dépenses ordinaires*)	14.075.889 65	17.062.244 73	23.147.758 75	25.322.768 93	24.207.982 78	22.433.932 71	23.356.161 01	21.519.102 10	22.419.846 39	»	
Section II. — Dépenses extraordinaires (1)	»	»	»	»	»	»	»	3.252.178 17	4.144.195 90	»	(1) A partir de 1906 les dépenses extraordinaires qui figuraient antérieurement à un budget distinct ont été incorporées au budget local dont elles forment la section II. Afin de permettre la comparaison des dépenses ordinaires effectuées et des prévisions budgétaires de 1906 et 1907 avec les antérieures des budgets ordinaires de 1899 à 1905 inclus, elles ont été décomposées par sections.
Section III. — Budget annexe du chemin de fer	»	»	»	»	»	»	»	»	713.135 63	»	
TOTAUX	14.075.889 65	17.062.244 73	23.147.758 75	25.322.768 93	24.207.982 78	22.433.932 71	23.356.161 01	24.771.280 47	27.277.277 92	»	
PRÉVISIONS											
Section I. — Budget ordinaire (*Dépenses ordinaires*)	11.135.066 »	13.771.609 »	19.903.076 45	22.003.695 75	23.507.000 »	23.805.000 »	24.091.580 70	23.243.355 83	23.482.918 14	23.039.750 »	
Section II. — Dépenses extraordinaires (1)	»	»	»	»	»	»	»	6.748.000 »	5.760.000 »	7.090.000 »	
Section III. — Budget annexe du chemin de fer	»	»	»	»	»	»	»	»	758.058 58	861.860 »	
TOTAUX	11.135.066 »	13.771.609 »	19.903.076 45	22.003.695 75	23.507.000 »	23.805.000 »	24.091.580 70	29.991.355 83	30.002.976 72	32.091.610 »	
PLUS-VALUES OU MOINS-VALUES PAR RAPPORT AUX PRÉVISIONS											
Section I. — Budget ordinaire (*Dépenses ordinaires*)	+ 2.940.823 65	+ 3.290.635 73	+ 3.244.682 30	+ 3.319.073 18	+ 700.982 78	— 1.371.067 29	— 735.419 69	— 1.724.253 73	— 1.063.071 75	»	
Section II. — Dépenses extraordinaires (1)	»	»	»	»	»	»	»	— 3.495.821 83	— 1.615.804 10	»	
Section III. — Budget annexe du chemin de fer	»	»	»	»	»	»	»	»	— 45.522 95	»	
TOTAUX	+ 2.940.823 65	+ 3.290.635 73	+ 3.244.682 30	+ 3.319.073 18	+ 700.982 78	— 1.371.067 29	— 735.419 69	— 5.220.075 56	— 2.735.208 80	»	

N° 13 — BUDGETS LOCAUX — RECETTES DE L'ANNÉE 1899 A L'ANNÉE 1908 INCLUSIVEMENT

NATURE DES RECETTES	1899	1900	1901	1902	1903	1904	1905	1906	1907	PRÉVISIONS 1908	OBSERVATIONS
	fr. c.	fr. c.	fr. c.	fr. c.	fr. c.	fr. c.	fr. c.	fr. c.	fr. c.	fr. c.	
SECTION I											
Recettes ordinaires.											
Produit des ventes et locations domaniales	305.230 95	145.420 15	131 281 87	139.863 43	131.171 21	91.960 43	102.216 36	63.272 22	60.392 18	50.000 »	
Recettes domaniales diverses	166.905 65	78.843 87	78.465 56	69.380 52	96.618 79	30.326 21	18 216 13	82.018 51	68.577 75	40.000 »	
Produit du domaine forestier	41.074 »	27.875 06	28.027 36	35.270 85	42.531 45	78.474 77	44.611 46	50.460 48	53.262 86	45.000 »	
— des permis de recherches minières	9.100 »	45.800 »	20.625 »	52.675 06	152.457 26	256.480 88	272.628 37	306.487 28	232.426 16	305.000 »	
Redevances dues par les exploitants de mines	57.737 70	170.610 27	184.617 31	161.026 75	217.990 »	379.075 01	436.280 25	305.806 37	519.702 56	380.000 »	
Produit des jardins d'essais	3.486 58	3.215 41	2.801 84	5.126 04	5.083 32	6.132 11	7.309 15	5.948 36	8.703 05	4.000 »	
Patentes	295.251 29	514.372 46	535.903 01	424.419 51	530.095 46	538.801 71	611.310 87	500.375 65	605.521 40	550.000 »	
Licences	98.805 68	175.290 02	151.020 15	216.141 50	353.401 40	398.718 90	385.077 01	331.255 45	310.665 45	300.000 »	
Taxe de séjour	94.985 97	107.749 25	180.955 16	286.142 08	377.990 92	401.178 75	392.714 08	426.086 75	450.502 73	400.000 »	
— personnelle	2.257.659 30	3.158.905 22	10.304.287 91	11.863.800 68	12.006.563 36	12.425.475 61	12.671.032 41	12.725.118 91	12.911.270 65	11.500.000 »	
Impôt foncier sur les maisons	471.690 54	504.092 11	560.877 63	665.680 20	579.958 94	580.850 55	556.876 60	113.786 14	91.277 15	110.280 »	
— — rizières	1.219.060 04	1.580.960 46	1.650.641 30	1.758.114 37	1.683.568 34	1.636.794 64	473.506 17	467.301 04	472.390 95	460.000 »	
— — propriétaires d'animaux	112.601 88	138.911 33	130.906 40	321.861 91	630.487 81	729.567 57	1.328.472 64	1.511.692 25	1.834.564 85	1.600.000 »	
Rachat de prestation	1.286.913 37	1.238.361 45	»	»	»	»	»	»	»	»	
Impôt sur les champs de cannes à sucre	»	»	»	»	»	17.320 90	»	»	»	»	
— célibataires sans enfants	»	21.107 10	45.339 12	51.780 80	33.185 65	»	»	»	»	»	
Taxe d'assistance médicale	»	104.935 65	151.453 30	183.533 36	885.957 64	1.007.918 57	1.164.141 91	1.136.390 73	1.106.783 60	1.150.000 »	
Impôt sur les moulins à betsabetsa	26.071 80	67.466 32	61.427 78	57.376 46	66.337 20	77.725 »	50.037 76	113.506 34	121.806 25	80.000 »	
Taxe sur les poids et mesures	»	»	»	»	»	»	»	»	217 10	3.000 »	
— sur les chiens	»	»	»	»	»	»	»	»	100 »	250 »	
Droits de douane à l'importation	763.339 11	1.166.022 40	882.657 12	822.044 13	740.969 05	560.095 66	609.624 76	690.164 14	613.602 58	50.000 »	
— l'exportation	417.926 09	395.913 »	363.150 51	940.535 17	436.120 60	172.147 47	222.200 »	42.072 50	327.300 48	200.000 »	
Taxe de consommation	2.473.212 01	3.706.186 50	3.502.704 04	3.423.325 07	3.050.016 95	2.385.740 65	3.262.940 42	3.635.798 62	2.760.675 67	3.310.000 »	
Droit de visite sur les animaux	»	»	»	»	»	»	36.410 50	45.903 50	53.035 50	40.000 »	
— accessoires de douanes	7.664 04	9.627 26	23.919 35	58.281 38	8.310 83	40.086 30	14.970 96	12.783 96	16.707 08	9.000 »	
Amendes et confiscations	108 »	»	10.548 30	18.761 62	19.820 50	11.396 25	250 »	900 04	4.149 13	500 »	
Droits de navigation et droits sanitaires	309 60	3.343 56	18.926 21	18.800 63	18.090 72	14.768 14	23.546 25	16.320 67	17.454 67	15.500 »	
— consommation sur les produits divers	»	»	»	20.276 70	10.689 00	60.906 99	133.860 96	108.540 70	120.650 61	130.000 »	
— statistique	»	»	»	»	»	»	58.651 »	56.477 16	61.098 65	65.000 »	
Subvention métropolitaine	1.800.000 »	1.700.000 »	1.330.000 »	790.000 »	»	»	»	»	»	»	
Recettes postales et télégraphiques	366.277 67	428.088 22	485.420 31	621 986 68	203.009 94	615.130 86	702.099 77	658.297 28	577.525 78	640.000 »	
— des imprimeries officielles	40.743 19	56.290 15	67.982 53	77.517 07	90.260 10	55.446 29	39.180 00	29.095 86	28.259 63	30.000 »	
Droits d'enregistrement et chancellerie	161.338 71	148.481 71	190.578 09	160.455 60	197.677 05	168.117 78	96.474 69	119.830 94	126.430 31	100.000 »	
Taxe municipale de consommation	50.639 05	»	»	»	»	»	»	»	»	»	
Produit des amendes et condamnations pécuniaires	91.543 90	175 266 58	149.428 25	193.278 27	127.019 14	121.290 10	72.479 69	60.741 40	70.668 23	60.000 »	
Permis de séjour aux lieux fixés dans le Betsileo	28.752 40	58.295 »	»	»	»	»	»	»	»	»	
Remboursement des frais d'hospitalisation	37.325 40	58.126 07	40.831 62	40.664 03	30.747 80	10.880 83	3.890 75	4.313 75	9.471 »	2.000 »	
Taxe d'exonération du service militaire	107.730 50	537.190 »	227.465 »	160.100 »	500 »	»	»	»	»	»	
Produit des domaines urbains	»	»	»	»	»	»	»	»	»	»	
Droits de place sur les marchés	782.686 25	707.538 73	942.360 98	928 200 34	900.588 75	909.813 47	877.182 31	830.740 95	725.792 80	820.000 »	
Produit de la taxe d'abatage	78.148 01	71.110 74	86.272 71	113.334 80	147.654 90	167.028 »	321.605 30	370.129 83	405.215 40	160.000 »	
Droits de péage sur les rivières	43.578 20	65.207 12	151.435 93	128.865 77	155.451 56	104.951 80	118.464 55	71.740 25	54.320 25	50.000 »	
Produit de l'École professionnelle	10.858 66	48 776 42	20.904 70	12.054 72	10.894 44	12.321 71	5.688 65	»	2.094 58	510 »	

(A suivre.)

N° 13 — BUDGETS LOCAUX — RECETTES DE L'ANNÉE 1899 A L'ANNÉE 1908 INCLUSIVEMENT (Suite et fin.)

NATURE DES RECETTES	1899	1900	1901	1902	1903	1904	1905	1906	1907	PRÉVISIONS de l'exercice 1908
	fr. c.	fr. c.	fr. c.	fr. c.	fr. c.	fr. c.	fr. c.	fr. c.	fr. c.	fr. c.
Produit du travail des prisonniers	18.977 76	21.337 06	23.350 32	24.458 21	26.089 83	33.076 13	30.183 68	32.913 70	60.821 04	40.000 »
Recettes diverses et accidentelles	107.729 08	198.192 70	336.320 06	180.018 75	194.001 74	328.375 71	190.511 05	133.125 81	280.172 59	289.000 »
Droits de passeports	72.112 79	9.314 20	»	»	»	»	»	»	»	»
Remboursement des frais d'immatriculation	73.010 95	92.013 02	115.013 80	124.715 85	115.776 48	84.107 40	74.598 26	69.632 90	63.186 46	70.000 »
Produit des successions en déshérence atteintes par la prescription trentenaire	»	»	»	»	»	»	139 55	»	»	1.000 »
Produit du chemin de fer de Tanio	»	»	»	»	»	15.706 36	12.427 69	»	»	»
Frais de poursuites pour recouvrement d'impôts	»	»	»	»	»	»	3.160 80	2.443 70	3.474 80	3.000 »
Recouvrements en vertu de poursuites (produits divers)	»	»	»	»	»	»	79 50	239 25	6 »	»
Recettes des automobiles	»	»	»	»	»	»	»	100.765 95	90.250 55	100.000 »
Exercices clos	906.452 63	1.531.743 74	383.187 02	169.168 47	184.088 59	193.137 43	»	41.954 76	45.290 09	»
Permis de chasse	»	»	»	»	»	»	»	»	490 »	1.000 »
Restes à recouvrer sur contributions sur rôles	»	»	»	»	»	»	58.934 04	13.389 17	23.848 42	»
Restes à recouvrer sur produits divers	»	»	»	»	»	»	56.907 97	24.423 86	40.910 37	»
Reversements ·caisses	3.461 25	12.160 46	»	14.075 46	»	»	»	»	»	»
Totaux des recettes ordinaires réalisées	14.985.155 82	19.310.785 21	23.561.120 78	23.823.137 63	24.901.383 67	24.865.289 60	25.497.480 83	25.502.048 23	25.301.276 11	»
Prévisions des recettes ordinaires	11.136.000 »	13.773.000 »	19.904.000 »	22.005.000 »	23.507.000 »	23.805.000 »	24.091.580 70	23.243.355 83	23.683.918 14	22.520.750 »
Plus-values ou moins-values par rapport aux prévisions	+ 3.849.154 82	+ 5.538.785 21	+ 3.657.120 78	− 3.818.137 63	− 1.394.383 67	+ 1.060.289 60	+ 1.405.900 13	+ 2.260.692 40	+ 1.617.357 97	»
SECTION II (1)										
2° Recettes extraordinaires.										
Recettes extraordinaires (Emprunts)	»	»	»	»	»	»	»	5.189.704 60	4.441.022 95	»
— — (Prélèvement sur réserve)	»	»	»	»	»	»	»	»	400 »	»
Totaux des recettes extraordinaires réalisées	»	»	»	»	»	»	»	5.189.708 60	4.441.422 95	»
Prévisions des recettes extraordinaires	»	»	»	»	»	»	»	6.748.000 »	5.790.000 »	7.090.000 »
Plus-values ou moins-values des recettes extraordinaires par rapport aux prévisions	»	»	»	»	»	»	»	1.558.291 34	1.348.577 05	»
SECTIONS I et II										
3° Résultats généraux.										
Totaux généraux des recettes réalisées	14.985.155 82	19.310.785 21	23.561.120 78	25.823.137 63	24.901.383 67	24.865.289 60	25.497.480 83	19.893.749 09	20.742.099 09	»
— prévisions budgétaires	11.136.000 »	13.773.000 »	19.904.000 »	22.005.000 »	23.507.000 »	23.805.000 »	24.091.580 70	20.901.355 83	20.273.018 14	»
Totaux généraux des plus-values ou moins-values des recettes par rapport aux prévisions	+ 3.849.155 82	+ 5.537.785 21	+ 3.657.120 78	+ 3.818.137 63	+ 1.394.383 67	+ 1.060.289 60	− 1.405.900 13	− 702.391 06	+ 468.780 92	»

OBSERVATIONS

(1) Antérieurement à 1906 les recettes à effectuer sur les fonds des emprunts étaient comprises dans un budget distinct dit « Budget extraordinaire ».
A partir de 1906 elles ont été incorporées au budget local. Elles forment la section II des recettes sous la rubrique « Recettes extraordinaires », les recettes ordinaires constituant la section I.
Afin de permettre la comparaison des recettes ordinaires réalisées et des prévisions budgétaires de 1906 et 1907 avec les antérieures pour la période 1899-1908 les recettes extraordinaires et les prévisions dont elles ont fait l'objet ont été présentées à part.

N° 14 — BUDGET ANNEXE DU CHEMIN DE FER

NATURE DES RECETTES	ANNÉE 1907	PRÉVISIONS DU BUDGET 1908	OBSERVATIONS
	fr. c.	fr. c.	
Recettes d'exploitation	927.460 60	849.260 »	
Produit des domaines	»	»	
Location de matériel	5.033 02	6.600 »	
Recettes diverses et accidentelles	5.100 30	6.000 »	
Subvention du budget local	»	»	
Recettes d'exercice clos	8.349 39	»	
Recettes en atténuation	»	»	
Total	945.943 31	»	
Prévisions	758.658 58	861.860 »	
Différence en plus	187.284 73	»	

ÉTAT DES DÉPENSES

N° 15 — BUDGETS LOCAUX — DÉPENSES DE L'ANNÉE 1899 A L'ANNÉE 1908 INCLUSIVEMENT

NATURE DES DÉPENSES	1899	1900	1901	1902	1903	1904	1905	1906	1907	1908	OBSERVATIONS
	fr. c.	fr. c.	fr. c.	fr. c.	fr. c.	fr. c.	fr. c.	fr. c.	fr. c.	fr. c.	
SECTION I											
1° Dépenses ordinaires.											
Dettes et pensions	821.480 45	925.643 20	1.387.366 07	1.503.770 00	2.451.013 04	3.419.191 16	3.450.000 16	3.783.914 57	5.654.092 53	6.218.894 75	
Subventions	»	»	»	»	»	»	»	»			
Subventions aux budgets municipaux	80.271 35	411.000 00	580.387 42	854.575 60	1.046.850 00	744.700 »	750 180 »	498.505 »			
Participation de la colonie aux dépenses militaires	»	»	»	»	»	»	»	»			
Personnel de l'administration française	1.408 948 14	1.036.605 27	1.815.950 93	2.141.040 33	2.116.071 88	2 113.022 05	2.183.200 02	2 155.840 45	2.730.464 80	2.844.473 »	
— indigène	381.140 04	480.302 76	461.383 25	452.670 93	511.564 70	565.257 51	536.221 53	565.816 38			
Matériel	88.335 00	78.401 77	134.534 07	137.351 86	130.376 67	210.082 84	223.172 51	165.793 58	183.822 54	172.720 »	
Direction du contrôle financier	66.314 20	75.720 96	74.281 00	70.434 35	80.741 14	76.087 45	76.643 89	54.101 26	81.357 67	51.000 »	
Trésor	203.427 04	216.982 15	223.589 44	255.638 80	257.200 48	1 013.418 16	987.304 87	919.503 19	931.672 50	908.953 »	
Douanes et contributions indirectes	714.505 04	761.505 00	774.230 03	850.086 00	850 165 33	716.001 00	650.078 16	659.007 90	639.706 55	648.700 »	
Postes et télégraphes	979.653 30	1.463.850 09	2.335.638 32	2.802.785 93	2.297 524 97	1.789 880 00	1.835.338 92	1.813.600 »	1.310.050 01	1.473.719 »	
Service judiciaire	274.640 57	283.831 57	347.504 28	394.317 18	469.096 50	427 245 40	460.223 82	470.556 89	445.733 53	465.100 »	
Garde indigène	1.084.371 77	1 033.184 33	1.846.084 00	1.330.097 08	1.340.032 30	1.330.820 70	1.318.579 01	1.309,068 60	1.274.823 82	1.340.415 »	
Police et prisons	127 094 58	167.194 55	304.511 07	442.533 48	415.251 70	460.510 91	472.112 18	304.242 50	509.505 20	454.700 »	
Gendarmerie	»	»	293 179 60	418.577 40	336.491 20	»	»	»	»	»	
Imprimerie officielle	241.885 80	295.167 09	247.053 40	240.514 91	238.033 93	307.741 02	228.835 81	153.873 48	132 153 58	173.780 »	
Travaux publics	1.470.135 73	1.760.784 74	5.210.204 12	5.850.217 02	5.668.790 38	2.965.934 71	3.777.061 63	3 107.427 51	4.170.804 38	5.052.085 85	
Mines	65.348 56	62.007 30	88.211 00	83.186 66	78.404 52	94.057 05	136.247 81	165.372 10			
Automobiles	»	»	»	»	»	»	»	140 125 88			
Service topographique	234.285 58	280.810 98	482.885 53	479.687 70	503.349 19	462.409 19	451.970 46	408.531 06	350.142 38	398.815 »	
Domaines	1.387 19	88.334 01	128.035 77	131.981 20	147.535 19	138.328 70	105.531 72	96.253 35	105.612 15		
Forêts	77.880 25	49.966 11	58.744 20	50.338 81	44.815 33	38.904 08	16.82 . 79	38.147 56	82.109 54	37.450 »	
Service économique et agriculture	139.150 34	172.154 99	398.777 30	493 786 63	480.167 98	546.817 58	494.516 35	187.131 22	305.661 27	583.428 60	
Service vétérinaire	»	»	»	»	»	153.387 02	139.773 60	136.940 88			
Enseignement	196.403 97	318.244 76	466.860 89	570.613 00	505.781 98	584.083 48	652.901 07	713.407 88	727.500 44	865.905 80	
École professionnelle	114.999 29	131.574 22	117.387 04	187.635 71	196.213 87	172.021 73	182.037 08	»			
Ports rades et phares	72.030 96	80.117 24	322.571 17	382.602 42	342.779 92	301.305 63	120.071 14	128.805 16	137.472 44	142.200 05	
Hôpitaux et services sanitaires	167.695 70	403.050 53	743.201 05	908.800 85	1.301.868 03	336.096 11	287.970 46	256.920 75	212.733 06	382.086 78	

(A suivre.)

N° 15 — BUDGETS LOCAUX — DÉPENSES DE L'ANNÉE 1899 A L'ANNÉE 1908 INCLUSIVEMENT (Suite et fin.)

NATURE DES DÉPENSES	1899	1900	1901	1902	1903	1904	1905	1906	1907	PRÉVISIONS de l'année 1908	OBSERVATIONS
	fr. c.	fr. c.	fr. c.	fr. c.	fr. c.	fr. c.	fr. c.	fr. c.	fr. c.	fr. c.	
Assistance médicale indigène	»	»	»	»	»	1.011.304 36	1.047.323 40	978.186 04	»	»	
Frais de transport	946 371 82	1.161.663 81	1.901.033 62	2.003.443 36	1.926.170 10	1.863.005 81	1.007.644 »	1.343.020 95	1.835.356 80	1.345.500 »	
Dépenses diverses et imprévues et remboursement de recette	836.736 66	843.564 57	862.834 31	624.212 08	431.056 60	204.191 67	335.560 33	163.734 86	396.008 11	103.700 »	
Dépenses diverses et d'intérêt général	180.421 65	425.130 76	236.484 56	212.841 71	216.443 51	318.656 09	349.072 34	464.153 57			
Frais de perception des impôts	378.037 37	607.027 40	637.007 45	744.216 86	710.113 48	»	»	»	»	»	
Frais d'informations télégraphiques	89.175 66	3.020 48	534.154 17	130.550 73	110.527 36	»	»	»	»	»	
Participation de la colonie à l'Exposition de 1900	176.402 30	573.514 60	»	»	»	»	»	»	»	»	
Dépenses d'exercices clos	1.372.218 59	1 917.405 14	602.783 69	461.293 02	382.663 18	254.377 95	»	»	»	»	
Totaux des dépenses ordinaires effectuées	14.075.880 65	17.062.244 73	23.147.758 75	25.323.768 93	24.207.982 78	22.433.931 71	23.356.181 91	21.549.102 10	23.419.046 30	»	
Prévisions des dépenses ordinaires	11.135.066 »	13.771.609 »	19.905.976 45	22.003.695 75	23.507.000 »	23.805.000 »	24.091.580 77	23.263.355 83	25.083.918 18	23.589.750 »	
Plus-values ou moins-values par rapport aux prévisions	— 2.940.833 65	+ 3.290.635 73	— 3.241.682 30	+ 3.319.073 18	+ 700.982 78	— 1.371.067 29	— 735.419 76	— 1.714.253 73	— 1.663.971 75	»	
SECTION II (1)											
2° Dépenses extraordinaires											
Chemin de fer	»	»	»	»	»	»	»	3.095.319 14	4.137.313 27	»	
Travaux publics divers	»	»	»	»	»	»	»	156.850 23	6.882 93	»	
Totaux des dépenses extraordinaires effectuées	»	»	»	»	»	»	»	3.252.178 37	4.144.195 90	»	
Prévisions des dépenses extraordinaires	»	»	»	»	»	»	»	6.748.000 »	5.790.000 »	7.690 »	
Plus-values ou moins-values par rapport aux prévisions	»	»	»	»	»	»	»	— 3.495.821 63	— 1.645.804 10	»	
3° Résultats généraux.											
Totaux généraux des dépenses ordinaires et extraordinaires	14.075.889 65	17.062.244 73	23 147.758 75	25.323.768 93	25.207.982 78	22.433.932 71	23.356.181 01	24.771.280 47	26.564.142 29	»	
— des prévisions budgétaires	11.135.066 »	13.771.609 »	19.903.976 45	22.003.695 75	23.507.000 »	23.805.000 »	24.091.580 77	29.991.355 83	31.273.918 15	31.224.750 »	
Totaux généraux des plus-values ou des moins-values des dépenses par rapport aux prévisions	+ 2.940.823 65	+ 3.290.635 73	— 3.243.682 30	+ 3.319.073 18	+ 700.982 78	— 1.371.067 29	— 735.419 76	— 5.220.075 36	— 4.709 775 86	»	

(1) Antérieurement à 1906 les dépenses à effectuer sur les fonds des emprunts donnaient lieu à l'établissement d'un budget distinct dit budget extraordinaire ; à partir de 1906 elles ont été incorporées au budget local dont elles forment la section II dépenses extraordinaires, la section I ayant trait aux dépenses ordinaires. Les dépenses et prévisions des budgets de 1906 et 1907 ont donc été scindées pour permettre la comparaison avec les années précédentes.

N° 16 — BUDGET ANNEXE DU CHEMIN DE FER

NATURE DES DÉPENSES	DÉPENSES EN 1907	PRÉVISIONS DU BUDGET 1908	OBSERVATIONS
	fr. c.	francs.	
Personnel des services généraux	63.383 62	73.105	
Mouvement et trafic	69.854 70	80.086	
Voie et bâtiment	267.744 77	299.996	
Matériel et traction	97.050 81	108.538	
Approvisionnements généraux	198.966 86	167.800	
Dépenses diverses et accidentelles	16.134 87	82.335	
Travaux complémentaires	»	50.000	
Total	713.135 63	»	
Prévisions	758.658 68	861.860	
Différence en moins	45.552 95	»	

DETTES DE MADAGASCAR

N° 17 — DETTE DE MADAGASCAR AU 1er JANVIER 1909

NATURE DE LA DETTE	LOI AUTORISANT LES EMPRUNTS	DATE D'EXTINCTION DES EMPRUNTS	MONTANT DES EMPRUNTS	TAUX [illegible]	TAUX D'INTÉRÊT ET D'AMORTISSEMENT	CAPITAL AMORTI AU 31 DÉCEMBRE 1907	CRÉDIT AFFECTÉ AU SERVICE DE L'EMPRUNT EN 1907	CAPITAL À REMBOURSER AU 1er JANVIER 1908	UTILISATION DE L'EMPRUNT
			francs.	pour cent.		fr. c.	fr. c.	fr. c.	
Emprunt de 1897. Émission publique avec garantie	5 avril 1897.	Remboursable en 50 ans.	30.000.000	2 1/2	Semestrialité mathématique de 685.005 fr.	2.599.000 »	958.256 25	27.401.000 »	Conversion de l'emprunt malgache de 1886. Exécution de divers travaux publics : routes, lignes télégraphiques, [illegible], phares, balises, ports.
Emprunt de 60 millions avec garantie, contracté en 2 fois	14 avril 1900.								
1er emprunt à la Caisse nationale des retraites pour la vieillesse	14.000.000 fr.	Remboursable en 60 ans.	14.000.000	3 05	Semestrialité de 305.790 fr. 65	318.909 28	641.499 26	13.681.090 72	Construction du chemin de fer Tananarive à la Côte-Est. Travaux publics divers, phares, balises, ports, routes, travaux d'édilité et d'adduction d'eau.
2e émission publique	46.000.000 fr.	Remboursable en 60 ans.	46.000.000	3 »	Semestrialité de 91 [illegible] 725 fr.	1.326.500 »	1.826.450 »	44.673.500 »	
Emprunt de 15 millions avec garantie. Émission publique	19 mars 1905.	Remboursable en 56 ans 1/2.	15.000.000	3 »	Semestrialité de 305.505 fr.	172.500 »	641.470 »	14.827.500 »	Idem.
Totaux			105.000.000	3 12		4.416.909 28	4.017.684 51	100.583.090 72	

IV

JUSTICE

N° 18. — TABLEAU DES CONDAMNATIONS PRONONCÉES PAR LES COURS D'ASSISES OU LES TRIBUNAUX CRIMINELS PENDANT L'ANNÉE 1908

DÉSIGNATION DU SIÈGE des TRIBUNAUX	Meurtres et assassinats	Tentatives	Empoisonnements	Coups et blessures	Rébellion et violences envers des fonctionnaires	Infanticides	Viols et attentats à la pudeur	Banqueroutes frauduleuses	Faux	Incendies	Vols avec violences	Vols qualifiés	Vols domestiques	Vols et concussions au préjudice de l'État	Abus de confiance	Détournements de deniers publics	Concussion	Faux témoignages	Autres crimes	TOTAL des condamnations	NOMBRE des acquittements	NOMBRE TOTAL des affaires jugées	OBSERVATIONS
COURS D'APPEL																							
Tananarive	9	»	2	22	6	»	1	»	»	»	11	»	137	»	27	12	2	»	»	»	»	229	
TRIBUNAUX CRIMINELS																							
Tamatave	»	»	»	1	»	»	»	»	1	»	»	»	»	»	»	»	»	»	2	3	1	4	
Diégo-Suarez	»	»	»	»	»	»	»	»	»	»	»	»	»	2	»	»	»	»	»	2	»	1	
Majunga	(1) 1	»	»	»	»	»	»	»	»	1	»	»	»	»	»	»	»	»	»	1	»	2	(1) Arrêt ordonnant complément d'information.
JUSTICE DE PAIX À COMPÉTENCE ÉTENDUE																							
Fianarantsoa	»	»	»	»	»	»	»	»	»	»	»	2	»	»	»	»	»	»	»	2	»	2	
Mananjary	»	»	»	»	»	»	»	»	»	»	»	»	»	»	»	»	»	»	»	»	»	»	
Nossi-Bé	»	»	»	»	»	»	»	»	»	»	»	»	»	»	»	»	»	»	»	»	»	»	
Tuléar	»	»	»	»	»	»	»	»	»	»	»	»	»	»	»	»	»	»	»	»	»	»	
TRIBUNAUX INDIGÈNES DU 2e DEGRÉ																							
Tananarive	2	»	»	21	»	»	»	»	»	2	4	»	1	4	»	»	»	»	»	31	»	31	
Tamatave	2	»	»	»	»	»	»	»	»	1	2	»	»	»	»	»	»	»	»	»	3	8	
Diégo-Suarez-Antsirane	2	4	»	1	»	»	»	»	»	»	5	»	»	»	»	»	»	»	»	12	»	12	
Majunga	7	»	1	6	»	»	1	»	»	»	»	10	»	»	»	»	»	1	»	19	7	16	
Fianarantsoa	6	1	»	»	»	»	»	»	»	»	»	»	2	»	»	»	»	»	»	9	4	7	
Mananjary	»	2	»	3	»	»	»	»	»	»	2	»	»	»	»	»	»	»	»	7	2	5	
Nossi-Bé Hell-Ville	»	»	»	»	»	»	»	»	»	»	2	»	»	»	1	»	»	»	»	3	»	3	
Ampanihy (a)	»	»	»	»	»	»	»	»	»	»	3	»	»	»	»	»	»	»	»	3	»	1	(a) Du 1er janvier au 15 juin 1908.
Tuléar	4	»	1	2	»	»	»	»	»	»	»	»	»	»	»	»	»	»	»	7	3	6	
Ambositra	3	»	»	»	»	»	»	»	»	»	3	»	»	»	»	»	»	»	»	6	1	3	
Analalava	»	»	»	»	»	»	»	»	»	»	»	»	»	»	»	»	»	»	»	»	»	»	
Andevorante	3	1	1	13	»	»	»	1	»	1	4	»	55	»	4	»	»	»	3	63	9	(3) 51	(3) Trois affaires classées sans suite, 1 ordonnance de non-lieu, [illegible] affaires en instance.
Ankazobe	1	»	»	»	»	»	»	»	1	»	1	»	»	»	»	»	»	»	»	3	10	4	
Antsirabe	9	»	1	4	»	»	»	»	»	»	8	»	»	»	»	»	»	»	»	27	3	6	
Betroka	25	»	»	1	»	»	»	»	»	»	6	»	»	»	»	»	»	»	»	29	7	7	
Farafangana	»	»	»	10	»	»	5	»	»	»	»	»	»	»	»	»	»	»	»	15	»	4	
Fort-Dauphin	8	»	»	»	»	»	3	»	»	»	»	»	»	»	»	»	»	»	»	21	»	8	
Maevatanana	4	»	1	4	»	»	2	»	»	»	»	»	»	»	3	»	»	»	»	14	3	10	
Maroantsetra	1	»	»	»	»	»	»	»	1	»	»	»	»	»	»	»	»	»	»	2	»	2	
Miarinarivo	»	»	»	»	»	»	»	»	»	»	3	»	»	»	»	»	»	»	»	3	3	1	
Morondava	2	»	1	»	»	»	»	»	»	1	»	»	»	»	»	»	»	»	»	6	»	4	
Vatomandry	4	1	»	»	»	»	»	»	»	»	7	»	1	»	»	»	»	»	»	13	8	6	
Vohémar	3	»	7	»	»	»	»	»	»	»	»	»	4	»	»	»	»	»	»	14	8	5	

N° 19 — TABLEAU DES AFFAIRES JUGÉES PAR LES TRIBUNAUX CORRECTIONNELS PENDANT L'ANNÉE 1908

DÉSIGNATION DU SIÈGE des tribunaux	Nombre des condamnations par nature de délits: Infraction à la loi sur …	Vagabondage et mendicité	Rébellion, violences …	Coups et blessures …	Attentats aux mœurs …	Diffamation, injures …	Vols simples	Escroquerie, abus de confiance, banqueroute simple	Destruction …	Incendies	Tromperie …	Excitation …	Autres délits	Vente de boissons alcooliques sans licence	Vol de bœufs	Infractions spéciales à l'indigénat	Infractions spéciales …	Soustractions de deniers publics	Faux et usage de faux …	Délits miniers	Vols …	Concussion	Vols qualifiés	Viols	Délits douaniers	Total des condamnations	Nombre des acquittements	Nombre total des affaires jugées	Observations
COURS D'APPEL.																													
Tananarive	3	1	6	22	1	1	137	27	»	»	»	»	26	»	»	»	»	»	»	»	»	»	»	»	»	224	»	»	
TRIBUNAUX DE 1re INSTANCE																													
Tananarive	4	4	5	10	»	2	47	8	1	»	»	»	52	»	»	»	»	»	»	»	»	»	»	»	»	133	»	»	
Tamatave	»	1	13	12	»	2	75	13	»	»	»	»	20	9	»	»	»	»	3	»	»	»	»	»	»	138	16	154	
Diégo-Suarez	»	»	17	18	»	3	61	13	»	»	1	»	7	7	»	»	»	»	»	»	»	»	»	»	4	109	17	126	
Majunga	»	»	8	8	1	9	54	13	2	1	1	»	40	»	»	»	»	»	»	»	»	»	»	»	»	110	7	117	
JUSTICES DE PAIX À COMPÉTENCE ÉTENDUE																													
Fianarantsoa	»	»	1	1	»	3	6	7	»	»	»	»	17	»	»	»	»	»	»	»	»	»	»	»	»	32	3	35	
Mananjary	»	»	»	»	»	1	18	9	3	»	»	»	4	»	»	»	»	»	»	»	»	»	»	»	»	30	1	31	
Nossi-Bé	»	2	6	4	»	»	25	2	1	»	»	»	11	»	»	»	»	»	»	»	»	»	3	»	»	44	44	88	
Tuléar	»	»	2	2	»	»	36	6	»	»	»	»	5	»	»	»	»	»	»	»	»	»	»	»	»	51	22	73	
JUSTICES DE PAIX SIMPLES																													
Ambositra	»	10	»	2	»	»	7	6	53	»	»	»	9	»	»	»	»	2	5	»	»	»	»	»	»	95	7	69	
Analalava	»	»	»	»	»	»	14	1	»	»	»	»	14	»	»	»	»	»	»	»	»	»	»	»	»	20	2	22	
Andevorante	»	27	»	17	»	7	31	16	1	»	»	1	43	»	»	»	»	»	»	»	»	»	»	»	»	44	12	56	
Ankazobe	»	1	»	1	»	»	3	»	»	1	»	»	»	»	»	»	»	»	6	»	»	»	»	»	»	12	1	13	
Antsirabe	»	38	»	3	»	»	27	10	1	»	»	»	14	»	»	»	»	»	»	»	»	»	»	»	»	92	18	83	
Betroka	»	2	»	»	»	»	6	»	»	»	»	»	4	»	»	»	»	»	»	»	»	»	»	»	»	12	»	8	
Farafangana	»	1	»	»	»	»	9	3	4	»	»	»	»	»	»	»	»	»	»	»	»	»	»	»	»	17	2	19	
Fort-Dauphin	»	»	»	»	»	»	9	1	»	»	1	»	»	»	»	»	»	»	»	»	»	»	»	»	»	11	2	13	
Maevatanana	»	»	»	1	»	»	20	7	»	»	»	»	8	»	»	»	»	»	»	»	»	»	»	»	»	»	10	19	
Maroantsetra	»	»	»	»	»	»	5	»	»	»	»	»	5	»	»	»	»	»	»	»	»	»	»	»	»	9	1	10	
Miarinarivo	»	1	»	»	»	»	1	3	»	»	1	»	10	»	»	»	»	»	»	»	»	»	»	»	»	16	»	16	
Morondava	»	»	(c) 1	1	»	»	1	5	»	»	»	»	3	»	»	»	»	»	»	»	3	1	»	3	»	15	1	16	(c) Jugement infirmé par la Cour d'appel de Tananarive.
Sainte-Marie	»	»	»	»	»	»	»	»	»	»	»	»	2	»	»	»	»	»	»	»	»	»	»	»	»	»	»	2	
Vatomandry	»	1	»	»	»	2	7	5	1	3	»	»	(a) 8	»	6	»	»	3	»	»	»	»	»	»	»	33	3	36	(a) Dans la colonne « Autres délits » sont compris : Fabrication et usage de faux passeports, 2. — Exercice illégal de la médecine, 1. — Maisons non autorisées, 5.
Vohémar	»	1	»	3	»	»	24	13	»	»	»	»	6	»	3	»	»	»	»	»	»	»	4	»	»	48	3	50	

N° 20 — TABLEAU DES AFFAIRES JUGÉES PAR LES TRIBUNAUX INDIGÈNES DU 2° DEGRÉ

EN MATIÈRE CORRECTIONNELLE

DÉSIGNATION DU SIÈGE des TRIBUNAUX	NOMBRE DES CONDAMNATIONS PAR NATURE DE DÉLITS															NOMBRE DES ACQUITTEMENTS	NOMBRE TOTAL DES AFFAIRES JUGÉES
	INFRACTION AU BAN DE SURVEILLANCE	VAGABONDAGE ET MENDICITÉ	RÉBELLION, VIOLENCES ENVERS DES FONCTIONNAIRES AGENTS ou particuliers.	COUPS ET BLESSURES HOMICIDE PAR IMPRUDENCE	ATTENTATS AUX MŒURS ET A LA MORALE publique.	DIFFAMATIONS, INJURES, DÉNONCIATIONS calomnieuses et menaces.	VOLS SIMPLES	ESCROQUERIES, ABUS DE CONFIANCE, banqueroute simple.	DESTRUCTION D'ANIMAUX DOMESTIQUES, D'ARBRES et de clôtures.	INCENDIES	TROMPERIE SUR LA QUALITÉ OU LA QUANTITÉ de la marchandise vendue.	EXCITATION A L'ABANDON DU TRAVAIL troubles et désordres.	AUTRES DÉLITS	INFRACTION SPÉCIALE A L'INDIGÉNAT	INFRACTION SPÉCIALE AUX IMMIGRANTS	TOTAL des CONDAMNATIONS		
Tananarive	»	»	»	21	»	»	133	»	»	2	»	»	37	»	»	223	2	199
Tamatave	»	»	»	9	»	»	46	»	1	»	»	»	5	1.161	»	61	13	74
Diégo-Suarez	»	»	2	9	1	»	26	4	»	»	»	»	2	»	»	44	3	47
Majunga	»	1	»	12	»	»	41	10	»	1	»	»	2	»	1	60	8	68
Fianarantsoa	»	»	»	3	»	»	58	2	»	»	»	»	5	»	»	68	40	51
Mananjary	»	»	»	»	1	»	28	1	1	»	»	»	»	»	»	31	9	29
Nossi-Bé Hell-Ville	»	»	»	»	»	»	1	»	1	»	»	»	»	»	»	1	1	2
Tuléar — Tuléar	»	»	»	5	»	»	54	4	»	»	»	»	3	»	»	66	22	49
Tuléar — Ampanihy	»	»	»	»	»	»	7	»	»	»	»	»	3	»	»	7	»	2
Ambositra	»	»	1	1	»	»	36	8	»	»	»	»	1	»	»	49	21	34
Analalava	»	»	»	6	»	»	22	1	»	»	»	»	»	»	»	30	18	27
Andevorante	»	»	»	»	»	»	»	»	»	»	»	»	5	»	»	»	»	»
Ankazobe	»	»	»	2	»	»	6	»	»	»	»	»	1	»	»	13	7	16
Antsirabe	»	23	»	5	»	1	71	1	»	»	»	»	2	»	»	102	19	74
Betroka	»	1	»	»	»	»	61	»	»	»	»	»	2	»	»	64	14	35
Farafangana	»	1	41	8	»	»	8	3	»	»	»	»	4	»	»	63	»	38
Fort-Dauphin	»	»	2	1	»	»	36	2	»	»	»	»	1	»	»	45	6	37
Maevatanana	»	»	»	»	»	»	30	»	»	»	»	»	1	»	»	31	12	21
Maroantsetra	»	1	»	2	»	»	5	1	»	»	»	»	3	»	»	10	»	10
Miarinarivo	»	»	»	»	»	»	55	8	»	4	»	»	4	»	»	65	20	54
Morondava	»	2	»	4	»	»	12	2	18	»	»	»	»	»	»	42	5	47
Vatomandry	»	»	2	8	»	»	83	7	»	»	1	»	»	»	»	101	11	55
Vohémar	»	»	»	3	»	»	11	1	»	»	»	»	»	»	»	15	5	13
TOTAUX																		

TRIBUNAUX EN MATIÈRE CIVILE ET COMMERCIALE

N° 21 — TABLEAU DES AFFAIRES JUGÉES PAR LES COURS ET TRIBUNAUX EN MATIÈRE CIVILE ET EN MATIÈRE COMMERCIALE

DÉSIGNATION DES TRIBUNAUX	TRIBUNAUX DE PAIX			TRIBUNAUX DE 1re INSTANCE			TRIBUNAUX DE COMMERCE			COURS D'APPEL	TRIBUNAL SUPÉRIEUR	HAUTE COUR	CONTENTIEUX ADMINISTRATIF		TOTAUX	OBSERVATIONS
	Affaires ordinaires	Affaires civiles	Total	Distribution, contributions et ordres, etc., ordonnances sur requête	Jugements rendus y compris les jugements préparatoires, en référé et sur requête	Total	Enquêtes ordonnées	Jugements rendus	Total	Arrêts rendus	Arrêts rendus	de juridiction civile aux indigènes	Nature et nombre des affaires	Arrêts rendus		
COUR D'APPEL																
Tananarive	»	»	»	»	»	»	»	»	»	196	»	77	»	»	273	

N° 22 — TABLEAU DES AFFAIRES JUGÉES PAR LES TRIBUNAUX EN MATIÈRE CIVILE ET EN MATIÈRE COMMERCIALE

DÉSIGNATION DU SIÈGE DES TRIBUNAUX	AFFAIRES RESTANT À JUGER au 31 décembre précédent		NOMBRE des AFFAIRES INSCRITES dans l'année		TOTAL DES AFFAIRES à juger	RÉSULTATS DES AFFAIRES — CIVILES				COMMERCIALES				TOTAL GÉNÉRAL	JUGEMENTS AVANT FAIRE DROIT		JUGEMENTS n'ayant aucun caractère contentieux	OBSERVATIONS
	Civiles.	Commerciales.	Civiles	Commerciales	à juger.	Jugements contradictoires.	Jugements par défaut.	Affaires terminées par radiation ou désistement.	Affaires non terminées.	Jugements contradictoires	Jugements par défaut	Affaires terminées par radiation ou désistement	Affaires non terminées		Civils.	Commerciaux.	contentieux.	
TRIBUNAUX DE 1re INSTANCE																		
Tananarive	73	48	227	128	476	95	61	81	40	68	44	50	31	476	35	27	296	
Tamatave	17	10	257	80	364	90	53	37	42	20	12	11	9	363	26	11	160	
Diégo-Suarez	»	»	285	120	27	86	74	44	19	24	5	54	8	301	47	8	»	
Majunga	56	17	143	101	41	77	14	31	26	33	24	18	17	338	12	1	116	46 jugements sur requête ont été rendus par annexe (civils et commerciaux).
JUSTICES DE PAIX À COMPÉTENCE ÉTENDUE																		
Fianarantsoa	3	»	43	17	63	35	7	3	3	9	5	2	1	63	5	2	18	
Mananjary	6	»	24	13	43	16	7	1	4	11	»	2	»	41	4	»	28	
Nossi-Bé	3	»	28	66	97	20	6	1	4	35	21	3	7	97	7	2	»	
Tuléar	»	»	3	53	57	2	»	3	»	45	2	6	2	57	»	»	»	

N° 23 — TABLEAU DES AFFAIRES JUGÉES PAR LES JUSTICES DE PAIX ORDINAIRES

DÉSIGNATION DU SIÈGE DES TRIBUNAUX	NOMBRE DES AFFAIRES INSCRITES au rôle.	AFFAIRES CONCILIÉES	AFFAIRES NON CONCILIÉES	AFFAIRES JUGÉES	OBSERVATIONS
Ambositra	20	19	2	17	Une remise à 90 jours. Un double emploi. Une plainte retirée.
Analalava	184	53	65	60	Affaires retirées avant jugement 6. Ordonnances et actes divers 30.
Andevorante	57	42	»	15	
Ankazobe	6	5	»	1	
Antsirabe	24	14	»	10	
Bétroka	»	»	»	»	
Farafangana	15	1	»	15	Affaires répressives 14. Affaires civiles 6.
Fort-Dauphin	52	25	»	23	4 abandonnées sur la demande des parties.
Maevatanana	8	»	»	8	
Maroantsetra	14	1	»	10	Dans deux affaires les demandeurs se sont désistés de leur instance après inscription au rôle. Une affaire reste au rôle.
Morondava	36	50	»	36	Dont trois jugements d'opposition par défaut.
Miarinarivo	»	»	»	»	
Sainte-Marie	12	»	»	12	
Vatomandry	97	38	»	25	19 affaires rayées du rôle les parties s'étant conciliées avant l'audience. 30 jugements ont été rendus dont 5 avant faire droit. 13 affaires sont restées sans suite.
Vohemar	19	11	»	8	

TRIBUNAUX INDIGÈNES DU 2e DEGRÉ

N° 24 — TABLEAU DES AFFAIRES JUGÉES PAR LES TRIBUNAUX INDIGÈNES DU 2e DEGRÉ EN MATIÈRE CIVILE ET EN MATIÈRE COMMERCIALE

DÉSIGNATION DU SIÈGE DES TRIBUNAUX	AFFAIRES RESTANT À JUGER au 31 décembre précédent		SOMME des AFFAIRES ENTRÉES dans l'année		TOTAL DES AFFAIRES à juger	RÉSULTAT DES AFFAIRES — CIVILES				RÉSULTAT DES AFFAIRES — COMMERCIALES				TOTAL GÉNÉRAL	JUGEMENTS AYANT FAIT DROIT		JUGEMENTS d'appel [illegible] interlocutoires	OBSERVATIONS
	Civiles.	Commerciales	Civiles.	Commerciales		Jugements contradictoires.	Jugements par défaut.	Affaires terminées par radiation ou désistement.	Affaires non terminées	Jugements contradictoires	Jugements par défaut	Affaires terminées par radiation ou désistement.	Affaires non terminées.		Civils.	Commerciaux.		
Tamatave	5	»	12	»	17	12	3	»	2	»	»	»	»	»	17	2	»	
Diégo-Suarez (Antsirane)	»	»	7	»	7	3	»	4	»	»	»	»	»	»	7	»	»	
Majunga	»	»	5	1	6	3	1	»	1	»	»	»	1	6	»	»	»	
Fianarantsoa	15	1	72	2	88	45	21	9	10	2	1	»	»	88	3	»	»	
Mananjary	»	»	11	»	11	6	2	2	1	»	»	»	»	11	»	»	»	
Nossi-Bé (Hell-Ville)	»	»	1	»	1	»	»	»	»	»	1	»	»	»	»	»	»	
Tuléar — Ampanihy	»	»	»	»	»	»	»	»	»	»	»	»	»	»	»	»	»	
Tuléar — Tuléar	»	»	4	»	4	2	1	»	»	»	»	»	»	3	(1) 1	»	(2) »	(1) Jugement d'incompétence. (2) Jugement [illegible] d'être sursis.
Ambositra	2	»	23	»	25	5	»	»	1	7	4	»	7	25	1	»	1	
Ambalavao	2	»	5	»	6	4	1	»	»	»	»	»	»	6	»	»	»	
Ankazobe	3	»	6	»	8	5	»	1	2	»	»	1	»	8	»	»	»	
Arivonimamo	8	»	53	»	61	40	3	12	6	»	»	»	»	61	»	»	»	
Antsirabé	7	»	44	2	53	21	29	»	1	2	»	»	»	53	»	»	»	
Betafo	»	»	»	»	»	»	»	»	»	»	»	»	»	»	»	»	»	
Farafangana	»	»	4	»	4	4	»	»	»	»	»	»	»	4	»	»	»	
Fort-Dauphin	»	»	2	2	4	2	»	»	»	2	»	»	»	4	»	»	»	
Maevatanana	»	»	6	»	6	6	»	»	»	»	»	»	»	6	»	»	4	
Morondava	»	»	10	»	10	10	»	»	»	»	»	»	»	10	»	»	»	
Miarinarivo	1	»	17	»	18	5	10	2	1	»	»	»	»	18	»	»	»	
Manjakandriana	»	»	2	»	2	2	»	»	»	»	»	»	»	2	»	»	»	
Vatomandry	»	»	3	»	3	3	»	»	»	»	»	»	»	3	»	»	»	
Vohémar	»	»	4	»	4	1	1	1	1	»	»	»	»	4	1	»	»	

N° 25 — TABLEAU DES AFFAIRES JUGÉES PAR LES TRIBUNAUX INDIGÈNES DU 1er DEGRÉ EN MATIÈRE CIVILE ET EN MATIÈRE COMMERCIALE

DÉSIGNATION DU SIÈGE DES TRIBUNAUX		AFFAIRES RESTANT À JUGER le 31 décembre précédent. Civiles.	Commerciales.	NOMBRE des AFFAIRES INTRODUITES dans l'année. Civiles.	Commerciales.	TOTAL DES AFFAIRES à juger.	RÉSULTATS DES AFFAIRES — CIVILES. Jugements contradictoires.	Jugements par défaut.	Affaires terminées par radiation ou désistement.	Affaires non terminées.	COMMERCIALES. Jugements contradictoires.	Jugements par défaut.	Affaires terminées par radiation ou désistement.	Affaires non terminées.	TOTAL GÉNÉRAL	JUGEMENTS AVANT FAIRE DROIT. Civils.	Commerciaux.	JUGEMENTS [illegible]	OBSERVATIONS
Tamatave	Tamatave	»	»	23	»	23	7	8	4	4	»	»	»	»	23	»	»	»	
	Andevoranto	»	»	5	»	5	5	»	»	»	»	»	»	»	5	»	»	»	
	Fénérive	»	»	3	»	3	1	2	»	»	»	»	»	»	3	1	»	»	
Diégo-Suarez	Antsirana	»	»	7	»	7	4	2	»	1	»	»	»	»	7	»	»	»	
	Ambohimarina	»	»	5	1	6	4	1	»	»	1	»	»	»	6	»	»	»	
Majunga	Port-Bergé	»	»	9	»	9	9	»	»	»	»	»	»	»	9	»	»	»	
	Marovoay	»	»	40	»	40	5	»	7	27	»	»	»	»	40	»	»	»	
	Maevatanana	»	»	»	»	»	»	»	»	»	»	»	»	»	»	»	»	»	
	Soalala	1	»	»	»	1	»	»	»	»	»	»	»	»	1	»	»	»	
	Majunga	»	»	3	»	3	3	»	»	»	»	»	»	»	3	»	»	»	
Fianarantsoa	Fianarantsoa	24	»	203	»	227	67	8	79	73	»	»	»	»	227	»	»	»	
	Ambalavao	»	»	17	27	44	9	1	4	2	8	3	8	8	44	1	»	»	
	Ambohimahasoa	8	»	61	»	69	40	6	13	4	»	»	»	»	69	»	»	»	
	Ifanadiana	»	»	3	»	3	3	»	»	»	»	»	»	»	3	»	»	»	
Mananjary	Mananjary	»	»	9	2	11	7	2	»	»	2	»	»	»	11	»	»	»	
	Nosy-Varika	»	»	4	»	4	3	1	»	»	»	»	»	»	4	»	»	»	
	Lokoho	»	»	1	»	1	1	»	»	»	»	»	»	»	1	»	»	»	
	Ambarosambo	»	»	»	»	»	»	»	»	»	»	»	»	»	»	»	»	»	
Nossi-Bé	Ambilobé	»	»	»	»	»	»	»	»	»	»	»	»	»	»	»	»	»	
	Analalava	»	»	»	2	2	»	»	»	»	»	»	»	»	»	»	»	»	
Tuléar	Tuléar	»	»	10	»	10	8	»	2	»	»	»	»	»	10	»	»	»	
	Ankazoabo	»	»	»	»	»	»	»	»	»	»	»	»	»	»	»	»	»	
	Ampanihy	»	»	»	»	»	»	»	»	»	»	»	»	»	»	»	»	»	Les affaires civiles et commerciales présentées devant les tribunaux du 1er degré de la province ont, en général été réglées par voie de conciliation.
	Befandriana	»	»	»	»	»	»	»	»	»	»	»	»	»	»	»	»	»	
	Betioky	»	»	»	»	»	»	»	»	»	»	»	»	»	»	»	»	»	
Ambositra	Ambositra	77	»	73	»	150	66	4	51	27	»	»	»	»	150	22	»	»	
	Ambatofinandrahana	»	»	22	»	22	13	»	7	2	»	»	»	»	22	»	»	»	
	Ambohimanga-du-Sud	»	»	1	»	1	»	»	»	1	»	»	»	»	1	»	»	»	
Antsirabe	Ambalava	»	»	13	»	13	12	1	»	»	»	»	»	»	13	»	»	»	
	Vatobila	»	»	7	»	7	7	»	»	»	»	»	»	»	7	»	»	»	
	Befandriana	»	»	11	»	11	11	»	»	»	»	»	»	»	11	»	»	»	
	Morondava	»	»	5	»	5	5	»	»	»	»	»	»	»	5	»	»	»	

(A suivre.)

N° 25. — TABLEAU DES AFFAIRES JUGÉES PAR LES TRIBUNAUX INDIGÈNES DU 1er DEGRÉ EN MATIÈRE CIVILE ET EN MATIÈRE COMMERCIALE (Suite et fin.)

DÉSIGNATION DU SIÈGE DES TRIBUNAUX		AFFAIRES RESTANT À JUGER au 31 décembre précédent		NOMBRE des AFFAIRES INSCRITES dans l'année		TOTAL DES AFFAIRES à juger	RÉSULTATS DES AFFAIRES — CIVILES				COMMERCIALES				TOTAL GÉNÉRAL	JUGEMENTS AVANT FAIRE DROIT		JUGEMENTS n'ayant AUCUN CARACTÈRE contentieux	OBSERVATIONS
		Civiles.	Commerciales.	Civiles.	Commerciales.		Jugements contradictoires.	Jugements par défaut.	Affaires terminées par radiation ou désistement.	Affaires non terminées.	Jugements contradictoires.	Jugements par défaut.	Affaires terminées par radiation ou désistement.	Affaires non terminées.		Civils.	Commerciaux.		
Andevorante	Anosibe	»	»	38	»	38	29	9	»	»	»	»	»	»	38	»	»	»	
	Moramanga	»	»	5	»	5	2	»	3	»	»	»	»	»	5	»	»	»	
	Ambatovory	»	»	3	»	3	2	1	»	»	»	»	»	»	3	»	»	»	
	Beforona	»	»	1	»	1	1	»	»	»	»	»	»	»	1	»	»	»	
Ankazobe		45	»	54	»	99	47	5	23	24	»	»	»	»	99	»	»	»	
Antsirabe	Ambatolampy	»	1	3	7	11	3	»	1	»	5	»	1	2	11	»	»	»	
	Antsirabe	»	»	6	»	6	4	2	»	»	»	»	»	»	6	»	»	»	
	Betafo	»	»	»	»	»	»	»	»	»	»	»	»	»	»	»	»	»	
Betroka	Betroka	»	»	1	»	1	1	»	»	»	»	»	»	»	1	»	»	»	
	Ihosy	»	»	»	»	»	»	»	»	»	»	»	»	»	»	»	»	»	
	Ivohibe	»	»	3	»	3	3	»	»	»	»	»	»	»	3	»	»	»	
	Midongy	»	»	»	»	»	»	»	»	»	»	»	»	»	»	»	»	»	
Farafangana	Vohipeno	»	»	»	»	»	»	»	»	»	»	»	»	»	53	»	»	»	
	Fort Carnot	»	»	2	»	2	2	»	»	»	3	»	»	»	2	»	»	»	Conciliation (3 affaires civiles).
	Karianga	»	»	4	1	5	4	»	»	»	1	»	»	»	5	»	»	»	
	Vondrozo	»	»	»	»	»	»	»	»	»	»	»	»	»	»	»	»	»	
	Vangaindrano	29	»	60	»	89	31	»	16	42	»	»	»	»	89	»	»	»	Il ne s'agit que d'affaires en conciliation.
Fort Dauphin		»	»	»	»	»	»	»	»	»	2	»	»	»	»	»	»	»	
Maroantsetra		»	»	»	»	»	»	»	»	»	»	»	»	»	»	»	»	»	
Mevatanana		»	»	1	»	1	1	»	»	»	»	»	»	»	1	»	»	»	
Miarinarivo	Miarinarivo	»	»	2	»	2	2	»	»	»	»	»	»	»	2	»	»	»	
	Soavinandriana	1	»	13	»	14	10	»	1	3	»	»	»	»	14	»	»	»	
	Faratsiho	»	»	»	»	»	»	»	»	»	»	»	»	»	»	»	»	»	
Malaimbandy	Secteur de la Sakeny	»	»	6	»	6	6	»	»	»	»	»	»	»	6	»	»	»	
	Secteur du Betsiriry	»	»	1	»	1	1	»	»	»	»	»	»	»	1	»	»	»	
Vatomandry	Mahanoro	»	»	3	»	3	3	»	»	»	»	»	»	»	3	»	»	»	
	Vatomandry	»	»	7	»	7	7	»	»	»	»	»	»	»	7	»	»	»	
Vohémar	Vohémar	1	1	5	1	8	6	»	»	1	1	»	»	1	9	»	»	»	
	Antalaha	»	»	1	»	1	1	»	»	»	»	»	»	»	1	»	»	»	

N° 26 — TABLEAU DES AFFAIRES JUGÉES PAR LES TRIBUNAUX INDIGÈNES DU 1er DEGRÉ EN MATIÈRE CORRECTIONNELLE

DÉSIGNATION DU SIÈGE des TRIBUNAUX		INFRACTION AU BAN DE SURVEILLANCE	VAGABONDAGE ET MENDICITÉ	RÉBELLION, VIOLENCES ENVERS DES FONCTIONNAIRES agents ou particuliers.	COUPS ET BLESSURES HOMICIDE PAR IMPRUDENCE	ATTENTATS AUX MŒURS ET A LA MORALE publique.	DIFFAMATIONS, INJURES DÉNONCIATIONS calomnieuses et menaces.	VOLS SIMPLES	ESCROQUERIE ABUS DE CONFIANCE banqueroute simple.	DESTRUCTION D'ANIMAUX DOMESTIQUES d'arbres et de clôtures	INCENDIES	TROMPERIE SUR LA QUALITÉ OU LA QUANTITÉ de la marchandise vendue.	EXCITATION A L'ABANDON DU TRAVAIL troubles et désordres.	AUTRES DÉLITS	INFRACTIONS SPÉCIALES A L'INDIGÉNAT	INFRACTIONS SPÉCIALES AUX IMMIGRANTS	TOTAL DES CONDAMNATIONS	NOMBRE DES ACQUITTEMENTS	NOMBRE TOTAL DES AFFAIRES JUGÉES
		NOMBRE DES CONDAMNATIONS PAR NATURE DE DÉLITS																	
Tananarive..	Tananarive........	»	»	»	2	»	»	19	»	»	»	»	»	»	»	»	13	8	21
	Ambohidratimo....	»	»	»	»	»	»	1	»	»	»	»	»	6	537	»	544	1	545
	Andramasina......	»	»	»	»	»	»	4	»	»	»	»	»	2	»	»	4	2	6
	Arivominano......	»	»	»	»	»	»	6	»	»	»	»	»	5	»	»	11	»	11
	Manjakandriana....	»	»	»	»	»	»	5	»	»	»	»	»	7	»	»	12	»	12
Tamatave...	Tamatave.........	»	»	»	»	»	»	10	1	»	»	»	»	»	1.176	»	11	3	14
	Ambatondrazaka...	»	»	»	»	»	»	»	»	»	»	»	»	»	813	»	»	»	»
	Fénerive.........	»	»	»	»	»	»	1	»	»	»	»	»	»	1.196	»	1	»	1
Diégo-Suarez	Antsirane.........	»	»	»	»	»	»	»	»	»	»	»	»	»	1.531	»	1.531	»	1.531
	Ambohivahibe.....	»	»	»	»	»	»	»	»	»	»	»	»	»	177	»	177	»	177
Majunga....	Port-Bergé........	»	»	»	»	»	»	»	»	»	»	»	»	»	»	»	»	»	»
	Marovoay.........	»	»	»	»	»	»	»	»	»	»	»	»	»	»	»	»	»	»
	Besalampy........	»	»	»	»	»	»	»	»	»	»	»	»	»	»	»	»	»	»
	Soalala...........	»	»	»	»	»	»	»	»	»	»	»	»	»	»	»	»	»	»
	Majunga.	»	»	»	»	»	»	»	»	»	»	»	»	»	»	»	»	»	»
Fianarantsoa.	Fianarantsoa......	»	»	»	»	»	»	»	»	»	»	»	»	»	»	»	»	»	»
	Ambalavao........	»	»	»	»	»	»	2	»	»	»	»	»	»	»	»	2	»	2
	Ambohimahasoa...	»	»	»	»	»	»	4	»	»	»	»	»	»	»	»	4	»	2
	Ifanadiana........	»	»	»	»	»	»	»	»	»	»	»	»	»	»	»	»	»	»
Mananjary ..	Mananjary........	»	»	»	»	»	»	1	»	»	»	»	»	»	»	»	1	»	1
	Nosi-Varika.......	»	»	»	»	»	»	»	3	»	»	»	»	»	»	»	3	»	1
	Lohotoka.........	»	»	»	»	»	»	»	»	»	»	»	»	»	»	»	»	4	»
	Antsenavolo......	»	»	»	»	»	»	»	»	»	»	»	»	»	»	»	»	»	»

N° 26 — TABLEAU DES AFFAIRES JUGÉES PAR LES TRIBUNAUX INDIGÈNES DU 1er DEGRÉ EN MATIÈRE CORRECTIONNELLE (Suite.)

DÉSIGNATION DU SIÈGE des TRIBUNAUX		NOMBRE DE CONDAMNATIONS PAR NATURE DE DÉLITS																NOMBRE DES ACQUITTEMENTS	NOMBRE TOTAL DES AFFAIRES JUGÉES
		INFRACTION AU BAN DE SURVEILLANCE	VAGABONDAGE ET MENDICITÉ	RÉBELLION, VIOLENCES ENVERS DES FONCTIONNAIRES agents ou particuliers.	COUPS ET BLESSURES HOMICIDE PAR IMPRUDENCE	ATTENTATS AUX MŒURS ET A LA MORALE publique.	DIFFAMATIONS, INJURES DÉNONCIATIONS calomnieuses et menaces.	VOLS SIMPLES	ESCROQUERIE ABUS DE CONFIANCE banqueroute simple.	DESTRUCTION D'ANIMAUX DOMESTIQUES d'arbres et de clôtures.	INCENDIES	TROMPERIE SUR LA QUALITÉ OU LA QUANTITÉ de la marchandise vendue.	EXCITATION A L'ABANDON DU TRAVAIL troubles et désordres.	AUTRES DÉLITS	INFRACTIONS SPÉCIALES A L'INDIGÉNAT	INFRACTIONS SPÉCIALES AUX IMMIGRANTS	TOTAL DES CONDAMNATIONS		
Nossi-Bé.....	Nossi-Bé..........	»	»	»	»	»	»	0	»	»	»	»	»	»	»	»	»	»	»
	Antankara.........	»	»	»	»	»	»	»	»	»	»	»	»	»	»	»	»	»	»
	Sakalava..........	»	»	»	»	»	»	»	»	»	»	»	»	»	»	»	»	»	»
Tuléar,......	Tuléar...........	»	»	»	»	»	»	»	»	»	»	»	»	»	227	»	227	»	227
	Ankazoabo........	»	»	»	»	»	»	»	»	»	»	»	»	»	182	»	182	»	182
	Ampanihy.........	»	»	»	»	»	»	»	»	»	»	»	»	»	87	»	87	»	87
	Béfandriana.......	»	»	»	»	»	»	»	»	»	»	»	»	»	142	»	2	»	142
	Betroky..........	»	»	»	»	»	»	»	»	»	»	»	»	»	26	»	26	»	26
Ambositra...	Ambositra........	»	»	»	»	»	»	1	»	»	»	»	»	»	»	»	1	»	1
	Ambatofinandrahana.	»	»	»	»	»	»	»	»	»	»	»	»	»	»	»	»	»	»
	Ambohimango.....	»	»	»	»	»	»	»	»	»	»	»	»	»	»	»	»	»	»
Analalava...	Analalava.........	»	»	»	»	»	»	2	»	»	»	»	»	1	»	»	3	2	5
	Antsohihy........	»	»	»	»	»	»	»	»	»	»	»	»	»	»	»	»	»	»
	Befandriana.......	»	»	»	»	»	»	8	»	»	»	»	»	»	»	»	8	»	8
	Maromandia......	»	»	»	»	»	»	»	»	»	»	»	»	»	»	»	»	»	»
Andevorante.	Andevorante......	»	»	»	»	»	»	2	»	»	»	»	»	»	»	»	2	»	»
	Anivorano........	»	»	»	»	»	«	2	»	»	»	»	»	»	»	»	3	»	»
Ankazobe....	Ankazobe.........	»	»	»	»	»	»	3	»	»	»	»	»	»	»	»	3	»	3
Antsirabe....	Ambatolampy.....	»	»	»	»	»	»	15	»	»	»	»	»	»	»	»	15	»	8
	Antsirabe.........	»	»	»	»	»	»	1	»	»	»	»	»	»	»	»	1	»	1
	Betafo...........	»	»	»	»	»	»	»	»	»	»	»	»	»	»	»	»	»	»

N° 26 — TABLEAU DES AFFAIRES JUGÉES PAR LES TRIBUNAUX INDIGÈNES DU 1er DEGRÉ EN MATIÈRE CORRECTIONNELLE (Suite et fin.)

DÉSIGNATION DU SIÈGE des TRIBUNAUX		NOMBRE DES CONDAMNATIONS PAR NATURE DE DÉLITS																NOMBRE DES ACQUITTEMENTS	NOMBRE TOTAL DES AFFAIRES JUGÉES
		INFRACTION AU BAN DE SURVEILLANCE	VAGABONDAGE ET MENDICITÉ	RÉBELLION, VIOLENCES ENVERS DES FONCTIONNAIRES agents ou particuliers	COUPS ET BLESSURES HOMICIDES PAR IMPRUDENCE	ATTENTATS AUX MŒURS ET À LA MORALE publique	DIFFAMATIONS, INJURES DÉNONCIATIONS calomnieuses et menaces	VOLS SIMPLES	ESCROQUERIE ABUS DE CONFIANCE banqueroute simple	DESTRUCTION D'ANIMAUX DOMESTIQUES d'arbres et de clôtures	INCENDIES	TROMPERIE SUR LA QUALITÉ OU LA QUANTITÉ de la marchandise vendue	EXCITATION À L'ABANDON DU TRAVAIL troubles et désordres	AUTRES DÉLITS	INFRACTIONS SPÉCIALES À L'INDIGÉNAT	INFRACTIONS SPÉCIALES AUX IMMIGRANTS	TOTAL DES CONDAMNATIONS		
Betroka	Betroka	»	»	»	»	»	»	»	»	»	»	»	»	»	»	2	»	»	»
	Kosy	»	»	»	»	»	»	»	»	»	»	»	»	»	»	»	»	»	»
	Ivohibe	»	»	»	»	»	»	»	»	»	»	»	»	»	»	»	»	»	»
	Midongy	»	»	»	»	»	»	»	»	»	»	»	»	»	»	»	»	»	»
Farafangana	Fontsega	»	»	»	»	»	»	»	»	»	»	»	»	»	348	»	348	»	348
	Vohipeno	»	»	»	»	»	»	»	»	»	»	»	»	»	»	»	»	»	»
	Fort-Carnot	»	»	»	»	»	»	8	»	»	»	»	»	»	»	»	1	»	1
	Karianga	»	»	»	»	»	»	»	»	»	»	»	»	»	»	»	»	»	»
	Vandrazo	»	»	»	»	»	»	»	»	»	»	»	»	»	143	»	143	»	143
	Vangaindrano	»	»	»	»	»	»	»	»	»	»	»	»	»	339	»	339	»	339
Fort-Dauphin	Fort-Dauphin	»	»	2	1	»	»	30	2	»	»	»	»	4	»	»	45	6	37
Maroantsetra	Maroantsetra	»	1	»	2	»	»	5	1	»	»	»	»	1	»	»	10	»	10
Maevatanana	Maevatanana	»	»	»	»	»	»	»	»	»	»	»	»	3	»	»	3	»	2
Miarinarivo	Miarinarivo	»	»	»	»	»	»	»	»	»	»	»	»	»	»	»	»	»	»
	Soavinandriana	»	»	»	»	»	»	»	»	»	»	»	»	»	»	»	»	»	»
	Faratsiho	»	»	»	»	»	»	»	»	»	»	»	»	»	»	»	»	»	»
Morondava	Betsiriry	»	»	»	»	»	»	»	»	»	»	»	»	2	»	»	2	»	»
Vatomandry	Mahanoro	»	»	»	»	»	»	»	»	»	»	»	»	»	898	»	898	»	898
	Vatomandry	»	»	»	»	»	»	»	»	»	»	»	»	»	576	»	580	»	578
Vohémar	Vohémar	»	»	»	»	»	»	»	»	»	»	»	»	»	»	»	»	»	»
	Antalaha	»	»	»	»	»	»	»	»	»	»	»	»	»	»	»	»	»	»

JUSTICE

N° 27 — TABLEAU DES AFFAIRES JUGÉES PAR LES TRIBUNAUX DE SIMPLE POLICE PENDANT L'ANNÉE 1908

DÉSIGNATION DES SIÈGES des TRIBUNAUX	NOMBRE DES CONDAMNATIONS PAR NATURE DE CONTRAVENTIONS																											TOTAL des condamnations	NOMBRE des acquittements	NOMBRE TOTAL des jugements rendus	OBSERVATIONS
	Injures simples	Mauvaise direction …	Jeux de hasard sur la voie publique	Bruits et tapages injurieux ou nocturnes	Voies de fait et violences légères	Contravention … et autres lieux publics	Ivresse manifeste	Défaut de précautions contre les incendies	Jet de corps divers	Infractions aux règlements relatifs à la boucherie	Infractions … à la boulangerie	Infractions … à la voirie	Maraudages … et autres produits de la terre	Passage d'animaux sur le terrain d'autrui	Contraventions … sur les poids et mesures	Imprévoyance …	Témoins défaillants	Contraventions … sur la police du roulage	Contraventions …	Mauvais traitements envers les animaux	Prostitution	Cabinets d'aisances …	Divagation d'animaux sur la voie publique	Contraventions à la réglementation des prises d'eau	Élevage …	Infractions aux règlements …	Autres contraventions				
TRIBUNAUX DE 1re INSTANCE																															
Tananarive	»	»	»	4	3	»	5	»	1	1	»	1	»	»	»	»	»	1	»	»	»	»	»	»	»	»	10	27	»	»	
Tamatave	1	»	»	8	2	»	29	»	1	»	»	»	»	4	»	»	»	»	»	»	»	»	»	»	»	»	43	81	7	88	
Diégo-Suarez	»	7	3	11	4	1	16	»	»	»	»	33	1	»	»	»	»	16	»	»	»	»	1	»	»	»	7	107	2	109	
Majunga	2	»	»	2	3	»	5	»	»	»	»	68	»	5	45	»	»	2	»	»	»	»	»	»	»	»	2	134	4	138	
JUSTICES DE PAIX À COMPÉTENCE ÉTENDUE																															
Fianarantsoa	»	»	»	»	»	»	»	»	»	»	»	»	»	»	»	»	»	»	»	»	»	»	»	»	»	»	»	»	»	»	
Mananjary	»	»	»	1	»	»	»	»	»	»	»	»	»	»	»	»	»	»	»	»	»	»	»	»	»	»	1	2	»	2	
Nossi-Bé	»	»	»	»	4	1	5	»	»	»	»	1	2	»	»	»	»	»	»	»	»	»	»	»	»	»	»	11	»	10	
Tuléar	»	»	»	2	1	»	»	»	»	»	»	»	»	»	1	»	»	»	»	»	»	»	»	»	»	»	»	4	»	4	
JUSTICES DE PAIX SIMPLES																															
Ambositra	3	»	»	1	»	»	3	»	5	»	»	»	»	»	»	»	1	»	»	»	»	»	»	»	»	»	1	13	1	14	
Ambalavao	»	»	»	»	»	»	»	»	»	»	»	»	»	»	»	»	»	»	»	»	»	»	»	»	»	»	»	»	»	»	
Andevorante	»	»	»	»	»	»	»	»	»	»	»	»	2	»	»	»	»	»	»	»	»	»	»	»	»	»	»	2	»	2	
Ankazobe	»	»	»	»	»	»	»	»	»	»	»	»	»	1	»	»	»	»	»	»	»	»	»	»	»	»	1	2	»	2	
Antsirabe	»	»	»	»	»	»	»	»	»	»	»	1	»	»	»	»	»	1	»	»	»	»	»	»	»	»	»	2	»	2	
Betroka	»	»	»	»	»	»	»	»	»	»	»	»	»	»	»	»	»	»	»	»	»	»	»	»	»	»	1	1	»	1	
Farafangana	»	»	»	»	»	»	»	»	»	»	»	»	»	»	»	»	»	»	»	»	»	»	»	»	»	»	»	»	»	»	
Fort-Dauphin	»	»	»	»	»	»	»	»	»	»	»	1	»	»	»	»	»	»	»	»	»	»	»	»	»	»	»	1	»	1	
Maevatanana	»	»	»	»	»	»	»	»	»	»	»	»	»	»	»	»	»	»	»	»	»	»	»	»	»	»	1	1	»	1	
Maroantsetra	»	»	»	»	»	»	»	»	»	»	»	»	»	»	»	»	»	»	»	»	»	»	»	»	»	»	»	»	»	»	
Miarinarivo	»	»	»	»	»	»	»	»	»	»	»	»	»	»	»	»	»	»	»	»	»	»	»	»	»	»	»	»	»	»	
Morondava	»	»	»	»	»	»	»	»	»	»	»	»	»	2	1	»	»	6	»	»	»	»	»	»	»	»	10	19	3	22	
Sainte-Marie	»	»	»	»	»	»	»	»	»	»	»	»	»	»	»	»	»	»	»	»	»	»	»	»	»	»	1	1	»	1	
Vatomandry	»	»	»	»	»	»	2	»	»	»	»	»	»	»	»	»	»	»	»	»	»	»	»	»	»	»	»	2	»	2	
Vohémar	»	»	»	2	»	1	»	»	»	1	»	2	»	»	»	»	»	»	»	»	»	»	»	»	»	»	1	7	»	7	

N° 28 — TABLEAU DES AFFAIRES JUGÉES PAR LES TRIBUNAUX INDIGÈNES DU 1er DEGRÉ EN MATIÈRE DE SIMPLE POLICE

DÉSIGNATION DU SIÈGE des TRIBUNAUX		NOMBRE DES CONDAMNATIONS PAR NATURE DE CONTRAVENTIONS																							NOMBRE DES ACQUITTEMENTS	NOMBRE TOTAL DES AFFAIRES JUGÉES
		INJURES SIMPLES	MAUVAISE DIRECTION OU RAPIDITÉ DANS LA CONDUITE des bêtes de charge et voitures	JEUX DE HASARD SUR LA VOIE PUBLIQUE	BRUITS ET TAPAGES INJURIEUX ET NOCTURNES	VOIES DE FAIT ET VIOLENCES LÉGÈRES	CONTRAVENTION SUR LES AUBERGES, CABARETS ET autres lieux publics	IVRESSE MANIFESTE	DÉFAUT DE PRÉCAUTION CONTRE LES INCENDIES	JET DE CORPS DIVERS	INFRACTIONS AUX RÈGLEMENTS RELATIFS à la boucherie	INFRACTIONS AUX RÈGLEMENTS RELATIFS à la boulangerie	INFRACTIONS AUX RÈGLEMENTS RELATIFS À LA VOIRIE	MARAUDAGES DE RÉCOLTES ET AUTRES PRODUITS DE LA TERRE	PASSAGE D'ANIMAUX SUR LE TERRAIN D'AUTRUI	CONTRAVENTIONS AUX RÈGLEMENTS sur les poids et mesures	IRRÉVÉRENCE ENVERS LES MAGISTRATS aux audiences de paix	TÉMOINS DÉFAILLANTS	CONTRAVENTIONS AUX RÈGLEMENTS sur la police de roulage	CONTRAVENTIONS AUX RÈGLEMENTS SUR LE TRAVAIL des enfants dans les manufactures	MAUVAIS TRAITEMENTS ENVERS LES ANIMAUX	PROSTITUTION	AUTRES CONDAMNATIONS	TOTAL DES CONDAMNATIONS		
Tananarive	Tananarive	»	»	»	3	»	»	3	»	»	»	»	»	»	»	»	»	»	108	»	»	»	32	137	9	146
	Andramasina	»	»	»	»	»	»	»	»	»	4	»	»	»	»	»	»	»	»	»	»	»	7	7	4	11
	Ambohidratrimo	»	»	»	»	»	»	1	»	»	2	»	»	2	»	3	»	»	»	»	»	»	1	9	»	9
	Manjakandriana	»	»	»	»	5	»	2	»	»	»	»	»	»	»	»	»	»	»	»	»	»	8	14	1	15
	Arivoninamo	»	»	»	»	»	»	»	»	»	»	»	»	»	»	»	»	»	»	»	»	»	»	»	»	»
Tamatave	Tamatave	»	»	»	»	»	»	1	»	»	»	»	11	»	»	»	»	»	»	»	»	»	»	12	»	12
	Ambatoudrazaka	»	»	»	»	»	»	»	»	»	»	»	»	»	»	»	»	»	»	»	»	»	»	»	»	»
	Fénérive	»	»	»	»	»	»	»	»	»	»	»	»	»	»	»	»	»	»	»	»	»	»	»	»	»
Diégo-Suarez	Antsirane	»	»	»	»	»	»	»	»	»	»	»	1	1	»	»	»	»	1	»	»	»	»	3	»	3
	Ambahivahibé	»	»	»	»	»	»	»	»	»	»	»	»	»	»	»	»	»	»	»	»	»	»	»	»	»
Majunga	Port-Bergé	»	»	»	»	»	»	»	»	»	»	»	»	»	»	»	»	»	»	»	»	»	»	»	»	»
	Marovoay	»	»	»	»	»	»	»	»	»	»	»	»	»	»	»	»	»	»	»	»	»	»	»	»	»
	Besalampy	»	»	»	»	»	»	»	»	»	»	»	»	»	»	»	»	»	»	»	»	»	»	»	»	»
	Soalala	»	»	»	»	»	»	»	»	»	»	»	»	»	»	»	»	»	»	»	»	»	»	»	»	»
	Majunga	»	»	»	»	»	»	»	»	»	»	»	»	»	»	»	»	»	»	»	»	»	»	»	»	»
Fianarantsoa	Fianarantsoa	»	»	»	»	»	»	»	»	»	»	»	»	»	»	»	»	»	»	»	»	»	»	»	»	»
	Ambalavao	»	»	»	»	»	»	»	»	»	»	»	»	»	»	»	»	»	»	»	»	»	»	»	»	»
	Ambohimahasoa	»	»	»	»	»	»	»	»	»	»	»	»	»	»	»	»	»	»	»	»	»	»	»	»	»
	D'hanadiana	»	»	»	»	»	»	»	»	»	»	»	»	»	»	»	»	»	»	»	»	»	»	»	»	»
Mananjary	Mananjary	»	»	»	»	»	»	»	»	»	»	»	»	»	»	»	»	»	»	»	»	»	»	»	»	»
	Nosi-Varika	»	»	»	»	»	»	»	»	»	»	»	»	»	»	»	»	»	»	»	»	»	»	»	»	»
	Loholoka	»	»	»	»	»	»	»	»	»	»	»	»	»	»	»	»	»	»	»	»	»	»	»	»	»
	Antsenavolo	»	»	»	»	»	»	»	»	»	»	»	»	»	»	»	»	»	»	»	»	»	»	»	»	»
Nossi-Bé	Hell-ville	»	»	»	»	»	»	»	»	»	»	»	»	»	»	»	»	»	»	»	»	»	»	»	»	»
	Ambilobe	»	»	»	»	»	»	»	»	»	»	»	»	»	»	»	»	»	»	»	»	»	»	»	»	»
	Ambanja	»	»	»	»	»	»	»	»	»	»	»	»	»	»	»	»	»	»	»	»	»	»	»	»	»

(A suivre)

N° 28 — TABLEAU DES AFFAIRES JUGÉES PAR LES TRIBUNAUX INDIGÈNES DU 1er DEGRÉ EN MATIÈRE DE SIMPLE POLICE (Suite et Fin)

DÉSIGNATION DU SIÈGE des TRIBUNAUX		NOMBRE DES CONDAMNATIONS PAR NATURE DE CONTRAVENTIONS																							NOMBRE DES ACQUITTEMENTS	NOMBRE TOTAL DES AFFAIRES JUGÉES
		INJURES SIMPLES	MAUVAISE DIRECTION OU RAPIDITÉ DANS LA CONDUITE des bêtes de charge et voitures	JEUX DE HASARD SUR LA VOIE PUBLIQUE	BRUITS ET TAPAGES INJURIEUX ET NOCTURNES	VOIES DE FAIT ET VIOLENCES LÉGÈRES	CONTRAVENTIONS SUR LES AUBERGES, CABARETS ET autres lieux publics	IVRESSE MANIFESTE	DÉFAUT DE PRÉCAUTION CONTRE LES INCENDIES	JET DE CORPS DIVERS	INFRACTIONS AUX RÈGLEMENTS RELATIFS à la boucherie	INFRACTIONS AUX RÈGLEMENTS RELATIFS à la boulangerie	INFRACTIONS AUX RÈGLEMENTS RELATIFS A LA VOIRIE	MARAUDAGES DE RÉCOLTES ET AUTRES PRODUITS DE LA TERRE	PASSAGE D'ANIMAUX SUR LE TERRAIN D'AUTRUI	CONTRAVENTION AUX RÈGLEMENTS sur les poids et mesures	IRRÉVÉRENCES ENVERS LES MAGISTRATS aux audiences de justice	TÉMOINS DÉFAILLANTS	CONTRAVENTION AUX RÈGLEMENTS sur la police du roulage	CONTRAVENTIONS AUX RÈGLEMENTS SUR LE TRAVAIL des enfants dans les manufactures	MAUVAIS TRAITEMENTS ENVERS LES ANIMAUX	PROSTITUTION	AUTRES CONTRAVENTIONS	TOTAL DES CONDAMNATIONS		
Tuléar	Tuléar	»	»	»	»	»	»	»	»	»	»	»	»	»	»	»	»	»	»	»	»	»	»	»	»	ɔ
Ambositra	Ambositra	»	»	»	»	»	»	»	»	»	»	»	»	»	»	»	»	»	»	»	»	»	»	»	»	»
	Ambatofinandrahana	»	»	»	»	»	»	»	»	»	»	»	»	»	»	»	»	»	»	»	»	»	»	»	»	»
	Ambohinnanga du sud	»	»	»	»	»	»	»	»	»	»	»	»	»	»	»	»	»	»	»	»	»	»	»	»	»
Analalava	Antsohiby	»	»	»	»	»	»	»	»	»	»	»	»	»	»	»	»	»	»	»	»	»	»	»	»	»
	Maromandra	»	»	»	»	»	»	»	»	»	»	»	»	»	»	»	»	»	»	»	»	»	»	»	»	»
	Befandriana	»	»	»	»	»	»	»	»	»	»	»	»	»	»	»	»	»	»	»	»	»	»	»	»	»
Andovoranto	Andovoranto	»	»	»	»	»	»	»	»	»	»	»	»	»	»	»	»	»	»	»	»	»	»	»	»	»
Ankazobe	Ankazobe	»	»	»	»	»	»	»	9	»	»	»	3	»	2	»	»	3	»	»	»	»	1	18	»	18
Betroka	Betroka	»	»	»	»	»	»	»	»	»	»	»	1	»	»	»	»	»	»	»	»	»	»	1	»	»
	Ihosy	»	»	»	»	»	»	»	»	»	»	»	»	»	»	»	»	»	»	»	»	»	»	»	»	»
	Ivohibé	»	»	»	»	»	»	»	»	»	»	»	»	»	»	»	»	»	»	»	»	»	»	»	»	»
	Midongy	»	»	»	»	»	»	»	»	»	»	»	»	»	»	»	»	»	»	»	»	»	»	»	»	»
Farafangana	Farafangana	»	»	»	»	»	»	»	»	»	»	»	»	»	»	»	»	»	»	»	»	»	»	»	»	»
	Vohipeno	»	»	»	»	»	»	»	»	»	»	»	»	»	»	»	»	»	»	»	»	»	»	»	»	»
	Fort-Carnot	»	»	»	»	»	»	»	»	»	»	»	»	»	»	»	»	»	»	»	»	»	»	»	»	»
	Karianga	»	»	»	»	»	»	»	»	»	»	»	»	»	»	»	»	»	»	»	»	»	»	»	»	»
	Vondrozo	»	»	»	»	»	»	»	»	»	»	»	»	»	»	»	»	»	»	»	»	»	»	»	»	»
	Vangaindrano	»	»	»	»	»	»	»	»	»	»	»	»	»	»	»	»	»	»	»	»	»	»	»	»	»
Fort-Dauphin	Fort-Dauphin	»	»	»	»	»	»	»	»	»	»	»	»	»	1	»	»	»	»	»	»	»	»	1	1	»
Mavatanana	Mavatanana	»	»	»	»	»	»	»	»	»	»	»	»	»	»	»	»	»	»	»	»	»	»	»	»	»
Maroanhetra	Maroanhetra	»	»	»	»	»	»	»	»	»	»	»	»	»	»	»	»	»	»	»	»	»	»	»	»	»
Miarinarivo	Miarinarivo	»	»	»	»	»	»	»	»	»	»	»	»	»	»	»	»	»	»	»	»	»	»	»	»	»
	Soavinandriano	»	»	»	»	4	»	»	»	»	»	»	»	»	»	»	»	»	»	»	»	»	5	9	»	»
	Faratsiho	»	»	»	»	»	»	»	»	»	»	»	»	»	»	»	»	»	»	»	»	»	»	»	»	»
Morondava	Morondava	»	»	»	»	»	»	»	»	»	»	»	»	»	»	»	»	»	»	»	»	»	»	»	»	»
Vatomandry	Mahanoro	»	»	»	»	»	»	»	»	»	»	»	»	»	»	»	»	»	»	»	»	»	»	»	»	»
	Vatomandry	»	»	»	»	»	»	»	»	»	»	»	»	»	»	»	»	»	»	»	»	»	»	»	»	»
Vohémar	Vohémar	»	»	»	»	»	»	»	»	»	»	»	»	»	»	»	»	»	»	»	»	»	»	»	»	»
	Antalaha	»	»	»	»	»	»	»	»	»	»	»	»	»	»	»	»	»	»	»	»	»	»	»	»	»

V

INSTRUCTION PUBLIQUE

N° 29 STATISTIQUE DONNANT LA SITUATION DE L'ENSEIGNEMENT A MADAGASCAR AU 31 DÉCEMBRE 1908

ÉTABLISSEMENTS D'ENSEIGNEMENTS	ENSEIGNEMENT OFFICIEL — Nombre d'écoles — Garçons.	Filles.	Mixtes.	Nombre de professeurs — Européens — Hommes.	Femmes.	Indigènes — Hommes.	Femmes (maîtresses de couture).	Nombre d'élèves — Garçons.	Filles.	ENSEIGNEMENT LIBRE — Nombre d'écoles — Garçons.	Filles.	Mixtes.	Nombre de professeurs — Européens — Hommes.	Femmes.	Indigènes — Hommes.	Femmes.	Nombre d'élèves — Garçons.	Filles.	OBSERVATIONS
ÉCOLES FRÉQUENTÉES PAR LES INDIGÈNES																			
École de médecine	1	»	»	8	»	3	»	75	»	»	»	»	»	»	»	»	»	»	
Maternité	»	1	»					»	18	»	»	»	»	»	»	»	»	»	
Écoles professionnelles	1	»	»	4	»	8	»	70	»	3	1 section.	»	13	1	21	»	656	12	
— normales	1	»	»	6	»	4	»	145	»	7 sections.									
— administratives	1	»	»					112	»	»	»	»	»	»	»	»	»	»	
— du second degré (écoles de garçons)	10	»	»	9	»	29	»	525	»	»	»	»	»	»	»	»	»	»	
— — (écoles ménagères)	»	6	»	»	6	3	10	»	156	»	»	»	»	»	»	»	»	»	
— primaires	10	6	414	1	3	483	202	24.823	10.552	29	22	205	61	53	526	123	14.267	9.780	
Catéchistes	»	»	»	»	»	»	»	»	»	»	»	302	»	»	303	2	4.816	3.534	
ÉCOLES FRÉQUENTÉES PAR LES EUROPÉENS ET ASSIMILÉS																			
Enseignement secondaire	1	1	»	3	4	»	»	22	16	»	»	»	»	»	»	»	»	»	
Écoles primaires	1	1	6	8	9	»	»	176	159	2	5	5	4	15	»	»	189	207	
— maternelles	»	»	5	»	5	»	»	120	98	»	»	1	»	1	»	»	12	16	
Totaux	26	13	425	41	27	530	212	26.087	10.902	34	27	503	78	70	852	125	19.748	13.037	

N° 30 — ÉCOLES FRÉQUENTÉES PAR LES INDIGÈNES

(RÉCAPITULATION)

ÉCOLES	NOMBRE D'ÉCOLES			NOMBRE DE PROFESSEURS						NOMBRE D'ÉLÈVES		OBSERVATIONS
				LAÏQUES				CONGRÉGANISTES européens ou assimilés.				
				Hommes.		Femmes.						
	Garçons.	Filles.	Mixtes.	Européens ou assimilés.	Indigènes.	Européennes ou assimilées.	Indigènes.	Hommes.	Femmes.	Garçons.	Filles.	
École de médecine et maternité	1	1	»	8	3	»	»	»	»	75	10	
Écoles normale et administrative	2	»	»	6	4	»	»	»	»	257	»	
École professionnelle supérieure	1	»	»	4	8	»	»	»	»	70	»	
Écoles régionales	10	6	»	9	32	6	10	»	»	525	158	
Écoles normales et professionnelles (libres)	3 (1) 7	(2) 1	»	9	21	»	»	4	1	458	12	(1) Sections. (2) Section.
Écoles primaires	30	28	700	16	1.009	24	325	26	32	39.090	20.348	
TOTAUX	56	35	709	52	1.077	30	335	30	33	40.475	20.528	

ÉCOLES INDIGÈNES

N° 31 — ÉCOLES INDIGÈNES (*de médecine, administrative, normales, professionnelles et régionales*).

LOCALITÉS	OFFICIELLES — Nature de l'enseignement	Nombre d'écoles — Garçons	Filles	Mixtes	Nombre de professeurs — Hommes — Français ou assimilés	Hommes — Indigènes	Femmes — Françaises ou assimilées	Femmes — Indigènes	Nombre d'élèves — Garçons	Filles	Totaux — Écoles	Professeurs	Élèves	LIBRE — Nature de l'enseignement	Nombre d'écoles — Garçons	Filles	Mixtes	Nombre de professeurs européens ou assimilés — Indigènes — Hommes	Indigènes — Femmes	Laïques — Hommes	Laïques — Femmes	Laïques — Qualité	Laïques — Français	Laïques — Étrangers (Nationalité)	Congréganistes — Hommes	Congréganistes — Femmes	Congréganistes — Qualité	Congréganistes — Français	Congréganistes — Étrangers (Nationalité)	Nombre d'élèves — Garçons	Filles	Totaux — Écoles	Professeurs	Élèves	TOTAUX GÉNÉRAUX — Nombre d'écoles	Nombre de professeurs	Nombre d'élèves	OBSERVATIONS
PROVINCE DE TANANARIVE																																						
District de Tananarive-ville.																																						
Ambohijatovo		»	»	»	»	»	»	»	»	»	»	»	»	normale (1).	»	»	»	»	»	»	»		»		»	»		»	»	35	»	»	6	45	»	6	45	(1) Les sections normales et professionnelles de l'enseignement privé figurant dans ce tableau, appartiennent à des écoles primaires supérieures dans l'enseignement privé indigène.
														prof[le].	»	»	»	4	»	2	»	F.	»	1 anglais	»	»		»	»	21	»	»						
Ambatonakanga		»	»	»	»	»	»	»	»	»	»	»	»	normale.	»	»	»	»	»	»	»		»	»	»	»		»	»	60	»	»	5	130	»	5	130	
														prof[le].	»	»	»	4	»	1	»	L.	»	»	»	»		»	»	70	»	»						
Mahazoarivo		»	»	»	»	»	»	»	»	»	»	»	»	normale.	»	»	»	3	»	1	»	P.	»	»	»	»		»	»	20	»	»	4	50	»	4	50	
Mahamasina nord		»	»	»	»	»	»	»	»	»	»	»	»	indust[le].	»	»	»	»	»	2	»	C.	»	»	1	»	C.	1	»	32	»	»	3	32	»	3	32	
Andohalo		»	»	»	»	»	»	»	»	»	»	»	»	normale.	»	»	»	2	»	»	»	C.	»	»	1	1	C.	2	»	25	12	»	4	37	»	4	37	
Avaradrova	prof[le] sup[re].	1	»	»	4	8	»	»	70	»	2	11	71		»	»	»	»	»	»	»		»	»	»	»		»	»	»	»	»	»	»	2	12	120	
	chefs ind[nes].	1							50				50		»	»	»	»	»	»	»		»	»	»	»		»	»	»	»	»	»	»				
	ménagère.	»	1	»	»	1	1	2	»	44	1	4	44		»	»	»	»	»	»	»		»	»	»	»		»	»	»	»	»	»	»	1	4	44	
Ambondrona	—	»	1	»	»	1	1	2	»	27	1	4	27		»	»	»	»	»	»	»		»	»	»	»		»	»	»	»	»	»	»	1	4	27	
Mahamasina	normale.	1	»	»	6	4	»	»	145	»	2	10	257		»	»	»	»	»	»	»		»	»	»	»		»	»	»	»	»	»	»	2	10	257	
	administ[ive].	1	»	»			»	»	112	»					»	»	»	»	»	»	»		»	»	»	»		»	»	»	»	»	»	»				
	régionale.	1	»	»	1	2	»	»	75	»	1	3	75		»	»	»	»	»	»	»		»	»	»	»		»	»	»	»	»	»	»	1	3	75	
Ankadinandriana	médecine.	1	»	»	8	3	»	»	75	»	2	11	85		»	»	»	»	»	»	»		»	»	»	»		»	»	»	»	»	»	»	2	11	85	
	maternité.	»	1	»			»	»	»	10	»	»	»		»	»	»	»	»	»	»		»	»	»	»		»	»	»	»	»	»	»				
PROVINCE DE L'ITASY																																						
Miarinarivo	régionale.	1	»	»	1	4	»	»	40	»	1	5	40		»	»	»	»	»	»	»		»	»	»	»		»	»	»	»	»	»	»	1	5	40	
A reporter		7	3	»	20	23	2	4	367	81	10	40	656		»	»	»	15	»	6	»		»	2	3	»		1	»	282	12	»	23	294	10	71	942	

N° 31 — ÉCOLES INDIGÈNES (de médecine, administrative, normales, professionnelles et régionales.)

LOCALITÉS	OFFICIELLES — Nature de l'enseignement	Off. — Nombre d'écoles — Garçons	Off. — Nombre d'écoles — Filles	Off. — Nombre d'écoles — Mixtes	Off. — Nombre de professeurs laïques — Hommes — Européens ou assimilés	Off. — Professeurs — Hommes — Indigènes	Off. — Professeurs — Femmes — Européennes ou assimilées	Off. — Professeurs — Femmes — Indigènes	Off. — Nombre d'élèves — Garçons	Off. — Nombre d'élèves — Filles	Off. — Totaux — Écoles	Off. — Totaux — Professeurs	Off. — Totaux — Élèves	LIBRE — Nature de l'enseignement	Libre — Nombre d'écoles — Garçons	Libre — Nombre d'écoles — Filles	Libre — Nombre d'écoles — Mixtes	Libre — Professeurs — Indigènes — Hommes	Libre — Professeurs — Indigènes — Femmes	Laïques — Hommes	Laïques — Femmes	Laïques — Qualité	Laïques — Français	Laïques — Étrangers (Nationalité)	Congréganistes — Hommes	Congréganistes — Femmes	Congréganistes — Qualité	Congréganistes — Français	Congréganistes — Étrangers (Nationalité)	Libre — Nombre d'élèves — Garçons	Libre — Nombre d'élèves — Filles	Libre — Totaux — Écoles	Libre — Totaux — Professeurs	Libre — Totaux — Élèves	TOTAUX GÉNÉRAUX — Nombre d'écoles	TOTAUX GÉNÉRAUX — Nombre de professeurs	TOTAUX GÉNÉRAUX — Nombre d'élèves	OBSERVATIONS
Report		7	3	»	20	23	2	4	567	81	10	49	648		»	»	»	13	»	6	»		»	»	2	1		3	»	282	12	»	22	294	10	71	912	
PROVINCE D'ANALALAVA																																						
Analalava	régionale	1	1	»	1	3	1	1	52	14	2	6	66		»	»	»	»	»	2	»		»	»	»	»		»	»	»	»	»	»	»	2	6	66	
PROVINCE DE FARAFANGANA																																						
Vangaindrano	régionale	1	»	»	1	1	»	»	26	»	1	2	26		»	»	»	»	»	»	»		»	»	»	»		»	»	»	»	»	»	»	1	2	26	
PROVINCE DE VAKINANKARATRA																																						
Antsirabe	régionale	1	»	»	1	4	»	»	69	»	1	5	69	normale.	1	»	»	3	»	»	»	1. N.	1	»	»	»		»	»	40	»	1	5	40	2	10	109	
	ménagère	»	1	»	»	»	1	2	»	24	1	3	24		»	»	»	»	»	»	»		»	»	»	»		»	»	»	»	»	»	»	1	3	24	
PROVINCE DE MAROANTSETRA																																						
Maroantsetra	régionale	1	»	»	1	5	»	»	46	»	1	6	46		»	»	»	»	»	»	»		»	»	»	»		»	»	»	»	»	»	»	1	6	46	
PROVINCE D'AMBOSITRA																																						
Ambositra	régionale	1	»	»	1	3	»	»	62	»	1	4	62		»	»	»	»	»	»	»		»	»	»	»		»	»	»	»	»	»	»	1	4	62	
	ménagère	»	1	»	»	1	1	1	»	23	1	3	23		»	»	»	»	»	»	»		»	»	»	»		»	»	»	»	»	»	»	1	3	23	
PROVINCE DE TAMATAVE																																						
Tamatave	régionale	1	»	»	1	1	»	»	23	»	1	2	23		»	»	»	»	»	»	»		»	»	»	»		»	»	»	»	»	»	»	1	2	23	
PROVINCE DE FIANARANTSOA																																						
Fianarantsoa	régionale	1	»	»	1	6	»	»	82	»	2	10	108	normale.	1	»	»	3	»	»	»		»	»	2	»		2	»	94	»	1	5	94	3	15	200	
	ménagère	»	1	»	»	»	1	2	»	26					1	»	»	2	»	1	»		»	1 [illegible]	»	»		»	»	42	»	1	3	42	1	3	47	
TOTAUX		14	7	»	27	47	6	10	927	168	21	90	1.095		3	»	»	21	»	9	»		1	1	4	1		5	»	458	12	3	35	470	24	125	1.565	

N° 32 — STATISTIQUES DE L'INSTRUCTION PUBLIQUE, ENSEIGNEMENT PRIMAIRE ANNÉE 1907 (ÉCOLES INDIGÈNES)

LOCALITÉS	OFFICIEL – Nombre d'écoles – Garçons	Filles	Mixtes	Nombre de professeurs laïques – Hommes – Européens ou assimilés	Indigènes	Femmes – Européennes ou assimilées	Indigènes	Nombre d'élèves – Garçons	Filles	Totaux – Écoles	Professeurs	Élèves	LIBRE – Nombre d'écoles – Garçons	Filles	Mixtes	Nombre de professeurs – Indigènes – Hommes	Femmes	Laïques – Hommes	Femmes	Culte	Français	Étrangers naturalisés	Congréganistes – Hommes	Femmes	Culte	Français	Étrangers naturalisés	Nombre d'élèves – Garçons	Filles	Totaux – Écoles	Professeurs	Élèves	TOTAUX GÉNÉRAUX – Nombre d'écoles	Nombre de professeurs	Nombre d'élèves	OBSERVATIONS
PROVINCE DE TANANARIVE																																				
District de Tananarive-ville.																																				
[illegible]	1	»	»	»	6	»	»	424	»	1	6	424	»	»	»	»	»	»	»		»	»	»	»		»	»	»	»	»	»	»	1	6	424	
Ambohijatovo	»	»	»	»	»	»	»	»	»	»	»	»	1	»	»	10	»	»	»	P.	»	»	»	»		»	»	349	»	1	10	349	1	10	349	
Ambohijatovo nord	»	»	»	»	»	»	»	»	»	»	»	»	1	»	»	14	»	1	»	P.	1	»	»	»		»	»	450	»	1	15	450	1	15	450	
[illegible]	»	»	»	»	»	»	»	»	»	»	»	»	»	1	»	»	7	»	3	C.	3	»	»	»		»	»	»	180	1	10	180	1	10	180	
[illegible]	»	»	»	»	»	»	»	»	»	»	»	»	1	»	»	10	»	4	»	C.	4	»	»	»		»	»	888	»	1	14	888	1	14	888	
—	»	»	»	»	»	»	»	»	»	»	»	»	»	1	»	2	7	»	1	A.	»	anglais	»	»		»	»	»	400	1	10	400	1	10	400	
[illegible]	»	»	1	»	2	»	1	90	40	1	3	130	»	»	»	»	»	»	»		»	»	»	»		»	»	»	»	»	»	»	1	3	130	
Atsimon'Anjoma	»	»	»	»	»	»	»	»	»	»	»	»	»	»	1	2	3	»	»	A.	»	»	»	»		»	»	85	65	1	5	150	1	5	150	
Faravohitra	»	»	»	»	8	»	»	450	»	1	8	450	»	»	»	»	»	»	»		»	»	»	»		»	»	»	»	»	»	»	1	8	450	
Ambatovinaky	1	»	»	»	»	»	»	»	»	»	»	»	»	»	1	1	3	»	1	K.	»	[illegible]	»	»		»	»	75	70	1	4	145	1	4	145	
[illegible]	»	»	»	»	1	»	1	»	100	1	2	100	»	»	»	»	»	»	»		»	»	»	»		»	»	»	»	»	»	»	1	2	100	
Isotry	»	»	»	»	»	»	»	»	»	»	»	»	1	»	»	3	»	»	»	C.	»	»	»	»		»	»	110	»	1	3	110	1	3	110	
Ambatonilita	»	»	1	»	»	»	»	»	»	»	»	»	»	»	1	»	1	»	3	C.	3	»	»	»		»	»	»	70	1	4	70	1	4	70	
Antohomadinika	1	»	»	»	3	»	»	203	»	1	3	203	1	»	»	1	»	»	»	C.	»	»	»	»		»	»	38	»	1	1	38	2	4	241	
[illegible]	»	»	»	»	»	»	»	»	»	»	»	»	»	»	1	2	7	»	»	P.	»	»	»	»		»	»	»	220	2	9	220	2	9	220	
Mahamasina	1	»	»	»	3	»	»	180	»	1	3	180	1	»	»	3	»	»	»	C.	»	»	»	»		»	»	146	»	1	3	146	2	6	326	
—	»	»	»	»	»	»	»	»	»	»	»	»	»	1	»	»	4	»	3	C.	3	»	»	»		»	»	»	200	1	7	200	1	7	200	
Fiadanana	»	»	»	»	»	»	1	105	25	1	3	130	»	»	»	»	»	»	»		»	»	»	»		»	»	»	»	»	»	»	1	3	130	
[illegible]	»	»	»	»	»	»	»	»	»	»	»	»	1	»	»	6	»	1	»	A.	»	anglais	»	»		»	»	103	»	1	7	103	1	7	103	
A reporter	4	1	2	»	25	»	3	1.662	155	7	28	1.767	7	3	4	34	31	6	11		»	»	»	»		»	»	2.224	1.205	14	102	3.449	22	130	5.196	

N° 32 — STATISTIQUES DE L'INSTRUCTION PUBLIQUE. ENSEIGNEMENT PRIMAIRE ANNÉE 1908 (ÉCOLES INDIGÈNES)

LOCALITÉS	OFFICIEL — Nombre d'écoles — Garçons	Filles	Mixtes	Nombre de professeurs laïques — Hommes — Européens ou assimilés	Indigènes	Femmes — Européennes ou assimilées	Indigènes	Nombre d'élèves — Garçons	Filles	Totaux — Écoles	Professeurs	Élèves	LIBRE — Nombre d'écoles — Garçons	Filles	Mixtes	Nombre de professeurs européens ou assimilés — Indigènes — Hommes	Femmes	Laïques — Hommes	Femmes	Qualité	Français	Étrangers Nationalité	Congréganistes — Hommes	Femmes	Qualité	Français	Étrangers Nationalité	Nombre d'élèves — Garçons	Filles	Totaux — Écoles	Professeurs	Élèves	TOTAUX GÉNÉRAUX — Nombre d'écoles	Nombre de professeurs	Nombre d'élèves	OBSERVATIONS
Report	4	1	2	»	23	»	3	1.072	105	7	26	1.767	7	3	4	34	31	6	11		»	—	»	»	»	»		2.234	1.205	15	102	3.488	22	130	3.196	
Ambaiaha	»	»	»	»	»	»	»	»	»	»	»	»	»	1	»	4	4	»	1	A	»	1 anglais	»	»	»	»		»	254	1	9	254	1	9	254	
Ambovahadiavitafo	»	»	»	»	»	»	»	»	»	»	»	»	1	»	»	1	»	»	»	C	»	»	»	2	C	2		52	»	1	4	52	1	4	52	
—	»	»	»	»	»	»	»	»	»	»	»	»	»	»	1	»	»	»	»		»	»	»	»	»	»		»	80	1	2	80	1	2	80	
Mahasoavina	»	»	»	»	»	»	»	»	»	»	»	»	»	»	1	2	1	1	»	P	4	»	»	»	»	»		103	52	1	4	155	1	4	155	
Ambohitrandrana	»	»	»	»	»	»	»	»	»	»	»	»	1	»	»	9	»	»	»	L	»	1 suisse	»	»	»	»		380	»	1	9	380	1	9	380	
Paraotsitra	»	»	»	»	»	»	»	»	»	»	»	»	1	»	»	4	»	»	»	C	»	»	»	»	»	»		130	»	1	4	130	1	4	130	
Andranonakanga	»	»	»	»	»	»	»	»	»	»	»	»	»	1	»	3	6	»	1	L	»	1	»	»	»	»		»	270	1	10	270	1	10	270	
Faravohitra	»	»	»	»	»	»	»	»	»	»	»	»	»	1	»	3	5	»	1	F	»	1 anglais	»	»	»	»		»	200	1	9	200	1	9	200	
Ambohimitsongana	»	»	»	»	»	»	»	»	»	»	»	»	»	1	»	»	1	»	»	A	»	»	»	6	C	6		»	23	1	7	23	1	7	23	
Faravohitra	»	»	»	»	»	»	»	»	»	»	»	»	»	1	»	»	5	»	»		»	»	»	»	C	1		»	250	1	11	250	1	11	250	
Ambohipo	»	»	»	»	»	»	»	»	»	»	»	»	»	»	1	»	»	»	»		»	»	1	2	C	2		20	20	1	4	40	1	4	40	
Ambohimitsimbina	»	»	»	»	»	»	»	»	»	»	»	»	»	1	»	»	4	»	»		»	»	»	»	»	»		»	70	1	6	70	1	6	70	
Antsahamanitra	»	»	»	»	»	»	»	»	»	»	»	»	»	1	1	1	1	»	1	N	»	1 N	»	»	»	»		»	52	1	3	52	1	3	52	
Avaradrova	»	1	»	»	2	»	1	»	276	1	3	276	»	»	»	»	»	»	»		»	»	»	»	»	»		»	»	»	»	»	1	3	276	
Amparibe	»	»	»	»	»	»	»	»	»	»	»	»	1	»	»	7	»	»	»		»	»	11	»	»	»		300	»	1	18	300	1	18	300	
Totaux	4	2	2	»	27	»	4	1.072	301	8	31	1.993	11	10	7	88	58	7	15		1	»	12	10	»	»		3.200	2.476	28	190	5.685	37	221	7.078	
District d'Ambohidratrimo.																																				
Ambohidratrimo	»	»	1	»	2	»	2	150	65	1	4	215	»	»	1	2	1	»	»	C	»	»	»	»	»	»		46	29	1	3	75	2	8	290	
—	»	»	»	»	»	»	»	»	»	»	»	»	»	»	1	4	»	»	»	L	»	»	»	»	»	»		60	33	1	4	101	1	4	101	
Ambohipiara	»	»	1	»	2	»	1	184	78	1	3	262	»	»	»	»	»	»	»		»	»	»	»	»	»		»	»	»	»	»	1	3	262	
A reporter	»	»	2	»	5	»	3	334	143	2	8	477	»	»	2	6	1	»	»		»	»	»	»	»	»		110	64	2	7	176	4	15	654	

N° 32 — STATISTIQUES DE L'INSTRUCTION PUBLIQUE, ENSEIGNEMENT PRIMAIRE ANNÉE 1908 (ÉCOLES INDIGÈNES)

LOCALITÉS	OFFICIEL — Nombre d'écoles — Garçons	Filles	Mixtes	Nombre de professeurs laïques — Hommes — Européens ou assimilés	Indigènes	Femmes — Européennes ou assimilées	Indigènes	Nombre d'élèves — Garçons	Filles	Totaux — Écoles	Professeurs	Élèves	LIBRE — Nombre d'écoles — Garçons	Filles	Mixtes	Nombre de professeurs européens et indigènes — Indigènes — Hommes	Femmes	Laïques — Hommes	Femmes	Qualité	Français	Étrangers (Nationalité)	Congréganistes — Hommes	Femmes	Qualité	Français	Étrangers (Nationalité)	Nombre d'élèves — Garçons	Filles	Totaux — Écoles	Professeurs	Élèves	TOTAUX GÉNÉRAUX — Nombre d'écoles	Nombre de professeurs	Nombre d'élèves	OBSERVATIONS
Report	»	»	2	»	5	»	3	334	143	2	8	477	»	»	2	6	1	»	»		»	»	»	»	»	»	»	115	61	2	7	176	4	15	653	
Ampasina	»	»	1	»	1	»	1	77	23	1	2	100	»	»	»	»	»	»	»		»	»	»	»	»	»	»	»	»	»	»	»	1	2	100	
Manjakavoly	»	»	1	»	1	»	1	91	44	1	2	135	»	»	»	»	»	»	»		»	»	»	»	»	»	»	»	»	»	»	»	1	2	135	
Anosivavaka	»	»	»	»	»	»	»	»	»	»	»	»	»	»	1	1	1	»	»	C.	»	»	»	»	»	»	»	30	20	1	2	50	1	2	50	
Ambohimanandroso	»	»	»	»	»	»	»	»	»	»	»	»	»	»	1	1	»	»	»	L.	»	»	»	»	»	»	»	15	15	1	1	30	1	1	30	
Antanety	»	»	»	»	»	»	»	»	»	»	»	»	»	»	1	1	»	»	»	L.	»	»	»	»	»	»	»	15	15	1	1	30	1	1	30	
Andsalihitry	»	»	»	»	»	»	»	»	»	»	»	»	»	»	1	2	»	»	»	L.	»	»	»	»	»	»	»	23	37	1	2	60	1	2	60	
Ambohijanahary	»	»	»	»	»	»	»	»	»	»	»	»	»	»	1	1	1	»	»	C.	»	»	»	»	»	»	»	37	17	1	2	54	1	2	54	
Anjazafohy	»	»	»	»	»	»	»	»	»	»	»	»	»	»	1	2	»	»	»	A.	»	»	»	»	»	»	»	48	29	1	2	77	1	2	77	
Ambohidongy	»	»	»	»	»	»	»	»	»	»	»	»	»	»	1	1	»	»	»	L.	»	»	»	»	»	»	»	17	10	1	1	27	1	1	27	
Ambohimanga	»	»	1	»	3	»	2	188	94	1	5	282	»	»	1	1	1	»	»	C.	»	»	»	»	»	»	»	21	14	1	2	35	2	7	317	
Anosiarivo	»	»	1	»	2	»	1	115	45	1	3	160	»	»	1	»	»	»	»		»	»	»	»	»	»	»	»	»	»	»	»	1	3	160	
Antsahamilo	»	»	1	»	1	»	1	43	24	1	2	67	»	»	»	»	»	»	»		»	»	»	»	»	»	»	»	»	»	»	»	1	2	67	
Ambodifilao sud	»	»	1	»	1	»	1	50	38	1	2	88	»	»	»	»	»	»	»		»	»	»	»	»	»	»	»	»	»	»	»	1	2	88	
Imerinavaratra	»	»	1	»	1	»	1	30	24	1	2	54	»	»	»	»	»	»	»		»	»	»	»	»	»	»	»	»	»	»	»	1	2	54	
Mahavelona	»	»	1	»	1	»	1	33	19	1	2	52	»	»	»	»	»	»	»		»	»	»	»	»	»	»	»	»	»	»	»	1	2	52	
Sahafanaka	»	»	1	»	1	»	1	85	49	1	2	134	»	»	»	»	»	»	»		»	»	»	»	»	»	»	»	»	»	»	»	1	2	134	
Ambody	»	»	»	»	»	»	»	»	»	»	»	»	»	»	1	8	1	»	»	L.	»	»	»	»	»	»	»	200	50	1	9	250	1	9	250	
Antanandrekomby	»	»	»	»	»	»	»	»	»	»	»	»	»	»	1	2	»	»	»	A.	»	»	»	»	»	»	»	32	21	1	2	53	1	2	53	
Ankadinandriana	»	»	»	»	»	»	»	»	»	»	»	»	»	»	1	5	»	»	»	A.	»	»	»	»	»	»	»	79	62	1	5	141	1	5	141	
Imerinandroso	»	»	»	»	»	»	»	»	»	»	»	»	»	»	1	2	2	»	»	C.	»	»	»	»	»	»	»	40	40	1	4	80	1	4	80	
Manankasina	»	»	»	»	»	»	»	»	»	»	»	»	»	»	1	1	1	»	»	C.	»	»	»	»	»	»	»	27	15	1	2	42	1	2	42	
A reporter	»	»	11	»	17	»	13	1.046	503	11	30	1.549	»	»	10	34	8	»	»		»	»	»	»	»	»	»	699	406	15	41	1.105	26	72	2.654	

N° 32 — STATISTIQUES DE L'INSTRUCTION PUBLIQUE ENSEIGNEMENT PRIMAIRE ANNÉE 1908 (ÉCOLES INDIGÈNES)

LOCALITÉS	OFFICIEL — Nombre d'écoles: Garçons	Filles	Mixtes	Nombre de professeurs — Hommes: Européens ou assimilés	Indigènes	Femmes: Européennes ou assimilées	Indigènes	Nombre d'élèves: Garçons	Filles	Totaux: Écoles	Professeurs	Élèves	LIBRE — Nombre d'écoles: Garçons	Filles	Mixtes
Report	»	»	11	»	17	»	13	1.050	503	13	30	1.550	»	»	16
Malaza	»	»	»	»	»	»	»	»	»	»	»	»	»	»	1
Andranomandry	»	»	»	»	»	»	»	»	»	»	»	»	»	»	1
Bafy	»	»	»	»	»	»	»	»	»	»	»	»	»	»	»
Sevaindrona	»	»	1	»	1	»	»	52	25	1	1	76	»	»	»
Andranolaka	»	»	1	»	1	»	»	80	31	1	1	120	»	»	1
Ambohitrombhy	»	»	»	»	»	»	»	»	»	»	»	»	»	»	1
Andranobihana	»	»	»	»	»	»	»	»	»	»	»	»	»	»	1
Ambohidray	»	»	»	»	»	»	»	»	»	»	»	»	»	»	1
Andranambity	»	»	»	»	»	»	»	»	»	»	»	»	»	»	1
Lavitra	»	»	»	»	»	»	»	»	»	»	»	»	»	»	1
Fiadanana	»	»	»	»	»	»	»	»	»	»	»	»	»	»	1
Antsoaparadraza	»	»	»	»	»	»	»	»	»	»	»	»	»	»	1
Andranovorte	»	»	»	»	»	»	»	»	»	»	»	»	»	»	1
Morarano	»	»	»	»	»	»	»	»	»	»	»	»	»	»	1
Ankadinandriana	»	»	»	»	»	»	»	»	»	»	»	»	»	»	1
Ambohitsimanity	»	»	»	»	»	»	»	»	»	»	»	»	»	»	1
Manandriana	»	»	»	»	»	»	»	»	»	»	»	»	»	»	1
Nanaokana	»	»	»	»	»	»	»	»	»	»	»	»	»	»	1
Andohipeno	»	»	»	»	»	»	»	»	»	»	»	»	»	»	1
Nanohana	»	»	»	»	»	»	»	»	»	»	»	»	»	»	1
Andranomafana	»	»	»	»	»	»	»	»	»	»	»	»	»	»	1
Ambohipanja	»	»	»	»	»	»	»	»	»	»	»	»	»	»	1
A reporter	»	»	13	»	19	»	13	1.187	358	14	32	1.760	»	»	30

LOCALITÉS	LIBRE — Nombre de professeurs — Indigènes: Hommes	Femmes	Laïques: Hommes	Femmes	Qualité	Français	Étrangers (Nationalité)	Congréganistes: Hommes	Femmes	Qualité	Français	Étrangers (Nationalité)	Nombre d'élèves: Garçons	Filles	Totaux: Écoles	Professeurs	Élèves	TOTAUX GÉNÉRAUX: Nombre d'écoles	Nombre de professeurs	Nombre d'élèves	OBSERVATIONS
Report	35	8	»	»		»	»	»	»		»	»	699	406	15	42	1.105	26	77	2.655	
Malaza	1	»	»	»	A.	»	»	»	»		»	»	27	16	1	1	43	1	1	43	
Andranomandry	1	7	»	»	A.	»	»	»	»		»	»	29	11	1	1	40	1	1	40	
Bafy	»	»	»	»	L.	»	»	»	»		»	»	39	21	1	1	60	1	1	60	
Sevaindrona	»	»	»	»		»	»	»	»		»	»	»	»	»	»	»	1	1	76	
Andranolaka	1	»	»	»		»	»	»	»		»	»	»	»	»	»	»	1	1	120	
Ambohitrombhy	1	»	»	»	P.	»	»	»			»	»	51	19	1	1	70	1	1	70	
Andranobihana	1	»	»	»	L.	»	»	»	»		»	»	30	30	1	1	60	1	1	60	
Ambohidray	1	»	»	»	L.	»	»	»	»		»	»	30	30	1	1	60	1	1	60	
Andranambity	2	»	»	»	L.	»	»	»	»		»	»	27	23	1	1	50	1	1	50	
Lavitra	1	»	»	»	L.	»	»	»	»		»	»	27	23	1	2	50	1	1	50	
Fiadanana	1	1	»	»	C.	»	»	»	»		»	»	18	12	1	2	30	1	2	30	
Antsoaparadraza	2	»	»	»	L.	»	»	»	»		»	»	16	14	1	1	30	1	1	30	
Andranovorte	1	»	»	»	P.	»	»	»	»		»	»	30	25	1	2	55	1	2	55	
Morarano	2	»	»	»	L.	»	»	»	»		»	»	11	14	1	1	25	1	1	25	
Ankadinandriana	1	1	»	»	P.	»	»	»	»		»	»	33	17	1	2	50	1	3	50	
Ambohitsimanity	1	»	»	»	P.	»	»	»	»		»	»	20	10	1	1	30	1	1	30	
Manandriana	»	»	»	»	L.	»	»	»	»		»	»	18	17	1	1	35	1	1	35	
Nanaokana	3	1	»	»	C.	»	»	»	»		»	»	40	25	1	3	65	1	3	65	
Andohipeno	1	1	»	»	C.	»	»	»	»		»	»	27	13	1	2	40	1	2	40	
Nanohana	1	»	»	»	L.	»	»	»	»		»	»	38	22	1	1	60	1	1	60	
Andranomafana	1	»	»	»	L.	»	»	»	»		»	»	20	15	1	1	35	1	1	35	
Ambohipanja	1	»	»	»	L.	»	»	»	»		»	»	26	35	1	1	60	1	1	60	
A reporter	57	12	»	»		»	»	»	»		»	»	1.156	707	35	50	2.043	48	101	3.368	

N° 32 — STATISTIQUES DE L'INSTRUCTION PUBLIQUE. ENSEIGNEMENT PRIMAIRE ANNÉE 1908 (ÉCOLES INDIGÈNES)

LOCALITÉS	OFFICIEL — Nombre d'écoles — Garçons	Filles	Mixtes	Nombre de professeurs laïques — Hommes — Européens ou assimilés	Indigènes	Femmes — Européennes ou assimilées	Indigènes	Nombre d'élèves — Garçons	Filles	Totaux — Écoles	Professeurs	Élèves	LIBRE — Nombre d'écoles — Garçons	Filles	Mixtes		Nombre de professeurs — Indigènes — Hommes	Femmes	Laïques — Hommes	Femmes	Qualité	Français	Étrangers (Nationalité)	Congréganistes — Hommes	Femmes	Qualité	Français	Étrangers (Nationalité)	Nombre d'élèves — Garçons	Filles	Totaux — Écoles	Professeurs	Élèves	TOTAUX GÉNÉRAUX — Nombre d'écoles	Nombre de professeurs	Nombre d'élèves	OBSERVATIONS
Report	»	»	13	»	10	»		1.187	558	14	33	1.745	»	»	36		57	13	»	»		»	»	»	»		»	»	1.146	797	35	70	2.043	48	104	3.788	
Ambohimanarina	»	»	»	»	»	»	»	»	»	»	»	»	»	»	1		1	1	»	»	L.	»	»	»	»		»	»	48	32	1	1	80	1	1	80	
[illegible]	»	»	»	»	»	»	»	»	»	»	»	»	»	»	1		1	1	»	»	L.	»	»	»	»		»	»	35	25	1	1	60	1	1	60	
[illegible]	»	»	»	»	»	»	»	»	»	»	»	»	»	»	1		1	1	»	»	P.	»	»	»	»		»	»	10	15	1	1	25	1	1	25	
Mahitsy	»	»	1	»	1	»	1	87	38	1	2	125	»	»	»		»	»	»	»		»	»	»	»		»	»	»	»	»	»	»	1	2	125	
[illegible]	»	»	1	»	1	»	1	54	42	1	2	96	»	»	»		»	»	»	»		»	»	»	»		»	»	»	»	»	»	»	1	2	96	
[illegible]	»	»	1	»	1	»	1	84	31	1	2	115	»	»	»		»	»	»	»		»	»	»	»		»	»	»	»	»	»	»	1	2	115	
Ampanotokana	»	»	1	»	1	»	1	67	23	1	2	90	»	»	»		»	»	»	»		»	»	»	»		»	»	»	»	»	»	»	1	2	90	
[illegible]	»	»	1	»	1	»	1	71	35	1	2	106	»	»	»		»	»	»	»		»	»	»	»		»	»	»	»	»	»	»	1	2	106	
[illegible]	»	»	1	»	1	»	1	49	32	1	1	81	»	»	»		»	»	»	»		»	»	»	»		»	»	»	»	»	»	»	1	1	81	
[illegible]	»	»	1	»	1	»	1	50	20	1	2	70	»	»	»		»	»	»	»		»	»	»	»		»	»	»	»	»	»	»	1	2	70	
[illegible]	»	»	1	1	1	»	1	49	30	1	2	79	»	»	»		»	»	»	»		»	»	»	»		»	»	»	»	»	»	»	1	2	79	
[illegible]	»	»	1	»	1	»	1	31	32	1	2	63	»	»	»		»	»	»	»		»	»	»	»		»	»	»	»	»	»	»	1	2	63	
[illegible]	»	»	1	»	1	»	1	27	20	1	1	47	»	»	»		»	»	»	»		»	»	»	»		»	»	»	»	»	»	»	1	1	47	
[illegible]	»	»	1	»	1	»	1	61	38	1	2	99	»	»	»		»	»	»	»		»	»	»	»		»	»	»	»	»	»	»	1	2	99	
[illegible]	»	»	1	»	1	»	1	43	26	1	2	69	»	»	»		»	»	»	»		»	»	»	»		»	»	»	»	»	»	»	1	2	69	
[illegible]	»	»	1	»	1	»	1	62	26	1	2	88	»	»	»		»	»	»	»		»	»	»	»		»	»	»	»	»	»	»	1	2	88	
[illegible]	»	»	1	»	1	»	1	66	39	1	2	105	»	»	»		»	»	»	»		»	»	»	»		»	»	»	»	»	»	»	1	2	105	
A reporter	»	»	27	1	33	»	17	1.988	990	28	56	2.968	4	»	39		60	15	»	»		»	»	»	»		»	»	1.259	669	38	73	2.208	63	130	5.106	

N° 32 — STATISTIQUES DE L'INSTRUCTION PUBLIQUE. ENSEIGNEMENT PRIMAIRE ANNÉE 1908 (ÉCOLES INDIGÈNES)

LOCALITÉS	Officielles — Nombre d'écoles — Garçons	Officielles — Nombre d'écoles — Filles	Officielles — Nombre d'écoles — Mixtes	Officielles — Nombre de professeurs laïques — Hommes — Européens ou assimilés	Officielles — Nombre de professeurs laïques — Hommes — Indigènes	Officielles — Nombre de professeurs laïques — Femmes — Européennes ou assimilées	Officielles — Nombre de professeurs laïques — Femmes — Indigènes	Officielles — Nombre d'élèves — Garçons	Officielles — Nombre d'élèves — Filles	Officielles — Totaux — Écoles	Officielles — Totaux — Professeurs	Officielles — Totaux — Élèves	Libres — Nombre d'écoles — Garçons	Libres — Nombre d'écoles — Filles	Libres — Nombre d'écoles — Mixtes	Libres — Professeurs — Indigènes — Hommes	Libres — Professeurs — Indigènes — Femmes	Libres — Professeurs — Laïques — Hommes	Libres — Professeurs — Laïques — Femmes	Libres — Professeurs — Laïques — Qualité	Libres — Professeurs — Laïques — Français	Libres — Professeurs — Laïques — Étrangers (Nationalité)	Libres — Professeurs — Congréganistes — Hommes	Libres — Professeurs — Congréganistes — Femmes	Libres — Professeurs — Congréganistes — Qualité	Libres — Professeurs — Congréganistes — Français	Libres — Professeurs — Congréganistes — Étrangers (Nationalité)	Libres — Nombre d'élèves — Garçons	Libres — Nombre d'élèves — Filles	Libres — Totaux — Écoles	Libres — Totaux — Professeurs	Libres — Totaux — Élèves	Totaux généraux — Nombre d'écoles	Totaux généraux — Nombre de professeurs	Totaux généraux — Nombre d'élèves	OBSERVATIONS
Report	»	»	27	1	33	»	27	1.984	900	26	58	2.958	»	»	39	60	13	»	»		»	»	»	»		»	»	1.230	860	36	73	2.206	63	130	5.160	
Andranosoalina	»	»	1	»	1	»	1	»	»	»	»	»	»	»	1	»	»	»	»		»	»	»	»		»	»	»	»	»	»	»	1	2	76	
Ambohimarena	»	»	1	»	1	»	1	»	»	»	»	»	»	»	1	»	»	»	»		»	»	»	»		»	»	»	»	»	»	»	1	2	49	
Vangaina	»	»	»	»	»	»	»	»	»	»	»	»	»	»	1	2	»	»	»	L.	»	»	»	»		»	»	46	14	1	2	60	1	2	60	
Ankadiaosina	»	»	»	»	»	»	»	»	»	»	»	»	»	»	1	1	1	»	»	C.	»	»	»	»		»	»	38	12	1	2	50	1	2	50	
Anjoertibe	»	»	»	»	»	»	»	»	»	»	»	»	»	»	1	1	1	»	»	C.	»	»	»	»		»	»	25	24	1	2	49	1	2	49	
Nandihizana	»	»	»	»	»	»	»	»	»	»	»	»	»	»	1	1	1	»	»	C.	»	»	»	»		»	»	35	15	1	2	50	1	2	50	
Zoma Ampananina	»	»	»	»	»	»	»	»	»	»	»	»	»	»	1	1	1	»	»	C	»	»	»	»		»	»	20	17	1	2	37	1	2	37	
Mavoraoo	»	»	»	»	»	»	»	»	»	»	»	»	»	»	1	1	»	»	»	A.	»	»	»	»		»	»	35	15	1	1	50	1	1	50	
Malevona	»	»	»	»	»	»	»	»	»	»	»	»	»	»	1	5	»	1	»	P.	1	»	»	»		»	»	112	38	1	6	150	1	6	150	
Andatsivona	»	»	»	»	»	»	»	»	»	»	»	»	»	»	1	5	»	»	»	C.	»	»	»	»		»	»	80	40	1	5	120	1	5	120	
Volelina	»	»	»	»	»	»	»	»	»	»	»	»	»	»	1	1	1	»	»	C.	»	»	»	»		»	»	20	10	1	2	30	1	2	30	
Ambarmanolary	»	»	»	»	»	»	»	»	»	»	»	»	»	»	1	1	»	»	»	A.	»	»	»	»		»	»	30	20	1	1	50	1	1	50	
Fenoarivo	»	»	»	»	»	»	»	»	»	»	»	»	»	»	1	2	1	»	»	C.	»	»	»	»		»	»	54	21	1	3	75	1	3	75	
—	»	»	»	»	»	»	»	»	»	»	»	»	»	»	1	3	»	»	»	P.	»	»	»	»		»	»	36	49	1	3	85	1	3	85	
Ambavaniala	»	»	»	»	»	»	»	»	»	»	»	»	»	»	1	1	»	»	»	L.	»	»	»	»		»	»	28	12	1	1	40	1	1	40	
Andrakibe	»	»	»	»	»	»	»	»	»	»	»	»	»	»	1	1	»	»	»	C.	»	»	»	»		»	»	36	9	1	1	45	1	1	45	
Ambohibeloo	»	»	»	»	»	»	»	»	»	»	»	»	»	»	1	2	»	»	»	P.	»	»	»	»		»	»	60	20	1	2	80	1	2	80	
A reporter	»	»	29	1	33	»	29	1.984	990	28	58	2.958	»	»	56	86	21	»	»		»	»	»	»		»	»	1.961	1.168	53	108	3.170	82	169	6.261	

N° 32 — STATISTIQUES DE L'INSTRUCTION PUBLIQUE. ENSEIGNEMENT PRIMAIRE ANNÉE 1908 (ÉCOLES INDIGÈNES)

LOCALITÉS	OFFICIEL — Nombre d'écoles — Garçons	Filles	Mixtes	Nombre du personnel — Hommes — Européens ou assimilés	Indigènes	Femmes — Européennes ou assimilées	Indigènes	Nombre d'élèves — Garçons	Filles	Totaux — Écoles	Professeurs	Élèves	LIBRE — Nombre d'écoles — Garçons	Filles	Mixtes	Nombre de professeurs européens ou assimilés — Indigènes — Hommes	Femmes	Laïques — Hommes	Femmes	Qualité	Français	Étrangers (Nationalité)	Congréganistes — Hommes	Femmes	Qualité	Français	Étrangers (Nationalité)	Nombre d'élèves — Garçons	Filles	Totaux — Écoles	Professeurs	Élèves	TOTAUX GÉNÉRAUX — Nombre d'écoles	Nombre de professeurs	Nombre d'élèves	OBSERVATIONS
Report	»	»	29	1	33	»	29	1.944	160	24	38	2.096	»	»	50	86	21	1	»		»	»	»				»	1.981	1.188	53	106	3.179	82	160	6.267	
Annelaza	»	»	»	»	»	»	»	»	»	»	»	»	»	»	»	»	»	»	»	A.	»	»	»	»		»	»	»	»	»	»	»	»	»	»	
Anjanadonolo	»	»	»	»	»	»	»	»	»	»	»	»	»	»	1	2	»	»	»	A.	»	»	»	»		»	»	52	13	1	2	65	1	2	65	
Antsahaboribokana	»	»	»	»	»	»	»	»	»	»	»	»	»	»	1	1	»	»	»	L.	»	»	»	»		»	»	27	13	1	1	40	1	1	40	
Ambatolo	»	»	»	»	»	»	»	»	»	»	»	»	»	»	1	1	1	»	»	C.	»	»	»	»		1	»	30	15	1	2	45	1	2	45	
Ambohimanarivo	»	»	»	»	»	»	»	»	»	»	»	»	»	»	1	1	»	»	»	L.	»	»	»	1		»	»	38	22	1	1	60	1	1	60	
Ambohijafy	»	»	»	»	»	»	»	»	»	»	»	»	»	»	1	1	»	»	»	P.	»	»	»	»		»	»	23	22	1	1	45	1	1	45	
Tsarahonenana	»	»	»	»	»	»	»	»	»	»	»	»	»	»	1	1	»	»	»	P.	»	»	»	»		»	»	16	9	1	1	25	1	1	25	
Ambohimangidy	»	»	»	»	»	»	»	»	»	»	»	»	»	»	1	1	»	»	»	C.	»	»	»	»		»	»	50	20	1	1	70	1	1	70	
Vinany	»	»	»	»	»	»	»	»	»	»	»	»	»	»	1	1	»	»	»	L.	»	»	»	»		»	»	37	23	1	1	60	1	1	60	
Ambohitsaratelo	»	»	»	»	»	»	»	»	»	»	»	»	»	»	1	1	1	»	»	L.	»	»	»	»		»	»	42	20	1	2	62	1	2	62	
Totaux	»	»	29	»	33	»	27	2.035	1.028	29	65	3.093	»	»	60	101	20	1	»		1	»	»	»		»	»	2.306	1.336	63	122	3.694	92	187	6 780	
District de Manjakandriana.																																				
Manjakandriana	»	»	1	»	2	»	1	132	39	1	3	171	»	»	1	»	»	»	»		»	»	»	»		»	»	»	»	»	»	»	1	3	171	
Ankazondandy	»	»	1	»	2	»	1	77	66	1	3	143	»	»	1	»	»	»	»		»	»	»	»		»	»	»	»	»	»	»	1	3	143	
Ambatomena	»	»	1	»	1	»	1	150	80	1	2	230	»	»	1	»	»	»	»		»	»	»	»		»	»	»	»	»	»	»	1	2	230	
Ambohidatrimo	»	»	1	»	1	»	1	90	74	1	2	164	»	»	1	»	»	»	»		»	»	»	»		»	»	»	»	»	»	»	1	2	164	
Ambohibe-Sud	»	»	1	»	1	»	1	150	89	1	2	239	»	»	1	»	»	»	»		»	»	»	»		»	»	»	»	»	»	»	1	2	239	
Sambaina	»	»	1	»	1	»	1	72	25	1	2	97	»	»	1	»	»	»	»		»	»	»	»		»	»	»	»	»	»	»	1	2	97	
A reporter	»	»	6	»	8	»	6	676	373	6	14	1.049	»	»	6	»	»	»	»		»	»	»	»		»	»	»	»	»	»	»	6	14	1.049	

N° 32 — STATISTIQUES DE L'INSTRUCTION PUBLIQUE. ENSEIGNEMENT PRIMAIRE ANNÉE 1908 (ÉCOLES INDIGÈNES)

LOCALITÉS	OFFICIEL — Nombre d'écoles: Garçons	Filles	Mixtes	Nombre de professeurs laïques — Hommes: Européens ou assimilés	Indigènes	Femmes: Européennes ou assimilées	Indigènes	Nombre d'élèves: Garçons	Filles	Totaux: Écoles	Professeurs	Élèves	LIBRE — Nombre d'écoles: Garçons	Filles	Mixtes	Nombre et profession des professeurs — Indigènes: Hommes	Femmes	Laïques: Hommes	Femmes	Qualité	Français	Étrangers (Nationalité)	Congréganistes: Hommes	Femmes	Qualité	Français	Étrangers (Nationalité)	Nombre d'élèves: Garçons	Filles	Totaux: Écoles	Professeurs	Élèves	TOTAUX GÉNÉRAUX: Nombre d'écoles	Nombre de professeurs	Nombre d'élèves	OBSERVATIONS
Report	»	»	6	»	6	»	6	676	373	6	14	1.049	»	»	6	»	»	»	»		»	»	»	»		»	»	»	»	»	»	»	6	14	1.049	
[illegible]	»	»	1	»	1	»	»	32	11	1	1	43	»	»	»	»	»	»	»		»	»	»	»		»	»	»	»	»	»	»	1	1	43	
[illegible]	»	»	1	»	1	»	»	56	28	1	1	84	»	»	»	»	»	»	»		»	»	»	»		»	»	»	»	»	»	»	1	1	84	
[illegible]	»	»	»	»	»	»	»	»	»	»	»	»	»	»	1	1	1	»	»	C.	»	»	»	»		»	»	35	25	1	2	60	1	2	60	
[illegible]	»	»	»	»	»	»	»	»	»	»	»	»	»	»	1	1	»	»	»	C.	»	»	»	»		»	»	22	8	1	1	30	1	1	30	
[illegible]	»	»	»	»	»	»	»	»	»	»	»	»	»	»	1	1	»	»	»	L.	»	»	»	»		»	»	18	12	1	1	30	1	1	30	
[illegible]	»	»	»	»	»	»	»	»	»	»	»	»	»	»	1	1	1	»	1	C.	»	»	»	»		»	»	28	21	1	2	49	1	2	49	
[illegible]	»	»	»	»	»	»	»	»	»	»	»	»	»	»	1	1	»	»	1	P.	»	»	»	»		»	»	40	24	1	2	64	1	2	64	
[illegible]	»	»	»	»	»	»	»	»	»	»	»	»	»	»	1	1	»	»	»	P.	»	»	»	»		»	»	18	2	1	1	20	1	1	20	
[illegible]	»	»	»	»	»	»	»	»	»	»	»	»	»	»	1	1	»	»	»	P.	»	»	»	»		»	»	32	16	1	1	48	1	2	48	
[illegible]	»	»	»	»	»	»	»	»	»	»	»	»	»	»	1	2	1	»	»	C.	»	»	»	»		»	»	50	33	1	3	83	1	3	83	
[illegible]	»	»	»	»	»	»	»	»	»	»	»	»	»	»	1	1	»	»	»	P.	»	»	»	»		»	»	25	10	1	1	35	1	1	35	
Anjozorobe	»	»	1	»	1	»	1	66	30	1	2	96	»	»	»	»	»	»	»		»	»	»	»		»	»	»	»	»	»	»	1	2	96	
[illegible]	»	»	1	»	1	»	1	33	17	1	2	50	»	»	»	»	»	»	»		»	»	»	»		»	»	»	»	»	»	»	1	2	50	
[illegible]	»	»	1	»	1	»	1	44	37	1	2	81	»	»	»	»	»	»	»		»	»	»	»		»	»	»	»	»	»	»	1	2	81	
[illegible]	»	»	1	»	1	»	1	34	27	1	2	61	»	»	»	»	»	»	»		»	»	»	»		»	»	»	»	»	»	»	1	2	61	
[illegible]	»	»	1	»	1	»	»	23	12	1	1	35	»	»	»	»	»	»	»		»	»	»	»		»	»	»	»	»	»	»	1	1	35	
[illegible]	»	»	1	»	2	»	1	66	52	1	3	118	»	»	»	»	»	»	»		»	»	»	»		»	»	»	»	»	»	»	1	3	118	
À reporter	»	»	15	»	17	»	11	1.052	585	15	46	1.617	»	»	15	12	3	»	»		»	»	»	»		»	»	271	151	9	15	422	25	53	2.039	

N° 32 — STATISTIQUES DE L'INSTRUCTION PUBLIQUE, ENSEIGNEMENT PRIMAIRE ANNÉE 1908 (ÉCOLES INDIGÈNES)

LOCALITÉS	OFFICIELS — Nombre d'écoles — Garçons	Filles	Mixtes	Personnel enseignant — Hommes — Européens ou assimilés	Indigènes	Femmes — Européennes ou assimilées	Indigènes	Nombre d'élèves — Garçons	Filles	Totaux — Écoles	Professeurs	Élèves	LIBRE — Nombre d'écoles — Garçons	Filles	Mixtes	Nature et qualité du personnel — Indigènes — Hommes	Femmes	Laïques — Hommes	Femmes	Qualité	Français	Étrangers	Congréganistes — Hommes	Femmes	Qualité	Français	Étrangers	Nombre d'élèves — Garçons	Filles	Totaux — Écoles	Professeurs	Élèves	TOTAUX GÉNÉRAUX — Nombre d'écoles	Nombre de professeurs	Nombre d'élèves	OBSERVATIONS
Report	»	»	15	»	17	»	11	1.032	585	14	28	1.617	»	»	15	12	3	»	»		»	»	»	»		»	»	271	151	9	15	422	23	43	2.039	
[illegible]	»	»	1	»	1	»	»	32	18	1	1	50	»	»	»	»	»	»	»		»	»	»	»		»	»	»	»	»	»	»	1	1	50	
[illegible]	»	»	1	»	1	»	1	70	25	1	2	95	»	»	»	»	»	»	»		»	»	»	»		»	»	»	»	»	»	»	1	2	95	
[illegible]	»	»	1	»	1	»	1	39	21	1	2	60	»	»	»	»	»	»	»		»	»	»	»		»	»	»	»	»	»	»	1	2	60	
[illegible]	»	»	1	»	1	»	1	38	16	1	2	54	»	»	»	»	»	»	»		»	»	»	»		»	»	»	»	»	»	»	1	2	54	
[illegible]	»	»	1	»	2	»	1	63	35	1	3	98	»	»	»	»	»	»	»		»	»	»	»		»	»	»	»	»	»	»	1	3	98	
[illegible]	»	»	»	»	»	»	»	»	»	»	»	»	»	»	1	1	»	»	»	L.	»	»	»	»		»	»	29	17	1	1	46	1	1	46	
[illegible]	»	»	»	»	»	»	»	»	»	»	»	»	»	»	1	1	1	»	»	C.	»	»	»	»		»	»	22	23	1	2	45	1	2	45	
[illegible]	»	»	»	»	»	»	»	»	»	»	»	»	»	»	1	1	1	»	»	L.	»	»	»	»		»	»	23	4	1	3	27	1	3	27	
[illegible]	»	»	1	»	1	»	»	37	36	1	1	73	»	»	»	»	»	»	»		»	»	»	»		»	»	»	»	»	»	»	1	1	73	
[illegible]	»	»	1	»	1	»	1	32	40	1	2	72	»	»	»	»	»	»	»		»	»	»	»		»	»	»	»	»	»	»	1	2	72	
[illegible]	»	»	1	»	1	»	1	65	30	1	2	95	»	»	»	»	»	»	»		»	»	»	»		»	»	»	»	»	»	»	1	2	95	
[illegible]	»	»	1	»	1	»	1	39	21	1	2	60	»	»	»	»	»	»	»		»	»	»	»		»	»	»	»	»	»	»	1	2	60	
[illegible]	»	»	1	»	1	»	1	50	25	1	3	75	»	»	»	»	»	»	»		»	»	»	»		»	»	»	»	»	»	»	1	3	75	
[illegible]	»	»	»	»	1	»	»	»	»	»	»	»	»	»	1	1	1	»	»	L.	»	»	»	»		»	»	64	48	1	4	112	1	4	112	
[illegible]	»	»	»	»	»	»	»	»	»	»	»	»	»	»	1	1	1	»	»	C.	»	»	»	»		»	»	38	10	1	2	48	1	2	48	
[illegible]	»	»	»	»	»	»	»	»	»	»	»	»	»	»	1	1	1	»	»	C.	»	»	»	»		»	»	20	10	1	2	30	1	2	30	
[illegible]	»	»	»	»	»	»	»	»	»	»	»	»	»	»	1	1	1	»	»	L.	»	»	»	»		»	»	37	23	1	2	60	1	2	60	
À reporter	1	»	24	»	25	»	19	1.930	652	24	47	2.338	»	»	16	21	9	»	»		»	»	»	»		»	»	385	280	16	30	700	40	77	3.164	

N° 32 — STATISTIQUES DE L'INSTRUCTION PUBLIQUE ENSEIGNEMENT PRIMAIRE ANNÉE 1908 (ÉCOLES INDIGÈNES)

LOCALITÉS	OFFICIEL — Nombre d'écoles — Garçons	Filles	Mixtes	Nombre de professeurs laïques — Hommes — Européens ou assimilés	Hommes — Indigènes	Femmes — Européennes ou assimilées	Femmes — Indigènes	Nombre d'élèves — Garçons	Filles	Totaux — Écoles	Professeurs	Élèves	LIBRE — Nombre d'écoles — Garçons	Filles	Mixtes	Nombre de professeurs européens ou indigènes — Indigènes — Hommes	Indigènes — Femmes	Laïques — Hommes	Femmes	Qualité	Français	Étrangers Nationalité	Congréganistes — Hommes	Femmes	Qualité	Français	Étrangers Nationalité	Nombre d'élèves — Garçons	Filles	Totaux — Écoles	Professeurs	Élèves	TOTAUX GÉNÉRAUX — Nombre d'écoles	Nombre de professeurs	Nombre d'élèves	OBSERVATIONS
Report	»	»	25	»	28	»	19	1.596	802	26	47	2.358	»	»	16	21	9	»	»		»	»	»	»		»	»	504	286	16	30	790	40	77	3.148	
Ambatabe	»	»	»	»	»	»	»	»	»	»	»	»	»	»	1	1	»	»	»	L	»	»	»	»		»	»	29	31	1	1	60	1	1	60	
Ambohibao	»	»	»	»	»	»	»	»	»	»	»	»	»	»	1	2	1	»	»	L	»	»	»	»		»	»	24	29	1	3	53	1	3	53	
Tsarafay	»	»	»	»	»	»	»	»	»	»	»	»	»	»	1	1	»	»	»	A	»	»	»	»		»	»	28	32	1	1	60	1	1	60	
Manohiva	»	»	»	»	»	»	»	»	»	»	»	»	»	»	1	1	»	»	»	A	»	»	»	»		»	»	19	12	1	1	38	1	1	38	
Ambohimalaza	»	»	»	»	»	»	»	»	»	»	»	»	»	»	1	1	1	»	»	U	»	»	»	»		»	»	34	26	1	2	60	1	2	60	
Ambohidimanana	»	»	»	»	»	»	»	»	»	»	»	»	»	»	1	1	»	»	»	L	»	»	»	»		»	»	39	21	1	1	60	1	1	60	
Ahengiba	»	»	1	»	2	»	1	70	64	1	3	135	»	»	»	»	»	»	»		»	»	»	»		»	»	»	»	»	»	»	1	3	134	
Ambohimitangitra	»	»	1	»	2	»	1	80	57	1	3	137	»	»	»	»	»	»	»		»	»	»	»		»	»	»	»	»	»	»	1	3	137	
Fenoarivo	»	»	1	»	1	»	1	40	27	1	2	67	»	»	»	»	»	»	»		»	»	»	»		»	»	»	»	»	»	»	1	2	67	
Malovidana	»	»	1	»	1	»	1	40	20	1	2	69	»	»	»	»	»	»	»		»	»	»	»		»	»	»	»	»	»	»	1	2	60	
Anjeva	»	»	1	»	2	»	1	87	25	1	3	114	»	»	»	»	»	»	»		»	»	»	»		»	»	»	»	»	»	»	1	3	112	
Soavina	»	»	»	»	»	»	»	»	»	»	»	»	1	1	»	7	»	»	»	L	»	»	»	»		»	»	125	100	2	7	225	2	7	225	
Ambohitsoana	»	»	»	»	»	»	»	»	»	»	»	»	1	1	»	1	1	»	»	C	»	»	»	»		»	»	41	39	2	2	80	2	2	80	
Atsahifarona	»	»	»	»	»	»	»	»	»	»	»	»	»	»	1	4	1	»	»	P	»	»	»	»		»	»	129	95	1	5	224	1	5	224	
Ambohimanana	»	»	»	»	»	»	»	»	»	»	»	»	»	»	1	1	»	»	»	P	»	»	»	»		»	»	24	8	1	1	32	1	1	32	
Ambohimbohitrolona	»	»	»	»	»	»	»	»	»	»	»	»	»	»	1	1	»	»	»	L	»	»	»	»		»	»	30	22	1	1	52	1	1	52	
Ambohimanambola	»	»	»	»	»	»	»	»	»	»	»	»	»	»	1	1	1	»	»	C	»	»	»	»		»	»	49	31	1	2	80	1	2	80	
[illegible]	»	»	»	»	»	»	»	»	»	»	»	»	»	»	1	1	»	»	»	P	»	»	»	»		»	»	15	10	1	1	25	1	1	25	
Tsiafahamanana	»	»	»	»	»	»	»	»	»	»	»	»	»	»	1	1	»	»	»	C	»	»	»	»		»	»	30	20	1	1	50	1	1	50	
Imerinkasinina	»	»	»	»	»	»	»	»	»	»	»	»	»	»	1	1	»	»	»	C	»	»	»	»		»	»	30	20	1	1	50	1	1	50	
Bevaony	»	»	»	»	»	»	»	»	»	»	»	»	»	»	1	1	»	»	»		»	»	»	»		»	»	23	12	1	1	35	1	1	35	
A reporter	»	»	29	»	36	»	25	1.893	1.055	30	60	2.956	2	2	30	47	14	»	»		»	»	»	»		»	»	1.180	794	34	61	1.974	63	121	4.853	

N° 32 — STATISTIQUES DE L'INSTRUCTION PUBLIQUE. ENSEIGNEMENT PRIMAIRE ANNÉE 1908 (ÉCOLES INDIGÈNES)

LOCALITÉS	OFFICIEL — Nombre d'écoles — Garçons	Filles	Mixtes	Nombre de professeurs — Hommes — Européens ou assimilés	Hommes — Indigènes	Femmes — Européennes ou assimilées	Femmes — Indigènes	Nombre d'élèves — Garçons	Filles	Totaux — Écoles	Professeurs	Élèves	LIBRE — Nombre d'écoles — Garçons	Filles	Mixtes	Nombre de professeurs — Indigènes — Hommes	Indigènes — Femmes	Laïques — Hommes	Laïques — Femmes	Laïques — Qualité	Laïques — Français	Laïques — Étrangers (Nationalité)	Congréganistes — Hommes	Congréganistes — Femmes	Congréganistes — Qualité	Congréganistes — Français	Congréganistes — Étrangers (Nationalité)	Nombre d'élèves — Garçons	Filles	Totaux — Écoles	Professeurs	Élèves	TOTAUX GÉNÉRAUX — Nombre d'écoles	Nombre de professeurs	Nombre d'élèves	OBSERVATIONS
Report	»	»	20	»	30	»	25	1.823	1.055	29		2.868	2	2	30	47	15	»	»		»	»	»	»		»	»	1.180	784	34	61	1.974	63	121	4.842	
[illegible]	»	»	»	»		»	»	»	»	»	»	»	»	»	1	1	»	»	»	P	»	»	»	»		»	»	35	10	1	1	45	1	1	45	
[illegible]	»	»	»	»	»	»	»	»	»	»	»	»	»	»	1	3	2	»	»	C	»	»	»	»		»	»	70	20	1	5	90		5	90	
[illegible]	»	»	»	»	»	»	»	»	»	»	»	»	»	»	1	3	»	»	»	P	»	»	»	»		»	»	41	23	1	3	64	1	3	64	
[illegible]	»	»	»	»	»	»	»	»	»	»	»	»	»	»	1	1	»	»	»	P	»	»	»	»		»	»	13	7	1	1	20	1	1	20	
[illegible]	»	»	»	»		»	»	»	»	»	»	»	»	»	1	1	»	»	»	P	»	»	»	»		»	»	32	20	1	1	52	1	1	52	
[illegible]	»	»	»	»	»	»	»	»	»	»	»	»	»	»	1	1	»	»	»	L	»	»	»	»		»	»	30	15	1	1	45	1	1	45	
Totaux	»	»	20	»	36		25	1.823	1.045	29	80	2.868	2	2	36	57	16	»	»		»	»	»	»		»	»	1.341	880	40	73	2.230	69	153	5.138	
District d'[illegible].																																				
[illegible]	»	»	1	»	1	»	1	50	30	1	2	80	»	»	»	»	»	»	»		»	»	»	»		»	»	»	»	»	»	»	1	2	80	
[illegible]	»	»	»	»	»	»	»	»	»	»	»	»	»	»	1	1	»	»	»	P	»	»	»	»		»	»	30	10	1	1	40	1	1	40	
[illegible]	»	»	»	»	»	»	»	»	»	»	»	»	»	»	1	1	»	»	»	P	»	»	»	»		»	»	35	5	1	1	40	1	1	40	
[illegible]	»	»	»	»	»	»	»	»	»	»	»	»	»	»	1	1	»	»	»	P	»	»	»	»		»	»	18	7	1	1	25	1	1	25	
[illegible]	»	»	»	»	»	»	»	»	»	»	»	»	»	»	1	2	»	»	»	L	»	»	»	»		»	»	28	12	1	2	40	1	2	40	
[illegible]	»	»	»	»	»	»	»	»	»	»	»	»	»	»	1	1	1	»	»	C	»	»	»	»		»	»	24	20	1	2	44	1	2	44	
[illegible]	»	»	»	»	»	»	»	»	»	»	»	»	»	»	1	2	»	»	»	L	»	»	»	»		»	»	47	28	1	2	75	1	2	75	
A reporter	»	»	1	»	1	»	1	50	30	1	2	80	»	»	6	8	1	»	»		»	»	»	»		»	»	181	82	6	9	264	7	11	344	

N° 32 — STATISTIQUES DE L'INSTRUCTION PUBLIQUE. ENSEIGNEMENT PRIMAIRE ANNÉE 1908 (ÉCOLES INDIGÈNES)

LOCALITÉS	Officiel — Nombre d'écoles — Garçons	Officiel — Nombre d'écoles — Filles	Officiel — Nombre d'écoles — Mixtes	Officiel — Nombre de professeurs laïques — Hommes — Européens ou assimilés	Officiel — Nombre de professeurs laïques — Hommes — Indigènes	Officiel — Nombre de professeurs laïques — Femmes — Européennes ou assimilées	Officiel — Nombre de professeurs laïques — Femmes — Indigènes	Officiel — Nombre d'élèves — Garçons	Officiel — Nombre d'élèves — Filles	Officiel — Totaux — Écoles	Officiel — Totaux — Professeurs	Officiel — Totaux — Élèves	Libre — Nombre d'écoles — Garçons	Libre — Nombre d'écoles — Filles	Libre — Nombre d'écoles — Mixtes	Libre — Professeurs — Indigènes — Hommes	Libre — Professeurs — Indigènes — Femmes	Libre — Professeurs — Laïques — Hommes	Libre — Professeurs — Laïques — Femmes	Libre — Professeurs — Laïques — Qualité	Libre — Professeurs — Laïques — Français	Libre — Professeurs — Laïques — Étrangers (Nationalité)	Libre — Professeurs — Congréganistes — Hommes	Libre — Professeurs — Congréganistes — Femmes	Libre — Professeurs — Congréganistes — Qualité	Libre — Professeurs — Congréganistes — Français	Libre — Professeurs — Congréganistes — Étrangers (Nationalité)	Libre — Nombre d'élèves — Garçons	Libre — Nombre d'élèves — Filles	Libre — Totaux — Écoles	Libre — Totaux — Professeurs	Libre — Totaux — Élèves	Totaux généraux — Nombre d'écoles	Totaux généraux — Nombre de professeurs	Totaux généraux — Nombre d'élèves	OBSERVATIONS
Report	»	»	1	»	1	»	1	50	30	1	2	80	»	»	6	8	1	»	»		»	»	»	»	»	»	»	162	82	6	9	244	7	11	324	
Ampasimanavina	»	»	»	»	»	»	»	»	»	»	»	»	»	»	1	1	1	»	»	C.	»	»	»	»	»	»	»	18	12	1	2	30	1	2	30	
Foizialy	»	»	»	»	»	»	»	»	»	»	»	»	»	»	1	1	»	1	1	P.	1	»	»	»	»	»	»	30	24	1	2	54	1	2	54	
Ankadimandriana	»	»	1	»	1	»	1	89	40	1	2	129	»	»	»	»	»	»	»		»	»	»	»	»	»	»	»	»	»	»	»	1	2	129	
Antanetibe	»	»	1	»	1	»	1	72	36	1	2	108	»	»	»	»	»	»	»		»	»	»	»	»	»	»	»	»	»	»	»	1	2	108	
Fihasinana	»	»	»	»	»	»	»	»	»	»	»	»	»	»	1	1	1	»	»	C.	»	»	»	»	»	»	»	30	25	1	2	55	1	2	55	
	»	»	»	»	»	»	»	»	»	»	»	»	»	»	1	1	»	»	»	P.	»	»	»	»	»	»	»	24	14	1	1	38	1	1	38	
Andika	»	»	1	»	1	»	»	39	10	1	1	49	»	»	»	»	»	»	»		»	»	»	»	»	»	»	»	»	»	»	»	1	1	49	
Andolgasa	»	»	»	»	»	»	»	»	»	»	»	»	»	»	1	1	»	»	»	P.	»	»	»	»	»	»	»	26	19	1	1	45	1	1	45	
Maroka	»	»	1	»	1	»	1	54	20	1	2	74	»	»	»	»	»	»	»		»	»	»	»	»	»	»	»	»	»	»	»	1	2	74	
Analabitsandrianamitra	»	»	1	»	1	»	1	36	24	1	2	60	»	»	»	»	»	»	»		»	»	»	»	»	»	»	»	»	»	»	»	1	2	60	
Mevimarina	»	»	1	»	1	»	»	51	10	1	1	61	»	»	»	»	»	»	»		»	»	»	»	»	»	»	»	»	»	»	»	1	1	61	
Ankorona	»	»	1	»	1	»	»	65	21	1	1	86	»	»	»	»	»	»	»		»	»	»	»	»	»	»	»	»	»	»	»	1	1	86	
Mahavojy	»	»	1	»	1	»	1	82	54	1	2	136	»	»	»	»	»	»	»		»	»	»	»	»	»	»	»	»	»	»	»	1	2	136	
Andohikaty	»	»	»	»	»	»	»	»	»	»	»	»	»	»	1	1	»	»	»	P.	»	»	»	»	»	»	»	12	13	1	1	25	1	1	25	
Andoetsy	»	»	»	»	»	»	»	»	»	»	»	»	»	»	1	1	»	»	»	P.	»	»	»	»	»	»	»	29	8	1	1	37	1	1	37	
Analabitsinanana	»	»	»	»	»	»	»	»	»	»	»	»	»	»	1	1	»	»	»	P.	»	»	»	»	»	»	»	24	6	1	1	30	1	1	30	
Lohataoby	»	»	»	»	»	»	»	»	»	»	»	»	»	»	1	1	»	»	»	P.	»	»	»	»	»	»	»	40	20	1	1	60	1	1	60	
Belonjy	»	»	1	»	1	»	1	51	26	1	2	77	»	»	»	»	»	»	»		»	»	»	»	»	»	»	»	»	»	»	»	1	1	77	
Andranovakely	»	»	1	»	1	»	1	86	64	1	2	150	»	»	»	»	»	»	»		»	»	»	»	»	»	»	»	»	»	»	»	1	2	150	
Ambohimasina	»	»	1	»	1	»	1	57	35	1	2	92	»	»	»	»	»	»	»		»	»	»	»	»	»	»	»	»	»	»	»	1	2	92	
Vatavolitra	»	»	1	»	1	»	»	37	25	1	1	62	»	»	»	»	»	»	»		»	»	»	»	»	»	»	»	»	»	»	»	1	2	62	
A reporter	»	»	13	»	13	»	9	769	385	13	22	1.164	»	»	15	17	3	1	»		»	»	»	»	»	»	»	415	243	15	31	658	26	43	1.902	

N° 32 — STATISTIQUES DE L'INSTRUCTION PUBLIQUE. ENSEIGNEMENT PRIMAIRE ANNÉE 1908 (ÉCOLES INDIGÈNES)

LOCALITÉS	OFFICIEL – Nombre d'écoles – Garçons	Nombre d'écoles – Filles	Nombre d'écoles – Mixtes	Nombre de professeurs – Hommes – Européens ou assimilés	Hommes – Indigènes	Femmes – Européennes ou assimilées	Femmes – Indigènes	Nombre d'élèves – Garçons	Nombre d'élèves – Filles	Totaux – Écoles	Totaux – Professeurs	Totaux – Élèves	LIBRE – Nombre d'écoles – Garçons	Nombre d'écoles – Filles	Nombre d'écoles – Mixtes	Nombre de professeurs européens ou assimilés – Religieux – Hommes	Religieux – Femmes	Laïques – Hommes	Laïques – Femmes	Laïques – Qualité	Laïques – Français	Laïques – Étrangers (Nationalité)	Congréganistes – Hommes	Congréganistes – Femmes	Congréganistes – Qualité	Congréganistes – Français	Congréganistes – Étrangers (Nationalité)	Nombre d'élèves – Garçons	Nombre d'élèves – Filles	Totaux – Écoles	Totaux – Professeurs	Totaux – Élèves	TOTAUX GÉNÉRAUX – Nombre d'écoles	Nombre de professeurs	Nombre d'élèves	OBSERVATIONS
Report	»	»	13	»	13	»	9	769	365	13	22	1 164	»	»	15	17	3	1	»		»	»	»	»		»	»	615	223	15	21	838	28	43	1.602	
Ankazobe	»	»	1	»	1	»	»	30	20	1	1	50	»	»	»	»	»	»	»		»	»	»	»		»	»	»	»	»	»	»	1	1	50	
Ambohitromby	»	»	1	»	1	»	1	53	28	1	2	81	»	»	»	»	»	»	»		»	»	»	»		»	»	»	»	»	»	»	1	2	81	
Manarintsoakely	»	»	»	»	»	»	»	»	»	»	»	»	»	»	1	1	»	»	»	P	»	»	»	»		»	»	10	12	1	1	22	1	1	27	
Andranomiteva	»	»	1	»	1	»	1	38	22	1	2	60	»	»	»	»	»	»	»		»	»	»	»		»	»	»	»	»	»	»	1	2	60	
Ambohitsimanjaka	»	»	1	»	1	»	1	28	20	1	2	48	»	»	»	»	»	»	»		»	»	»	»		»	»	»	»	»	»	»	1	2	48	
Bakaro	»	»	1	»	1	»	»	30	18	1	1	48	»	»	»	»	»	»	»	P	»	»	»	»		»	»	»	»	»	»	»	1	2	48	
Mamoitiana	»	»	»	»	»	»	»	»	»	»	»	»	»	»	1	1	»	»	»	P	»	»	»	»		»	»	16	13	1	1	29	1	1	29	
Ambohitsimanjaka	»	»	»	»	»	»	»	»	»	»	»	»	»	»	1	1	»	»	»	C	»	»	»	»		»	»	15	15	1	1	30	1	1	30	
Maokaroa	»	»	»	»	»	»	»	»	»	»	»	»	»	»	1	1	»	»	»	P	»	»	»	»		»	»	20	14	1	1	34	1	1	34	
	»	»	»	»	»	»	»	»	»	»	»	»	»	»	1	1	»	»	»	P	»	»	»	»		»	»	40	20	1	1	60	1	1	60	
Ambohitraryohe	»	»	»	»	»	»	»	»	»	»	»	»	»	»	1	1	»	»	»		»	»	»	»		»	»	20	10	1	1	30	1	1	30	
Mangabe	»	»	1	»	1	»	1	71	32	1	2	103	»	»	»	»	»	»	»	C	»	»	»	»		»	»	»	»	»	»	»	1	2	103	
Anosibe	»	»	1	»	2	»	1	116	54	1	3	170	»	»	1	1	»	»	»	P	»	»	»	»		»	»	20	15	1	1	35	2	4	205	
	»	»	»	»	»	»	»	»	»	»	»	»	»	»	1	2	»	»	»	P	»	»	»	»		»	»	35	25	1	2	60	1	2	60	
Ambohitrandriana	»	»	»	»	»	»	»	»	»	»	»	»	»	»	1	1	»	»	»		»	»	»	»		»	»	45	15	1	1	60	1	1	60	
Tsarafotra	»	»	1	»	1	»	1	90	50	1	2	140	»	»	»	»	»	»	»	C	»	»	»	»		»	»	»	»	»	»	»	1	2	140	
Antohimiadana	»	»	1	»	1	»	1	64	47	1	2	111	»	»	1	1	»	»	»	P	»	»	»	»		»	»	15	10	1	1	25	2	3	136	
—	»	»	»	»	»	»	»	»	»	»	»	»	»	»	1	1	»	»	»	P	»	»	»	»		»	»	18	7	1	1	25	1	1	25	
Tsaramotra	»	»	»	»	»	»	»	»	»	»	»	»	»	»	1	1	»	»	»		»	»	»	»		»	»	20	5	1	1	25	1	1	25	
Ambaralae	»	»	1	»	1	»	1	91	61	1	2	152	»	»	»	»	»	»	»		»	»	»	»		»	»	»	»	»	»	»	1	2	152	
Ambondrona	»	»	1	»	1	»	»	60	48	1	1	108	»	»	»	»	»	»	»		»	»	»	»		»	»	»	»	»	»	»	1	1	108	
Totaux	»	»	24	»	25	»	17	1.438	795	24	44	2.233	»	»	27	30	3	1	»		»	»	»	»		»	»	689	384	27	34	1.073	51	78	3.306	

N° 32 — STATISTIQUES DE L'INSTRUCTION PUBLIQUE ENSEIGNEMENT PRIMAIRE ANNÉE 1908 (ÉCOLES INDIGÈNES)

LOCALITÉS	OFFICIEL												LIBRE																				TOTAUX GÉNÉRAUX			OBSERVATIONS
	Nombre d'écoles			Nombre de professeurs laïques				Nombre d'élèves		Totaux			Nombre d'écoles			Nombre de professeurs européens ou indigènes												Nombre d'élèves		Totaux						
				Hommes		Femmes										Indigènes		Laïques					Congréganistes													
	Garçons	Filles	Mixtes	Européens ou assimilés	Indigènes	Européennes ou assimilées	Indigènes	Garçons	Filles	Écoles	Professeurs	Élèves	Garçons	Filles	Mixtes	Hommes	Femmes	Hommes	Femmes	Qualité	Français	Étrangers (Nationalité)	Hommes	Femmes	Qualité	Français	Étrangers (Nationalité)	Garçons	Filles	Écoles	Professeurs	Élèves	Nombre d'écoles	Nombre de professeurs	Nombre d'élèves	
District d'Arivonimamo.																																				
Andranovelona	»	2	1	»	1	»	1	53	27	1	2	80	»	»	»	»	»	»	»		»	»	»	»		»	»	»	»	»	»	»	1	2	80	
Ambohidava	»	»	1	»	1	»	»	59	42	1	1	101	»	»	»	»	»	»	»		»	»	»	»		»	»	»	»	»	»	»	1	1	101	
Ambohipiainana	»	»	1	»	1	»	1	61	40	1	2	101	»	»	»	»	»	»	»		»	»	»	»		»	»	»	»	»	»	»	1	2	101	
Miadanandriana	»	»	1	»	1	»	1	54	40	1	2	94	»	»	»	»	»	»	»		»	»	»	»		»	»	»	»	»	»	»	1	2	94	
Mandrosoa	»	»	1	»	1	»	1	140	110	1	2	250	»	»	»	»	»	»	»		»	»	»	»		»	»	»	»	»	»	»	1	2	250	
Imerimandroso	»	»	1	»	1	»	»	100	33	1	1	133	»	»	»	»	»	»	»		»	»	»	»		»	»	»	»	»	»	»	1	1	133	
Ambohitrimanjakely	»	»	1	»	1	»	1	59	22	1	2	81	»	»	»	»	»	»	»		»	»	»	»		»	»	»	»	»	»	»	1	2	81	
Arivonimamo	»	»	»	»	»	»	»	»	»	»	»	»	»	1	»	»	2	»	»		»	»	»	4	G	4	»	»	77	1	6	77	1	6	77	
...	»	»	»	»	»	»	»	»	»	»	»	»	»	»	»	2	»	»	»		»	»	»	»		»	»	60	»	1	2	60	1	2	60	
Tsarahonenana	»	»	»	»	»	»	»	»	»	»	»	»	»	»	1	3	1	»	»	P	»	»	»	»		»	»	47	65	1	4	112	1	4	112	
Mandrosoanjaka	»	»	»	»	»	»	»	»	»	»	»	»	»	»	1	1	»	»	»	C	»	»	»	»		»	»	14	4	1	1	18	1	1	18	
Morarano (d'Haimandry)	»	»	»	»	»	»	»	»	»	»	»	»	»	»	1	1	»	»	»	A	»	»	»	»		»	»	36	24	1	1	60	1	1	60	
Manjaka (d'Imerintsiatosika)	»	»	»	»	»	»	»	»	»	»	»	»	»	»	1	2	1	»	»	C	»	»	»	»		»	»	20	21	1	3	41	1	3	41	
Amboara	»	»	»	»	»	»	»	»	»	»	»	»	»	»	1	1	»	»	»	C	»	»	»	»		»	»	26	11	1	1	37	1	1	37	
Ambohidrasoamanga	»	»	»	»	»	»	»	»	»	»	»	»	»	»	1	1	1	»	»	C	»	»	»	»		»	»	16	4	1	2	20	1	2	20	
Tsaratanana	»	»	»	»	»	»	»	»	»	»	»	»	»	»	1	1	»	»	»	C	»	»	»	»		»	»	14	15	1	1	29	1	1	29	
Fedilala	»	»	»	»	»	»	»	»	»	»	»	»	»	»	1	1	»	»	»	F	»	»	»	»		»	»	21	12	1	1	33	1	1	33	
Mahabo	»	»	»	»	»	»	»	»	»	»	»	»	»	»	1	1	»	»	»	P	»	»	»	»		»	»	33	7	1	1	40	1	1	40	
Ankadivory	»	»	»	»	»	»	»	»	»	»	»	»	»	»	1	1	»	»	»	P	»	»	»	»		»	»	9	11	1	1	20	1	1	20	
Fenoaramanana	»	»	»	»	»	»	»	»	»	»	»	»	»	»	1	1	1	»	»	G	»	»	»	»		»	»	18	9	1	2	27	1	2	27	
A reporter	»	»	7	»	7	»	5	520	314	7	12	840	1	1	11	5	6	»	»		»	»	»	»		»	»	314	260	13	20	575	20	32	1.414	

N° 32 — STATISTIQUES DE L'INSTRUCTION PUBLIQUE ENSEIGNEMENT PRIMAIRE ANNÉE 1908 (ÉCOLES INDIGÈNES)

LOCALITÉS	Officiel – Nombre d'écoles – Garçons	Officiel – Nombre d'écoles – Filles	Officiel – Nombre d'écoles – Mixtes	Officiel – Nombre de professeurs laïques – Hommes – Européens ou assimilés	Officiel – Nombre de professeurs laïques – Hommes – Indigènes	Officiel – Nombre de professeurs laïques – Femmes – Européennes ou assimilées	Officiel – Nombre de professeurs laïques – Femmes – Indigènes	Officiel – Nombre d'élèves – Garçons	Officiel – Nombre d'élèves – Filles	Officiel – Totaux – Écoles	Officiel – Totaux – Professeurs	Officiel – Totaux – Élèves	Libre – Nombre d'écoles – Garçons	Libre – Nombre d'écoles – Filles	Libre – Nombre d'écoles – Mixtes	Libre – Professeurs – Indigènes – Hommes	Libre – Professeurs – Indigènes – Femmes	Libre – Professeurs – Laïques – Hommes	Libre – Professeurs – Laïques – Femmes	Libre – Professeurs – Laïques – Qualité	Libre – Professeurs – Laïques – Français	Libre – Professeurs – Laïques – Étrangers (Nationalité)	Libre – Professeurs – Congréganistes – Hommes	Libre – Professeurs – Congréganistes – Femmes	Libre – Professeurs – Congréganistes – Qualité	Libre – Professeurs – Congréganistes – Français	Libre – Professeurs – Congréganistes – Étrangers (Nationalité)	Libre – Nombre d'élèves – Garçons	Libre – Nombre d'élèves – Filles	Libre – Totaux – Écoles	Libre – Totaux – Professeurs	Libre – Totaux – Élèves	Totaux généraux – Nombre d'écoles	Totaux généraux – Nombre de professeurs	Totaux généraux – Nombre d'élèves	OBSERVATIONS
Report	»	»	7	»	7	»	5	526	316	7	12	840	1	1	11	16	6	»	»		»	»	»	4		4	»	315	260	13	26	574	20	38	1.414	
[illegible] (d'[illegible])	»	»	»	»	»	»	»		»	»	»	»	»	»	1	1	1	»	»	C.	»	»	»	»		»	»	15	10	1	2	25	1	2	25	M. N. et M. C.
[illegible]	»	»	»	»	»	»	»	»	»	»	»	»	»	»	1	1	1	»	»	C.	»	»	»	»		»	»	20	15	1	2	35	1	2	35	
Anjozorongo (d'[illegible])	»	»	»	»	»	»	»	»	»	»	»	»	»	»	1	1	»	»	»	P.	»	»	»	»		»	»	28	11	1	1	39	1	1	39	
[illegible]	»	»	»	»	»	»	»	»	»	»	»	»	»	»	1	1	»	»	»	P.	»	»	»	»		»	»	17	2	1	1	19	1	1	19	M. M.
[illegible]	»	»	»	»	»	»	»	»	»	»	»	»	»	»	1	1	»	»	»	P.	»	»	»	»		»	»	26	6	1	1	32	1	1	32	
[illegible]	»	»	»	»	»	»	»	»	»	»	»	»	»	»	1	2	1	»	1	P.	1	»	»	»		»	»	48	47	1	4	95	1	4	95	
[illegible]	»	»	»	»	»	»	»	»	»	»	»	»	»	»	1	1	»	»	»	C.	»	»	»	»		»	»	10	10	1	1	20	1	1	20	
TOTAUX	»	»	7	»	7	»	5	526	316	7	12	840	1	1	18	25	9	»	1		1	»	»	4		4	»	484	355	20	38	839	27	50	1.679	M. P. F.
Province de Tananarive.																																				
Ambohidratrimo	»	»	29	»	35	»	27	2.035	1.028	29	62	3.063	»	»	63	101	20	1	»		1	»	»	»		»	»	2.306	1.350	63	122	3.656	92	184	6.739	
Manjakandriana	»	»	29	»	30	»	24	1.823	1.045	29	60	2.868	2	2	36	57	16	»	»		»	»	»	»		»	»	1.381	889	40	72	2.270	69	133	5.138	
Andramasina	»	»	20	»	25	»	17	1.438	795	21	42	2.233	»	»	25	30	3	1	»		1	»	»	»		»	»	686	384	27	35	1.072	51	76	3.305	
Arivonimamo	»	»	7	»	7	»	5	526	316	7	12	840	1	1	18	25	9	»	1		»	»	»	4		4	»	484	355	20	38	839	27	50	1.679	
TOTAUX GÉNÉRAUX	»	»	80	»	103	»	73	5.842	3.182	80	176	9.024	3	3	144	212	48	2	1		2	»	»	4		4	»	4.859	2.978	150	267	7.838	239	443	16.862	

N° 32 — STATISTIQUES DE L'INSTRUCTION PUBLIQUE, ENSEIGNEMENT PRIMAIRE ANNÉE 1908 (ÉCOLES INDIGÈNES)

LOCALITÉS	OFFICIEL — Nombre d'écoles			OFFICIEL — Nombre de professeurs laïques — Hommes		OFFICIEL — Nombre de professeurs laïques — Femmes		OFFICIEL — Nombre d'élèves		OFFICIEL — Totaux			Nombre d'écoles			LIBRE — Nombre de professeurs européens ou assimilés — Indigènes		LIBRE — Laïques					LIBRE — Congréganistes					LIBRE — Nombre d'élèves		LIBRE — Totaux			TOTAUX GÉNÉRAUX			OBSERVATIONS
	Garçons	Filles	Mixtes	Européens ou assimilés	Indigènes	Européennes ou assimilées	Indigènes	Garçons	Filles	Écoles	Professeurs	Élèves	Garçons	Filles	Mixtes	Hommes	Femmes	Hommes	Femmes	Qualité	Français	Étrangers (Nationalité)	Hommes	Femmes	Qualité	Français	Étrangers (Nationalité)	Garçons	Filles	Écoles	Professeurs	Élèves	Nombre d'écoles	Nombre de professeurs	Nombre d'élèves	
PROVINCE DE VAKINANKARATRA																																				
District d'Antsirabe.																																				
Antsirabe	1	1	»	»	1	2	1	83	30	2	2	113	1	1	8	5	»	»	»	N.	»	»	»	3	C.	3	»	178	152	3	16	330	5	18	443	
[illegible]	»	»	1	»	1	»	»	50	»	1	1	50	»	»	»	»	»	»	»		»	»	»	»		»	»	»	»	»	»	»	1	1	50	
[illegible]	»	»	1	»	1	»	1	92	28	1	2	120	»	»	»	»	»	»	»		»	»	»	»		»	»	»	»	»	»	»	1	2	120	
Vinaninony	»	»	1	»	1	»	»	83	»	1	1	83	»	»	»	»	»	»	»		»	»	»	»		»	»	»	»	»	»	»	1	1	83	
Manandona	»	»	1	»	1	»	1	95	36	1	2	131	»	»	1	1	»	»	»	N.	»	»	»	»		»	»	57	17	1	1	74	2	3	205	
[illegible]	»	»	1	»	»	»	1	66	14	1	1	80	»	»	»	»	»	»	»		»	»	»	»		»	»	»	»	»	»	»	1	2	80	
[illegible]	»	»	»	»	»	»	»	»	»	»	»	»	»	»	1	3	1	»	»	N.	»	»	»	»		»	»	63	53	1	4	116	1	4	116	
[illegible]	»	»	»	»	»	»	»	»	»	»	»	»	»	»	1	1	»	»	»	N.	»	»	»	»		»	»	20	14	1	1	34	1	1	34	
Vinaninkarena	»	»	»	»	»	»	»	»	»	»	»	»	»	»	1	1	»	»	»	N.	»	»	»	»		»	»	27	17	1	1	44	1	1	44	
District de Betafo.																																				
Betafo	»	»	1	»	2	»	»	165	»	1	2	165	»	1	»	»	1	»	»	C.	»	»	»	2	C.	2	»	»	100	1	3	100	2	5	295	
—	»	»	»	»	»	»	»	»	»	»	»	»	1	»	»	2	»	»	»	C.	»	»	»	»		»	»	105	»	1	3	105	1	3	105	
[illegible]	»	»	»	»	»	»	»	»	»	»	»	»	»	»	1	4	2	»	»	N.	»	»	»	»		»	»	135	95	1	6	230	1	6	230	
A reporter	1	1	6	»	8	»	4	664	108	8	12	772	3	2	6	21	6	»	»		»	»	»	5		5	»	585	448	10	30	1.033	18	47	1.805	

N° 32 — STATISTIQUES DE L'INSTRUCTION PUBLIQUE ENSEIGNEMENT PRIMAIRE ANNÉE 1908 (ÉCOLES INDIGÈNES)

LOCALITÉS	Officiel – Nombre d'écoles – Garçons	Filles	Mixtes	Nombre de professeurs laïques – Hommes – Européens ou assimilés	Hommes – Indigènes	Femmes – Européennes ou assimilées	Femmes – Indigènes	Nombre d'élèves – Garçons	Filles	Totaux – Écoles	Professeurs	Élèves	Libre – Nombre d'écoles – Garçons	Filles	Mixtes	Nombre de professeurs – Indigènes – Hommes	Femmes	Laïques – Hommes	Femmes	Qualité	Religion	Étrangers (nationalité)	Congréganistes – Hommes	Femmes	Qualité	Français	Étrangers (nationalité)	Nombre d'élèves – Garçons	Filles	Totaux – Écoles	Professeurs	Élèves	Totaux généraux – Nombre d'écoles	Nombre de professeurs	Nombre d'élèves	Observations
Report	1	1	6	»	8	»	4	664	108	8	12	772	3	3	6	21	9	»	»		»	»	»	5		5	»	565	448	18	35	1.033	18	57	1.805	
Antéloy	»	»	1	»	1	»	1	49	30	1	1	79	»	»	»	»	»	»	»		»	»	»	»		»	»	»	»	»	»	»	1	1	79	
Inanantonana	»	»	1	»	1	»	1	64	36	1	1	100	»	»	»	»	»	»	»		»	»	»	»		»	»	»	»	»	»	»	1	2	100	
Mandritsara	»	»	1	»	1	»	»	81	20	1	1	101	»	»	»	»	»	»	»		»	»	»	»		»	»	»	»	»	»	»	1	1	101	
Mahaiza	»	»	1	»	1	»	»	70	»	1	1	70	»	»	»	»	»	»	»		»	»	»	»		»	»	»	»	»	»	»	1	1	70	
Sambaina	»	»	1	»	1	»	»	102	»	1	1	102	»	»	»	»	»	»	»		»	»	»	»		»	»	»	»	»	»	»	1	1	102	
Ambohidimasina	»	»	»	»	»	»	»	»	»	»	»	»	»	»	1	3	»	»	»	N.	»	»	»	»		»	»	70	45	1	3	115	1	3	115	
Mavinamtsina	»	»	»	»	»	»	»	»	»	»	»	»	»	»	1	4	2	»	»	N.	»	»	»	»		»	»	67	39	1	6	106	1	6	106	
Alakamisy-Tsimagaona	»	»	»	»	»	»	»	»	»	»	»	»	»	»	1	3	»	»	»	N.	»	»	»	»		»	»	98	35	1	3	133	1	3	133	
Ambohidahy-Bemiro	»	»	»	»	»	»	»	»	»	»	»	»	»	»	1	3	»	»	»	N.	»	»	»	»		»	»	22	22	1	3	44	1	3	44	
Alakamisy	»	»	»	»	»	»	»	»	»	»	»	»	»	»	1	1	»	»	»	N.	»	»	»	»		»	»	15	»	1	1	15	1	1	15	
District d'Ambatolampy.																																				
Ambatolampy	»	»	1	»	1	»	»	82	18	1	1	100	1	1	»	4	1	»	»		»	»	»	3		3	»	25	30	2	5	92	2	6	100	
[illegible]	»	»	»	»	»	»	»	»	»	»	»	»	»	»	1	2	»	1	»	P.	1	»	»	»		»	»	48	30	1	3	78	1	3	78	
Andriambilany	»	»	»	»	»	»	»	»	»	»	»	»	»	»	1	1	»	»	»	P.	»	»	»	»		»	»	24	11	1	1	35	1	1	35	
Antanifotsy	»	»	1	»	1	»	»	72	52	1	1	124	»	»	1	1	»	»	»	N.	»	»	»	»		»	»	34	24	1	1	58	2	2	182	
Andrenanisahona	»	»	»	»	»	»	»	»	»	»	»	»	»	»	1	1	»	»	»	C.	»	»	»	»		»	»	33	7	1	1	40	1	1	40	
Tsinjoarivo	»	»	»	»	»	»	»	»	»	»	»	»	»	»	1	1	»	»	»	P.	»	»	»	»		»	»	14	11	1	1	25	1	1	25	
A reporter	1	1	13	»	15	»	6	1.184	284	15	21	1.468	3	3	10	42	12	1	»		1	»	»	8		8	»	1.044	727	22	65	1.771	36	85	3.219	

N° 32 — STATISTIQUES DE L'INSTRUCTION PUBLIQUE, ENSEIGNEMENT PRIMAIRE ANNÉE 1908 (ÉCOLES INDIGÈNES)

OFFICIEL

LOCALITÉS	Nombre d'écoles : Garçons	Filles	Mixtes	Nombre de professeurs laïques : Hommes : Européens ou assimilés	Hommes : Indigènes	Femmes : Européennes ou assimilées	Femmes : Indigènes	Nombre d'élèves : Garçons	Filles	Totaux : Écoles	Professeurs	Élèves
Report	1	1	13	»	15	»	6	1.184	264	15	21	1.448
Ambatotsipihina	»	»	1	»	1	»	»	76	»	1	1	76
Sambaina	»	»	1	»	1	»	»	77	»	1	1	77
Antsampandrano	»	»	1	»	1	»	1	71	42	1	2	113
Belanitra	»	»	1	»	1	»	1	68	37	1	2	105
Tsarahonenana	»	»	1	»	1	»	1	72	25	1	2	97
Antsirabe	»	»	1	»	1	»	»	71	30	1	1	101
Totaux	1	1	19	»	21	»	9	1.619	398	21	30	2.017
PROVINCE DE FARAFANGANA												
District de Farafangana.												
Farafangana	»	»	1	»	2	»	»	130	18	1	2	148
Anosy	»	»	1	»	1	»	»	40	20	1	1	60
Sahafoza	»	»	1	»	1	»	»	58	4	1	1	62
Tangainony	»	»	1	»	1	»	»	45	15	1	1	60
Iabohazo	»	»	1	»	1	»	»	79	10	1	1	89
A reporter	»	»	5	»	6	»	»	352	67	5	6	419

LIBRE

LOCALITÉS	Nombre d'écoles : Garçons	Filles	Mixtes	Nombre de professeurs européens ou assimilés : Indigènes : Hommes	Indigènes : Femmes	Laïques : Hommes	Laïques : Femmes	Laïques : Qualité	Laïques : Français	Laïques : Étrangers (Nationalité)	Congréganistes : Hommes	Congréganistes : Femmes	Congréganistes : Qualité	Congréganistes : Français	Congréganistes : Étrangers (Nationalité)	Nombre d'élèves : Garçons	Filles	Totaux : Écoles	Professeurs	Élèves	Totaux généraux : Nombre d'écoles	Nombre de professeurs	Nombre d'élèves	OBSERVATIONS
Report	3	3	16	42	12	1	»		1	»	»	8		8	»	1.044	727	22	63	1.771	38	84	3.219	
Ambatotsipihina	»	»	»	»	»	»	»		»	»	»	»		»	»	»	»	»	»	»	1	1	76	
Sambaina	»	»	»	»	»	»	»		»	»	»	»		»	»	»	»	»	»	»	1	1	77	
Antsampandrano	»	»	»	»	»	»	»		»	»	»	»		»	»	»	»	»	»	»	1	2	113	
Belanitra	»	»	»	»	»	»	»		»	»	»	»		»	»	»	»	»	»	»	1	2	105	
Tsarahonenana	»	»	»	»	»	»	»		»	»	»	»		»	»	»	»	»	»	»	1	2	97	
Antsirabe	»	»	»	»	»	»	»		»	»	»	»		»	»	»	»	»	»	»	1	1	101	
Totaux	3	3	16	42	12	1	»		1	»	»	8		8	»	1.044	727	22	63	1.771	44	93	3.788	
PROVINCE DE FARAFANGANA																								
District de Farafangana.																								
Farafangana	»	»	1	1	»	»	»	N	»	»	»	»		»	»	27	28	1	1	55	2	3	203	
Anosy	»	»	»	»	»	»	»		»	»	»	»		»	»	»	»	»	»	»	1	1	60	
Sahafoza	»	»	»	»	»	»	»		»	»	»	»		»	»	»	»	»	»	»	1	1	62	
Tangainony	»	»	»	»	»	»	»		»	»	»	»		»	»	»	»	»	»	»	1	1	60	
Iabohazo	»	»	»	»	»	»	»		»	»	»	»		»	»	»	»	»	»	»	1	1	89	
A reporter	»	»	1	1	»	»	»		»	»	»	»		»	»	27	28	1	1	55	6	7	474	

N° 32 — STATISTIQUES DE L'INSTRUCTION PUBLIQUE, ENSEIGNEMENT PRIMAIRE ANNÉE 1908 (ÉCOLES INDIGÈNES)

LOCALITÉS	OFFICIEL — Nombre d'écoles — Garçons	Filles	Mixtes	Nombre de professeurs laïques — Hommes — Européens ou assimilés	Indigènes	Femmes — Européennes ou assimilées	Indigènes	Nombre d'élèves — Garçons	Filles	Totaux — Écoles	Professeurs	Élèves	LIBRE — Nombre d'écoles — Garçons	Filles	Mixtes	Nombre de professeurs — Indigènes — Hommes	Femmes	Laïques — Hommes	Femmes	Qualité	Français	Étrangers (Nationalité)	Congréganistes — Hommes	Femmes	Qualité	Français	Étrangers (Nationalité)	Nombre d'élèves — Garçons	Filles	Totaux — Écoles	Professeurs	Élèves	TOTAUX GÉNÉRAUX — Nombre d'écoles	Nombre de professeurs	Nombre d'élèves	OBSERVATIONS
Report	»	»	5	»	6	»	»	352	65	5	6	419	»	»	1	1	»	»	»		»	»	»	»		»	»	27	28	1	1	55	6	7	474	
[illegible]	»	»	»	»	»	»	»	»	»	»	»	»	»	»	1	1	»	»	»		»	»	»	»		»	»	25	15	1	1	40	1	1	40	
District de Vohipeno.																																				
Vohipeno	»	»	1	»	1	»	»	120	9	1	1	129	»	»	»	»	»	»	»	N.	»	»	»	»		»	»	»	»	»	»	»	1	1	129	
[illegible]	»	»	1	»	1	»	»	153	14	1	1	167	»	»	»	»	»	»	»		»	»	»	»		»	»	»	»	»	»	»	1	1	167	
[illegible]	»	»	1	»	1	»	»	42	18	1	1	60	»	»	»	»	»	»	»		»	»	»	»		»	»	»	»	»	»	»	1	1	60	
[illegible]	»	»	1	»	1	»	»	70	25	1	1	95	»	»	»	»	»	»	»		»	»	»	»		»	»	»	»	»	»	»	1	1	95	
Lokomby	»	»	1	»	1	»	»	61	20	1	1	81	»	»	»	»	»	»	»		»	»	»	»		»	»	»	»	»	»	»	1	1	81	
[illegible]	»	»	1	»	1	»	»	49	40	1	1	89	»	»	»	»	»	»	»		»	»	»	»		»	»	»	»	»	»	»	1	1	89	
[illegible]	»	»	1	»	1	»	»	»	»	»	»	»	»	»	1	2	»	»	»	N.	»	»	»	»		»	»	60	40	1	2	100	1	2	100	
District de Karianga.																																				
[illegible]	»	»	1	»	1	»	»	40	20	1	1	60	»	»	»	»	»	»	»		»	»	»	»		»	»	»	»	»	»	»	1	1	60	
[illegible]	»	»	1	»	1	»	»	55	10	1	1	65	»	»	»	»	»	»	»		»	»	»	»		»	»	»	»	»	»	»	1	1	65	
[illegible]	»	»	1	»	1	»	»	42	10	1	1	52	»	»	»	»	»	»	»		»	»	»	»		»	»	»	»	»	»	»	1	1	52	
District de Vondrozo.																																				
Vondrozo	»	»	1	»	1	»	»	50	»	1	1	50	»	»	»	»	»	»	»		»	»	»	»		»	»	»	»	»	»	»	1	1	50	
[illegible]	»	»	1	»	1	»	»	54	»	1	1	54	»	»	»	»	»	»	»		»	»	»	»		»	»	»	»	»	»	»	1	1	54	
A reporter	»	»	15	»	17	»	»	1.088	213	16	17	1.301	»	»	3	4	»	»	»		»	»	»	»		»	»	112	83	3	4	195	19	21	1.496	

N° 32 — STATISTIQUES DE L'INSTRUCTION PUBLIQUE, ENSEIGNEMENT PRIMAIRE ANNÉE 1908 (ÉCOLES INDIGÈNES)

OFFICIEL

LOCALITÉS	Nombre d'écoles: Garçons	Filles	Mixtes	Agents: Hommes: Européens ou assimilés	Hommes: Indigènes	Femmes: Européennes ou assimilées	Femmes: Indigènes	Nombre d'élèves: Garçons	Filles	Totaux: Écoles	Professeurs	Élèves
Report	»	»	16	»	17	»	»	1.088	213	16	17	1.301
District de Vangaindrano.												
Vangaindrano	1	»	»	»	2	»	»	73	»	1	2	74
Ankarivo	»	»	1	»	1	»	»	58	10	1	1	68
[illegible]	»	»	»	»	»	»	»	»	»	»	»	»
[illegible]	»	»	»	»	»	»	»	»	»	»	»	»
District d'Ikongo.												
[illegible]	»	»	1	»	1	»	1	72	26	1	2	98
Antaranjaha	»	»	1	»	1	»	1	58	25	1	2	83
Belemoka	»	»	1	»	1	»	»	38	18	1	1	56
Fort-Carnot	»	»	1	»	1	»	1	62	26	1	2	88
[illegible]	»	»	1	»	1	»	1	63	33	1	2	96
[illegible]	»	»	1	»	1	»	1	53	32	1	2	85
Ifatsy	»	»	1	»	»	»	»	78	44	1	1	122
[illegible]	»	»	1	»	1	»	1	40	18	1	2	58
Bekopa	»	»	1	»	1	»	1	32	17	1	2	49
Sakalamony	»	»	1	»	1	»	1	47	24	1	2	71
[illegible]	»	»	1	»	1	»	1	34	12	1	2	46
Totaux	1	»	28	»	31	»	9	1.807	498	29	40	2.305

LIBRE

LOCALITÉS	Nombre d'écoles: Garçons	Filles	Mixtes	Professeurs: Indigènes: Hommes	Indigènes: Femmes	Laïques: Hommes	Laïques: Femmes	Laïques: Qualité	Laïques: Français	Laïques: Étrangers (Nationalité)	Congréganistes: Hommes	Congréganistes: Femmes	Congréganistes: Qualité	Congréganistes: Français	Congréganistes: Étrangers (Nationalité)	Nombre d'élèves: Garçons	Filles	Totaux: Écoles	Professeurs	Élèves	Totaux généraux: Nombre d'écoles	Nombre de professeurs	Nombre d'élèves	OBSERVATIONS
Report	»	»	3	»	3	4	»		»	»	»	»		»	»	112	83	3	4	195	19	21	344	
District de Vangaindrano.																								
Vangaindrano	»	»	1	»	1	1	»	N.	»	»	»	»		»	»	12	6	1	1	18	2	3	92	
Ankarivo	»	»	»	»	»	»	»		»	»	»	»		»	»	»	»	»	»	»	1	1	68	
[illegible]	»	»	1	»	1	1	»	N.	»	»	»	»		»	»	5	5	1	1	10	1	1	10	
[illegible]	»	»	»	»	1	1	»	N.	»	»	»	»		»	»	10	10	1	1	20	1	1	20	
District d'Ikongo.																								
[illegible]	»	»	»	»	»	»	»		»	»	»	»		»	»	»	»	»	»	»	1	2	98	
Antaranjaha	»	»	»	»	»	»	»		»	»	»	»		»	»	»	»	»	»	»	1	2	83	
Belemoka	»	»	»	»	»	»	»		»	»	»	»		»	»	»	»	»	»	»	1	1	56	
Fort-Carnot	»	»	»	»	»	»	»		»	»	»	»		»	»	»	»	»	»	»	1	2	88	
[illegible]	»	»	»	»	»	»	»		»	»	»	»		»	»	»	»	»	»	»	1	2	96	
[illegible]	»	»	»	»	»	»	»		»	»	»	»		»	»	»	»	»	»	»	1	2	85	
Ifatsy	»	»	»	»	»	»	»		»	»	»	»		»	»	»	»	»	»	»	1	1	122	
[illegible]	»	»	»	»	»	»	»		»	»	»	»		»	»	»	»	»	»	»	1	2	58	
Bekopa	»	»	»	»	»	»	»		»	»	»	»		»	»	»	»	»	»	»	1	2	49	
Sakalamony	»	»	»	»	»	»	»		»	»	»	»		»	»	»	»	»	»	»	1	2	71	
[illegible]	»	»	»	»	»	»	»		»	»	»	»		»	»	»	»	»	»	»	1	2	46	
Totaux	»	»	6	17	3	1	»		1	»	»	»		»	»	130	104	»	21	252	30	47	2.548	

N° 32 — STATISTIQUES DE L'INSTRUCTION PUBLIQUE ENSEIGNEMENT PRIMAIRE ANNÉE 1908 (ÉCOLES INDIGÈNES)

LOCALITÉS	OFFICIEL												LIBRE																				TOTAUX GÉNÉRAUX			OBSERVATIONS
	Nombre d'écoles			Nombre et qualité des maîtres				Nombre d'élèves		Totaux			Nombre d'écoles			Nombre et nationalité des professeurs européens ou assimilés												Nombre d'élèves		Totaux						
				Hommes		Femmes										Indigènes		Laïques					Congréganistes													
	Garçons	Filles	Mixtes	Européens ou assimilés	Indigènes	Européennes ou assimilées	Indigènes	Garçons	Filles	Écoles	Professeurs	Élèves	Garçons	Filles	Mixtes	Hommes	Femmes	Hommes	Femmes	Qualité	Français	Étrangers (Nationalité)	Hommes	Femmes	Qualité	Français	Étrangers (Nationalité)	Garçons	Filles	Écoles	Professeurs	Élèves	Nombre d'écoles	Nombre de professeurs	Nombre d'élèves	
PROVINCE DE MANANJARY																																				
District de Mananjary.																																				
Mananjary	»	»	1	»	2	»	1	80	12	1	3	131	1	1	»	1	»	»	»		»	»	»	1	C.	1	»	25	36	1	2	6	3	5	105	
[illegible]	»	»	»	»	»	»	»	»	»	»	»	»	»	»	1	1	»	»	»	A.	»	»	»	»		»	»	50	38	1	2	70	1	2	70	
Tsiatosika	»	»	1	»	1	»	»	30	11	1	1	41	»	»	»	»	»	»	»		»	»	»	»		»	»	»	»	»	»	»	1	1	41	
Lavakianja	»	»	1	»	1	»	»	72	5	1	1	77	»	»	»	»	»	»	»		»	»	»	»		»	»	»	»	»	»	»	1	1	77	
[illegible]	»	»	1	»	1	»	1	79	28	1	2	107	»	»	»	»	»	»	»		»	»	»	»		»	»	»	»	»	»	»	1	2	107	
[D]istrict de Sahavato.																																				
[illegible]	»	»	1	»	1	»	»	78	13	1	1	92	»	»	»	»	»	»	»		»	»	»	»		»	»	»	»	»	»	»	1	1	92	
[illegible]	»	»	1	»	1	»	1	43	8	1	2	51	»	»	»	»	»	»	»		»	»	»	»		»	»	»	»	»	»	»	1	2	51	
Fanantara (Ambodriana)	»	»	1	»	1	»	»	68	18	1	1	86	»	»	»	»	»	»	»		»	»	»	»		»	»	»	»	»	»	»	1	1	86	
Vohimena	»	»	1	»	1	»	»	77	13	1	1	90	»	»	»	»	»	»	»		»	»	»	»		»	»	»	»	»	»	»	1	1	90	
Nosivarika	»	»	1	»	1	»	1	56	6		2	62	»	»	1	1	»	»	»		»	»	»	»		»	»	»	»	»	»	»	1	2	62	
Sahavato	»	»	1	»	1	»	»	55	10	1	1	65	»	»	1	1	»	»	»		»	»	»	»		»	»	»	»	»	1	»	1	1	65	
[illegible]	»	»	1	»	1	»	»	53	13	1	1	66	»	»	»	»	»	»	»		»	»	»	»		»	»	»	»	»	1	»	1	1	66	
A reporter	»	»	11	»	11	»	4	691	168	11	16	858	1	1	1	3	»	»	»		»	»	»	1		1	»	55	60	3	4	134	14	20	992	

N° 32 — STATISTIQUES DE L'INSTRUCTION PUBLIQUE ENSEIGNEMENT PRIMAIRE ANNÉE 1908 (ÉCOLES INDIGÈNES)

LOCALITÉS	OFFICIEL — Nombre d'écoles — Garçons	Filles	Mixtes	Nombre de professeurs — Hommes — Européens ou assimilés	Indigènes	Femmes — Européennes ou assimilées	Indigènes	Nombre d'élèves — Garçons	Filles	Totaux — Écoles	Professeurs	Élèves	LIBRE — Nombre d'écoles — Garçons	Filles	Mixtes	Nombre de professeurs européens et indigènes — Indigènes — Hommes	Femmes	Laïques — Hommes	Femmes	Qualité	Français	Étrangers Nationalité	Congréganistes — Hommes	Femmes	Qualité	Français	Étrangers Nationalité	Nombre d'élèves — Garçons	Filles	Totaux — Écoles	Professeurs	Élèves	TOTAUX GÉNÉRAUX — Nombre d'écoles	Nombre de professeurs	Nombre d'élèves	OBSERVATIONS
Report	»	»	11	»	12	»	4	600	106	11	16	850	1	1	1	3	»	»	»		»	»	»	1		1	»	45	89	3	6	134	14	20	993	
District d'Antsenavolo.																																				
Antsenavolo	»	»	1	»	1	»	1	40	20	1	2	60	»	»	»	»	»	»	»		»	»	»	»		»	»	»	»	»	»	»	1	2	60	
Kianjavato	»	»	1	»	1	»	1	36	22	1	1	58	»	»	»	»	»	»	»		»	»	»	»		»	»	»	»	»	»	»	1	1	58	
Marosialy	»	»	1	»	1	»	»	27	14	1	2	41	»	»	»	2	1	»	1		»	»	»	»		»	»	»	»	»	»	»	1	2	41	
District de Loholoka.																																				
Vohilava	»	»	1	»	1	»	1	6	»	1	1	6	»	»	»	»	»	»	»		»	»	»	»		»	»	»	»	»	»	»	1	1	6	
Ampasimanjeva	»	»	1	»	1	»	»	30	8	1	1	38	»	»	»	»	»	»	»		»	»	»	»		»	»	»	»	»	»	»	1	1	38	
Vohimasina	»	»	1	»	1	»	1	60	20	1	1	80	»	»	1	»	»	»	»	A.	»	»	»			»	»	35	15	1	1	50	2	2	100	
Loholoka	»	»	1	»	1	»	1	20	3	1	2	23	»	»	»	»	»	»	»		»	»	»	»		»	»	»	»	»	»	»	1	1	23	
Namorona	»	»	1	»	1	»	»	36	20	1	1	56	»	»	1	»	»	»	»	A.	»	»	»	»		»	»	20	10	1	1	30	2	2	86	
TOTAUX	»	»	10	»	20	»	7	926	275	19	27	1.201	1	1	3	5	»	»	»		»	»	»	1		1	»	110	94	5	6	204	24	33	1.405	
PROVINCE DE VATOMANDRY																																				
District de Vatomandry.																																				
Vatomandry	»	»	1	»	2	»	1	47	17	1	3	75	»	»	1	1	»	»	»	A.	»	»	»			»	»	40	30	1	1	60	3	4	135	
Ambohitsoraka	»	»	1	»	1	»	1	87	8	1	2	95	»	»	»	»	»	»	»		»	»	»	»		»	»	»	»	»	»	»	1	2	95	
Andevolo	»	»	1	»	1	»	1	81	28	1	2	109	»	»	»	»	»	»	»		»	»	»	»		»	»	»	»	»	»	»	1	2	109	
A reporter	»	»	3	»	4	»	3	226	53	3	7	279	»	»	1	398	114	6	16		»	»	»	»		»	»	40	30	1	1	60	4	8	339	

N° 23 — STATISTIQUES DE L'INSTRUCTION PUBLIQUE. ENSEIGNEMENT PRIMAIRE. ANNÉE 1908. ÉCOLES INDIGÈNES

LOCALITÉS	OFFICIEL — Nombre d'écoles: Garçons	Filles	Mixtes	Personnel enseignant — Hommes: Européens ou créoles	Hommes: Indigènes	Femmes: Européennes ou assimilées	Femmes: Indigènes	Nombre d'élèves: Garçons	Filles	Totaux: Écoles	Maîtres	Élèves	LIBRE — Nombre d'écoles: Garçons	Filles	Mixtes	Personnel enseignant — Indigènes: Hommes	Femmes	Laïques: Hommes	Femmes	Qualifiés	Français	Étrangers non qualifiés	Congréganistes: Hommes	Femmes	Qualifiés	Français	Étrangers non qualifiés	Nombre d'élèves: Garçons	Filles	Totaux: Écoles	Professeurs	Élèves	TOTAUX GÉNÉRAUX: Nombre d'écoles	Nombre de personnel enseignant	Nombre d'élèves	OBSERVATIONS
Report	»	»	3	»	5	»	3	226	53	3	7	279	»	11	1	1	»	»	»	»	»	»	»	»	»	»	»	40	20	1	1	60	6	8	339	
Anosibe	»	»	1	»	2	»	1	100	23	1	3	123	»	»	»	»	»	»	»	»	»	»	»	»	»	»	»	»	»	»	»	»	1	3	123	
[illegible]	»	»	1	»	1	»	1	61	17	1	2	85	»	»	»	»	»	»	»	»	»	»	»	»	»	»	»	»	»	»	»	»	1	2	85	
[illegible]	»	»	1	»	1	»	1	63	13	1	2	76	»	»	»	»	»	»	»	»	»	»	»	»	»	»	»	»	»	»	»	»	1	2	76	
Beka	»	»	1	»	1	»	1	64	32	1	2	96	»	»	»	»	»	»	»	»	»	»	»	»	»	»	»	»	»	»	»	»	1	2	96	
[illegible]	»	»	1	»	1	»	1	43	5	1	2	48	»	»	»	»	»	»	»	»	»	»	»	»	»	»	»	»	»	»	»	»	1	2	48	
District de Mahanoro.																																				
Mahanoro	»	»	1	»	1	»	»	50	17	1	1	67	»	»	»	»	»	»	»	»	»	»	»	»	»	»	»	»	»	»	»	»	»	1	67	
[illegible]	»	»	1	»	1	»	»	70	»	1	1	70	»	»	1	1	»	»	»	A.	»	»	»	»	»	»	»	33	15	1	1	48	2	4	118	
[illegible]	»	»	1	»	1	»	1	40	10	1	2	50	»	»	»	»	»	»	»	»	»	»	»	»	»	»	»	»	»	»	»	»	1	2	50	
[illegible]	»	»	1	»	1	»	»	17	1	1	1	18	»	»	»	»	»	»	»	»	»	»	»	»	»	»	»	»	»	»	»	»	1	1	18	
[illegible]	»	»	1	»	1	»	»	2	2	1	1	4	»	»	»	»	»	»	»	»	»	»	»	»	»	»	»	»	»	»	»	»	1	1	4	
[illegible]	»	»	1	»	1	»	1	78	16	1	2	94	»	»	»	»	»	»	»	»	»	»	»	»	»	»	»	»	»	»	»	»	1	2	94	
[illegible]	»	»	1	»	1	»	»	50	30	1	1	80	»	»	»	»	»	»	»	»	»	»	»	»	»	»	»	»	»	»	»	»	1	1	80	
Marolambo	»	»	1	»	1	»	»	16	10	1	1	26	»	»	»	»	»	»	»	»	»	»	»	»	»	»	»	»	»	»	»	»	1	1	26	
Masomeloka	»	»	1	»	1	»	1	61	19	1	2	80	»	»	»	»	»	»	»	»	»	»	»	»	»	»	»	»	»	»	»	»	1	2	80	
[illegible]	»	»	1	»	1	»	»	35	10	1	1	45	»	»	»	»	»	»	»	»	»	»	»	»	»	»	»	»	»	»	»	»	1	1	45	
Totaux	»	»	18	»	20	»	11	960	248	18	31	1.208	»	»	2	1	»	»	»	»	»	»	»	»	»	»	»	73	45	2	2	120	20	33	1.368	

N° 32 — STATISTIQUES DE L'INSTRUCTION PUBLIQUE ENSEIGNEMENT PRIMAIRE ANNÉE 1908 (ÉCOLES INDIGÈNES)

LOCALITÉS	Officiel – Nombre d'écoles – Garçons	Officiel – Nombre d'écoles – Filles	Officiel – Nombre d'écoles – Mixtes	Officiel – Professeurs laïques – Hommes – Européens et assimilés	Officiel – Professeurs laïques – Hommes – Indigènes	Officiel – Professeurs laïques – Femmes – Européennes et assimilées	Officiel – Professeurs laïques – Femmes – Indigènes	Officiel – Nombre d'élèves – Garçons	Officiel – Nombre d'élèves – Filles	Officiel – Totaux – Écoles	Officiel – Totaux – Professeurs	Officiel – Totaux – Élèves	Libre – Nombre d'écoles – Garçons	Libre – Nombre d'écoles – Filles	Libre – Nombre d'écoles – Mixtes	Libre – Professeurs – Indigènes – Hommes	Libre – Professeurs – Indigènes – Femmes	Libre – Laïques – Hommes	Libre – Laïques – Femmes	Libre – Laïques – Qualité	Libre – Laïques – Français	Libre – Laïques – Étrangers (Nationalité)	Libre – Congréganistes – Hommes	Libre – Congréganistes – Femmes	Libre – Congréganistes – Qualité	Libre – Congréganistes – Français	Libre – Congréganistes – Étrangers (Nationalité)	Libre – Nombre d'élèves – Garçons	Libre – Nombre d'élèves – Filles	Libre – Totaux – Écoles	Libre – Totaux – Professeurs	Libre – Totaux – Élèves	Totaux généraux – Nombre d'écoles	Totaux généraux – Nombre de professeurs	Totaux généraux – Nombre d'élèves	Observations
PROVINCE D'ANDEVORANTO																																				
District de Moramanga.																																				
Moramanga	»	»	1	»	1	»	1	63	22	1	2	85	»	»	1	1	»	»	»	P	»	»	»	»		»	»	35	13	1	1	38	2	3	123	
[illegible]	»	»	1	»	1	»	1	60	50	1	2	110	»	»	»	»	»	»	»		»	»	»	»		»	»	»	»	»	»	»	1	2	110	
Morarano	»	»	1	»	1	»	»	51	25	1	1	76	»	»	»	»	»	»	»		»	»	»	»		»	»	»	»	»	»	»	1	1	70	
[illegible]	»	»	1	»	1	»	»	52	23	1	1	75	»	»	1	1	»	»	»	L.	»	»	»	»		»	»	30	14	1	1	54	2	2	129	
Mandialaza	»	»	1	»	1	»	1	58	45	1	2	103	»	»	»	»	»	»	»		»	»	»	»		»	»	»	»	»	»	»	1	2	103	
Ampasipotsy	»	»	1	»	1	»	»	37	17	1	1	54	»	»	»	»	»	»	»		»	»	»	»		»	»	»	»	»	»	»	1	1	54	
[illegible]	»	»	1	»	1	»	»	31	27	1	1	50	»	»	»	»	»	»	»		»	»	»	»		»	»	»	»	»	»	»	1	1	50	
Sabotsy	»	»	1	»	1	»	»	52	24	1	1	76	»	»	»	»	»	»	»		»	»	»	»		»	»	»	»	»	»	»	1	1	76	
[illegible]	»	»	1	»	1	»	»	50	20	1	1	70	»	»	»	»	»	»	»		»	»	»	»		»	»	»	»	»	»	»	1	1	70	
Beparasy	»	»	1	»	1	»	1	75	48	1	2	123	»	»	»	»	»	»	»		»	»	»	»		»	»	»	»	»	2	»	1	2	123	
[illegible]	»	»	»	»	»	»	»	»	»	»	»	»	»	»	1	1	»	»	»	C	»	»	»	»		»	»	21	8	1	1	30	1	1	30	
[illegible]	»	»	»	»	»	»	»	»	»	»	»	»	»	»	1	1	»	»	»	L	»	»	»	»		»	»	25	8	1	1	33	1	1	33	
[illegible]	»	»	»	»	»	»	»	»	»	»	»	»	»	»	1	1	»	»	»	C	»	»	»	»		»	»	10	18	1	1	28	1	1	28	
District de Beforona.																																				
Beforona	»	»	1	»	1	»	1	35	15	1	2	40	»	»	»	»	»	»	»		»	»	»	»		»	»	»	»	»	»	»	1	2	40	
[illegible]	»	»	1	»	1	»	1	32	14	1	2	46	»	»	»	»	»	»	»		»	»	»	»		»	»	»	»	»	»	»	1	2	46	
[illegible]	»	»	1	»	1	»	1	29	12	1	2	41	»	»	»	»	»	»	»		»	»	»	»		»	»	»	»	»	»	»	1	2	41	
A reporter	»	»	13	»	13	»	7	627	340	13	20	967	»	»	5	5	»	»	»		»	»	»	»		»	»	118	65	5	5	182	18	25	1.150	

N° 32 — STATISTIQUES DE L'INSTRUCTION PUBLIQUE ENSEIGNEMENT PRIMAIRE ANNÉE 1908 (ÉCOLES INDIGÈNES)

LOCALITÉS	OFFICIEL — Nombre d'écoles — Garçons	Filles	Mixtes	Nombre de professeurs — Hommes — Européens ou assimilés	Indigènes	Dames — Européennes ou assimilées	Indigènes	Nombre d'élèves — Garçons	Filles	Totaux — Écoles	Professeurs	Élèves	LIBRE — Nombre d'écoles — Garçons	Filles	Mixtes
Report	»	»	13	»	13	»	7	617	350	13	20	967	»	»	5
District d'Andevoranto.															
Andevoranto	1	1	»	»	1	1	»	44	30	2	2	74	»	»	1
Mahatsara	»	»	1	»	1	»	»	39	7	1	1	46	»	»	»
Ranomainty	»	»	1	»	1	»	1	89	25	1	2	114	»	»	»
[illegible]	»	»	1	»	1	»	»	35	20	1	1	55	»	»	»
[illegible]	»	»	1	»	1	»	»	24	15	1	1	39	»	»	»
[illegible]	»	»	1	»	1	»	»	52	28	1	1	80	»	»	»
[illegible]	»	»	1	»	1	»	»	50	8	1	1	58	»	»	»
[illegible]	»	»	1	»	1	»	1	20	8	1	2	28	»	»	»
District d'Anivorano.															
Anivorano	»	»	1	»	2	»	1	55	25	1	3	80	»	»	»
Lohariandava	»	»	»	»	»	»	»	»	»	»	»	»	»	»	1
TOTAUX	1	1	21	»	23	1	10	1.058	500	23	34	1.559	»	»	7
COMMUNE DE SAINTE MARIE															
[illegible]	»	»	1	1	2	»	1	102	38	1	5	140	»	»	»
TOTAUX	»	»	1	1	2	»	1	102	38	1	4	140	»	»	»

LOCALITÉS	LIBRE — Nombre de professeurs hommes et femmes — Indigènes — Hommes	Femmes	Laïques — Hommes	Femmes	Qualité	Français	Étrangers (Nationalité)	Congréganistes — Hommes	Femmes	Qualité	Français	Étrangers (Nationalité)	Nombre d'élèves — Garçons	Filles	Totaux — Écoles	Professeurs	Élèves	TOTAUX GÉNÉRAUX — Nombre d'écoles	Nombre de professeurs	Nombre d'élèves	OBSERVATIONS
Report	5	»	»	»		»	»	»	»		»	»	118	65	5	5	183	18	25	1.150	
District d'Andevoranto.																					
Andevoranto	2	»	»	»	A.	»	»	»	»		»	»	33	28	1	2	61	3	4	135	
Mahatsara	»	»	»	»		»	»	»	»		»	»	»	»	»	»	»	1	1	46	
Ranomainty	»	»	»	»		»	»	»	»		»	»	»	»	»	»	»	1	2	114	
[illegible]	»	»	»	»		»	»	»	»		»	»	»	»	»	»	»	1	1	55	
[illegible]	»	»	»	»		»	»	»	»		»	»	»	»	»	»	»	1	1	39	
[illegible]	»	»	»	»		»	»	»	»		»	»	»	»	»	»	»	1	1	80	
[illegible]	»	»	»	»		»	»	»	»		»	»	»	»	»	»	»	1	1	58	
[illegible]	»	»	»	»		»	»	»	»		»	»	»	»	»	»	»	1	2	28	
District d'Anivorano.																					
Anivorano	»	»	»	»		»	»	»	»		»	»	»	»	»	»	»	1	3	80	
Lohariandava	1	»	»	»	A.	»	»	»	»		»	»	35	14	1	1	49	1	1	49	
TOTAUX	8	»	»	»		»	»	»	»		»	»	186	107	7	8	293	30	42	1.843	
COMMUNE DE SAINTE MARIE																					
[illegible]	»	»	»	»		»	»	»	»		»	»	»	»	»	»	»	1	4	140	
TOTAUX	»	»	»	»		»	»	»	»		»	»	»	»	»	»	»	1	4	140	

N° 32 — STATISTIQUES DE L'INSTRUCTION PUBLIQUE, ENSEIGNEMENT PRIMAIRE ANNÉE 1908 (ÉCOLES INDIGÈNES)

LOCALITÉS	OFFICIEL											
	NOMBRE D'ÉCOLES			NOMBRE DE PROFESSEURS LAÏQUES				NOMBRE D'ÉLÈVES		TOTAUX		
				Hommes.		Femmes.						
	Garçons.	Filles.	Mixtes.	Européens ou assimilés.	Indigènes.	Européennes ou assimilées.	Indigènes.	Garçons.	Filles.	Écoles.	Professeurs.	Élèves.
PROVINCE DE VOHÉMAR												
Vohémar	»	»	1	»	1	»	»	55	35	1	1	90
Ambomiès	»	»	1	»	1	»	1	17	16	1	2	33
Fanambana	»	»	1	»	1	»	»	25	10	1	1	35
Anahavana	»	»	1	»	1	»	»	28	12	1	1	40
Morakana	»	»	1	»	1	»	»	27	18	1	1	45
Tsarahorana	»	»	1	»	1	»	»	17	9	1	1	26
Ampondrana	»	»	1	»	1	»	»	18	14	1	1	32
Antindra	»	»	1	»	1	»	»	18	8	1	1	26
Antsirabe	»	»	1	»	1	»	1	31	19	1	2	50
Bemanevika	»	»	1	»	1	»	»	22	15	1	1	37
Milanoa	»	»	1	»	1	»	»	37	12	1	1	49
Ambodivoadiro	»	»	1	»	1	»	»	23	18	1	1	41
Antsepanala	»	»	1	»	1	»	»	25	5	1	1	30
Antingana	»	»	1	»	1	»	»	17	10	1	1	27
Ankijomanitsina	»	»	1	»	1	»	»	12	4	1	1	16
Mangily	»	»	1	»	1	»	»	29	7	1	1	36
Antalaha	»	»	1	»	1	»	1	22	25	1	2	47
Sambava	»	»	1	»	»	»	1	12	18	1	1	30
A reporter	»	»	18	»	17	»	4	435	255	18	21	690

LOCALITÉS	LIBRE																				TOTAUX GÉNÉRAUX			OBSERVATIONS
	NOMBRE D'ÉCOLES			NOMBRE DE PROFESSEURS EUROPÉENS OU ASSIMILÉS												NOMBRE D'ÉLÈVES		TOTAUX						
				Indigènes.		Laïques.					Congréganistes.													
	Garçons.	Filles.	Mixtes.	Hommes.	Femmes.	Hommes.	Femmes.	Qualité.	Français.	Étrangers (Nationalité).	Hommes.	Femmes.	Qualité.	Français.	Étrangers (Nationalité).	Garçons.	Filles.	Écoles.	Professeurs.	Élèves.	Nombre d'écoles.	Nombre de professeurs.	Nombre d'élèves.	
PROVINCE DE VOHÉMAR																								
Vohémar	»	»	1	»	»	»	»		»	»	»	1	C	1	»	23	28	1	1	51	2	3	141	
Ambomiès	»	»	»	»	»	»	»		»	»	»	»		»	»	»	»	»	»	»	1	2	33	
Fanambana	»	»	»	»	»	»	»		»	»	»	»		»	»	»	»	»	»	»	1	1	35	
Anahavana	»	»	»	»	»	»	»		»	»	»	»		»	»	»	»	»	»	»	1	1	40	
Morakana	»	»	»	»	»	»	»		»	»	»	»		»	»	»	»	»	»	»	1	1	45	
Tsarahorana	»	»	»	»	»	»	»		»	»	»	»		»	»	»	»	»	»	»	1	1	26	
Ampondrana	»	»	»	»	»	»	»		»	»	»	»		»	»	»	»	»	»	»	1	1	32	
Antindra	»	»	»	»	»	»	»		»	»	»	»		»	»	»	»	»	»	»	1	1	26	
Antsirabe	»	»	»	»	»	»	»		»	»	»	»		»	»	»	»	»	»	»	1	2	50	
Bemanevika	»	»	»	»	»	»	»		»	»	»	»		»	»	»	»	»	»	»	1	1	37	
Milanoa	»	»	»	»	»	»	»		»	»	»	»		»	»	»	»	»	»	»	1	1	49	
Ambodivoadiro	»	»	»	»	»	»	»		»	»	»	»		»	»	»	»	»	»	»	1	1	41	
Antsepanala	»	»	»	»	»	»	»		»	»	»	»		»	»	»	»	»	»	»	1	1	30	
Antingana	»	»	»	»	»	»	»		»	»	»	»		»	»	»	»	»	»	»	1	1	27	
Ankijomanitsina	»	»	»	»	»	»	»		»	»	»	»		»	»	»	»	»	»	»	1	1	16	
Mangily	»	»	»	»	»	»	»		»	»	»	»		»	»	»	»	»	»	»	1	1	36	
Antalaha	»	»	»	»	»	»	»		»	»	»	»		»	»	»	»	»	»	»	1	2	47	
Sambava	»	»	»	»	»	»	»		»	»	»	»		»	»	»	»	»	»	»	1	1	30	
A reporter	»	»	1	»	»	»	»		»	»	»	1		1	»	23	28	1	1	51	19	22	741	

N° 32 — STATISTIQUES DE L'INSTRUCTION PUBLIQUE. ENSEIGNEMENT PRIMAIRE ANNÉE 1908 (ÉCOLES INDIGÈNES)

LOCALITÉS	OFFICIEL											
	Nombre d'écoles			Nombre de professeurs				Nombre d'élèves		Totaux		
				Hommes		Femmes						
	Garçons.	Filles.	Mixtes.	Européens ou assimilés.	Indigènes.	Européennes ou assimilées.	Indigènes.	Garçons.	Filles.	Écoles.	Professeurs.	Élèves.
Report	»	»	18	»	17	»	4	435	255	18	21	690
[illegible]	»	»	1	»	1	»	»	29	20	1	1	49
[illegible]	»	»	1	»	1	»	»	18	13	1	1	31
TOTAUX	»	»	20	»	19	»	4	482	288	20	23	770
PROVINCE DE NOSSI-BÉ												
District de Nossi-Bé.												
Hell-Ville	1	»	»	»	2	»	»	73	»	1	2	73
District Sakalava.												
Ankify	»	»	1	»	1	»	»	20	»	1	1	20
District Antankara.												
Ambilobe	»	»	1	»	1	»	»	80	15	1	1	95
Anabalibemena	»	»	1	»	1	»	»	70	»	1	1	70
Andranomandavy	»	»	1	»	1	»	»	50	»	1	1	50
Beramanja	»	»	1	»	1	»	»	60	»	1	1	60
TOTAUX	1	»	5	»	7	»	»	353	15	6	7	368

LOCALITÉS	LIBRE																				TOTAUX GÉNÉRAUX			OBSERVATIONS
	Nombre d'écoles			Nombre de professeurs												Nombre d'élèves		Totaux						
				Indigènes		Laïques					Congréganistes													
	Garçons.	Filles.	Mixtes.	Hommes.	Femmes.	Hommes.	Femmes.	Qualité.	Français.	Étrangers (Nationalité).	Hommes.	Femmes.	Qualité.	Français.	Étrangers (Nationalité).	Garçons.	Filles.	Écoles.	Professeurs.	Élèves.	Nombre d'écoles.	Nombre de professeurs.	Nombre d'élèves.	
Report	»	»	1	»	»	»	»		»	»	»	1		1	»	23	28	1	1	51	19	22	741	
[illegible]	»	»	»	»	»	»	»		»	»	»	»		»	»	»	»	»	»	»	1	1	49	
[illegible]	»	»	»	»	»	»	»		»	»	»	»		»	»	»	»	»	»	»	1	1	31	
TOTAUX	»	»	1	»	»	»	»		»	»	»	1		1	»	23	28	1	1	51	21	24	821	
PROVINCE DE NOSSI-BÉ																								
District de Nossi-Bé.																								
Hell-Ville	1	1	»	»	»	»	»		»	»	1	1	C.	2	»	40	45	2	2	85	3	4	158	
District Sakalava.																								
Ankify	»	»	»	»	»	»	»		»	»	»	»		»	»	»	»	»	»	»	1	1	20	
District Antankara.																								
Ambilobe	»	»	»	»	»	»	»		»	»	»	»		»	»	»	»	»	»	»	1	1	95	
Anabalibemena	»	»	»	»	»	»	»		»	»	»	»		»	»	»	»	»	»	»	1	1	70	
Andranomandavy	»	»	»	»	»	»	»		»	»	»	»		»	»	»	»	»	»	»	1	1	50	
Beramanja	»	»	»	»	»	»	»		»	»	»	»		»	»	»	»	»	»	»	1	1	60	
TOTAUX	1	1	»	»	»	»	»		»	»	1	1		2	»	40	45	2	2	85	8	9	453	

N° 32 — STATISTIQUES DE L'INSTRUCTION PUBLIQUE. ENSEIGNEMENT PRIMAIRE ANNÉE 1908 (ÉCOLES INDIGÈNES)

LOCALITÉS	Officiel — Nombre d'écoles — Garçons	Officiel — Nombre d'écoles — Filles	Officiel — Nombre d'écoles — Mixtes	Officiel — Maîtres — Hommes — Européens ou assimilés	Officiel — Maîtres — Hommes — Indigènes	Officiel — Maîtres — Femmes — Européennes ou assimilées	Officiel — Maîtres — Femmes — Indigènes	Officiel — Nombre d'élèves — Garçons	Officiel — Nombre d'élèves — Filles	Officiel — Totaux — Écoles	Officiel — Totaux — Professeurs	Officiel — Totaux — Élèves	Libre — Nombre d'écoles — Garçons	Libre — Nombre d'écoles — Filles	Libre — Nombre d'écoles — Mixtes	Libre — Maîtres — Indigènes — Hommes	Libre — Maîtres — Indigènes — Femmes	Libre — Laïques — Hommes	Libre — Laïques — Femmes	Libre — Laïques — Qualité	Libre — Laïques — Français	Libre — Laïques — Étrangers (nationalité)	Libre — Congréganistes — Hommes	Libre — Congréganistes — Femmes	Libre — Congréganistes — Qualité	Libre — Congréganistes — Français	Libre — Congréganistes — Étrangers (nationalité)	Libre — Nombre d'élèves — Garçons	Libre — Nombre d'élèves — Filles	Libre — Totaux — Écoles	Libre — Totaux — Professeurs	Libre — Totaux — Élèves	Totaux généraux — Nombre d'écoles	Totaux généraux — Nombre de professeurs	Totaux généraux — Nombre d'élèves	OBSERVATIONS
PROVINCE D'ANALALAVA																																				
Analalava	»	»	1	»	3	»	1	53	30	1	4	83	»	»	»	»	»	»	»	»	»	»	»	»	»	»	»	»	»	»	»	»	1	4	83	
Antonibe	»	»	1	»	1	»	»	29	15	1	1	44	»	»	»	»	»	»	»	»	»	»	»	»	»	»	»	»	»	»	»	»	1	1	44	
Antsaroala	»	»	1	»	1	»	1	20	17	1	2	37	»	»	»	»	»	»	»	»	»	»	»	»	»	»	»	»	»	»	»	»	1	2	37	
Mangoaka	»	»	1	»	1	»	»	40	27	1	1	67	»	»	»	»	»	»	»	»	»	»	»	»	»	»	»	»	»	»	»	»	1	1	67	
Antsohihy	»	»	1	»	1	»	»	49	19	1	1	68	»	»	»	»	»	»	»	»	»	»	»	»	»	»	»	»	»	»	»	»	1	1	68	
Ambodimadiro	»	»	1	»	1	»	1	68	38	1	2	106	»	»	»	»	»	»	»	»	»	»	»	»	»	»	»	»	»	»	»	»	1	2	106	
Anjiamangirana	»	»	1	»	1	»	1	55	28	1	2	83	»	»	»	»	»	»	»	»	»	»	»	»	»	»	»	»	»	»	»	»	1	2	83	
Befandriana	»	»	1	»	1	»	»	72	14	1	1	86	»	»	»	»	»	»	»	»	»	»	»	»	»	»	»	»	»	»	»	»	1	1	86	
Antsakabary	»	»	1	»	1	»	»	18	9	1	1	27	»	»	»	»	»	»	»	»	»	»	»	»	»	»	»	»	»	»	»	»	1	1	27	
Maromandia	»	»	1	»	1	»	»	23	8	1	1	31	»	»	»	»	»	»	»	»	»	»	»	»	»	»	»	»	»	»	»	»	1	1	31	
Andrano-samonta	»	»	1	»	1	»	»	12	9	1	1	21	»	»	»	»	»	»	»	»	»	»	»	»	»	»	»	»	»	»	»	»	1	1	21	
Bealanana	»	»	1	»	1	»	»	23	11	1	1	34	»	»	»	»	»	»	»	»	»	»	»	»	»	»	»	»	»	»	»	»	1	1	34	
Totaux	»	»	12	»	14	»	4	468	219	12	18	687	»	»	»	»	»	»	»	»	»	»	»	»	»	»	»	»	»	»	»	»	12	18	687	
PROVINCE DE TULÉAR																																				
Tuléar	»	»	1	»	1	»	1	34	16	1	2	50	»	»	»	»	»	»	»	»	»	»	»	»	»	»	»	»	»	»	»	»	1	2	50	
Ankazoabo	»	»	1	»	1	»	1	24	17	1	2	41	»	»	»	»	»	»	»	»	»	»	»	»	»	»	»	»	»	»	»	»	1	2	41	
Ambahikily	»	»	1	»	1	»	1	65	53	1	2	118	»	»	»	»	»	»	»	»	»	»	»	»	»	»	»	»	»	»	»	»	1	2	118	
A reporter	»	»	3	»	3	»	3	123	86	3	6	209	»	»	»	»	»	»	»	»	»	»	»	»	»	»	»	»	»	»	»	»	3	6	209	

N° 32 — STATISTIQUES DE L'INSTRUCTION PUBLIQUE. ENSEIGNEMENT PRIMAIRE ANNÉE 1908 (ÉCOLES INDIGÈNES)

LOCALITÉS	OFFICIEL – Nombre d'écoles – Garçons	Filles	Mixtes	Nombre de professeurs laïques – Hommes – Européens ou assimilés	Hommes – Indigènes	Femmes – Européennes ou assimilées	Femmes – Indigènes	Nombre d'élèves – Garçons	Filles	Totaux – Écoles	Professeurs	Élèves	LIBRE – Nombre d'écoles – Garçons	Filles	Mixtes	Nombre de professeurs européens ou assimilés – Indigènes – Hommes	Femmes	Laïques – Hommes	Femmes	Qualité	Français	Étrangers (Nationalité)	Congréganistes – Hommes	Femmes	Qualité	Français	Étrangers (Nationalité)	Nombre d'élèves – Garçons	Filles	Totaux – Écoles	Professeurs	Élèves	TOTAUX GÉNÉRAUX – Nombre d'écoles	Nombre de professeurs	Nombre d'élèves	OBSERVATIONS
Report	»	»	3	»	3	»	3	123	86	3	6	209	»	»	»	»	»	»	»		»	»	»	»		»	»	»	»	»	»	»	3	6	209	
Betsiky	»	»	1	»	1	»	»	9	»	1	1	9	»	»	»	»	»	»	»		»	»	»	»		»	»	»	»	»	»	»	1	1	9	
Fenjahira (ou Manarana)	»	»	»	»	»	»	»	»	»	»	»	»	»	»	1	1	»	»	»	N. A.	»	(Amér.)	»	»		»	»	20	30	1	2	50	1	2	50	
Manandona	»	»	»	»	»	»	»	»	»	»	»	»	»	»	1	»	»	»	»		»	»	1	»	C.	1	»	18	16	1	1	34	1	1	34	
Saint-Augustin	»	»	1	»	1	»	»	20	28	1	1	40	»	»	»	»	»	»	»		»	»	»	»		»	»	»	»	»	»	»	1	1	40	
TOTAUX	»	»	5	»	5	»	3	160	98	5	8	258	»	»	2	1	»	»	»		»	1	1	»		1	»	38	46	2	3	84	7	11	342	
PROVINCE DE L'ITASY																																				
District de Mamolakazo																																				
Miarinarivo	»	»	1	»	1	»	1	23	»	1	2	25	»	»	1	2	»	»	»	C.	»	»	»	»		»	»	11	»	1	2	11	2	4	30	
Andohamanjaka	»	»	1	»	1	»	»	58	26	1	1	84	»	»	»	»	»	»	»		»	»	»	»		»	»	»	»	»	»	»	1	1	84	
Malinato	»	»	1	»	1	»	1	23	16	1	2	33	»	»	»	»	»	»	»		»	»	»	»		»	»	»	»	»	»	»	1	2	33	
Analakely	»	»	1	»	1	»	1	40	17	1	2	57	»	»	»	»	»	»	»		»	»	»	»		»	»	»	»	»	»	»	1	2	57	
Ambohijanamasoandro	»	»	1	»	2	»	1	82	43	1	3	125	»	»	»	»	»	»	»		»	»	»	»		»	»	»	»	»	»	»	1	3	125	
Fenoarivo	»	»	1	»	1	»	»	80	30	1	1	110	»	»	»	»	»	»	»		»	»	»	»		»	»	»	»	»	»	»	1	1	110	
Zemana	»	»	»	»	»	»	»	»	»	»	»	»	»	»	1	1	»	»	»	C.	»	»	»	»		»	»	12	4	1	1	16	1	1	16	
Mandrosoa	»	»	»	»	»	»	»	»	»	»	»	»	»	»	1	1	»	»	»	C.	»	»	»	»		»	»	18	17	1	1	35	1	1	35	
Merikanjaka	»	»	»	»	»	»	»	»	»	»	»	»	»	»	1	1	»	»	»	C.	»	»	»	»		»	»	17	1	1	1	18	1	1	18	
Ambatolokana	»	»	»	»	»	»	»	»	»	»	»	»	»	»	1	1	»	»	»	C.	»	»	»	»		»	»	12	6	1	1	18	1	1	18	
Ampanamanongadra	»	»	»	»	»	»	»	»	»	»	»	»	»	»	1	1	»	»	»	P.	»	»	»	»		»	»	13	7	1	1	20	1	1	20	
Miarinarivo	»	»	»	»	»	»	»	»	»	»	»	»	»	»	1	1	»	»	»	P.	»	»	»	»		»	»	21	28	1	1	49	1	1	49	
A reporter	»	»	6	»	7	»	4	306	128	6	11	1.434	»	»	7	8	»	»	»		»	»	»	»		»	»	104	63	7	8	167	13	19	601	

N° 32 — STATISTIQUES DE L'INSTRUCTION PUBLIQUE ENSEIGNEMENT PRIMAIRE ANNÉE 1908 (ÉCOLES INDIGÈNES)

LOCALITÉS	OFFICIEL — Nombre d'écoles — Garçons	Filles	Mixtes	Cadre du personnel laïque — Hommes — Européens ou assimilés	Indigènes	Femmes — Européennes ou assimilées	Indigènes	Nombre d'élèves — Garçons	Filles	Totaux — Écoles	Professeurs	Élèves	LIBRE — Nombre d'écoles — Garçons	Filles	Mixtes	Nombre de professeurs européens ou assimilés — Indigènes — Hommes	Femmes	Laïques — Hommes	Femmes	Qualité	Français	Étrangers (Nationalité)	Congréganistes — Hommes	Femmes	Qualité	Français	Étrangers (Nationalité)	Nombre d'élèves — Garçons	Filles	Totaux — Écoles	Professeurs	Élèves	TOTAUX GÉNÉRAUX — Nombre d'écoles	Nombre de professeurs	Nombre d'élèves	OBSERVATIONS
Report	»	»	6	»	7	»	4	308	125	6	11	434	»	»	7	8	»	»	»		»	»	»	»		»	»	104	63	7	8	167	13	10	601	
Ambalalovy	»	»	»	»	»	»	»	»	»	»	»	»	»	»	1	1	»	»	»	P	»	»	»	»		»	»	23	2	1	1	25	1	1	25	
Ambatolampy	»	»	»	»	»	»	»	»	»	»	»	»	»	»	1	1	»	»	»	P	»	»	»	»		»	»	17	8	1	1	25	1	1	25	
Ambohibe	»	»	»	»	»	»	»	»	»	»	»	»	»	»	1	1	»	»	»	P	»	»	»	»		»	»	16	14	1	1	30	1	1	30	
Amboniriana	»	»	»	»	»	»	»	»	»	»	»	»	»	»	1	2	»	»	»	F	»	»	»	»		»	»	29	8	1	2	37	1	2	37	
Soavinandriana	»	»	1	»	1	»	»	50	16	1	1	66	»	»	1	»	»	»	»		»	»	»	»		»	»	»	»	»	»	»	1	1	66	
District de Kitsamby.																																				
Antanindro	»	»	1	»	1	»	»	72	41	1	1	113	»	»	1	»	»	»	»		»	»	»	»		»	»	»	»	»	»	»	1	1	113	
Miandrarivo	»	»	1	»	1	»	1	99	52	1	2	151	»	»	1	»	»	»	»		»	»	»	»		»	»	»	»	»	»	»	1	2	151	
Faratsiho	»	»	»	»	»	»	»	»	»	»	»	»	»	»	1	1	»	»	»	C	»	»	»	»		»	»	28	12	1	1	40	1	1	40	
Mosalolona	»	»	»	»	»	»	»	»	»	»	»	»	»	»	1	1	»	»	»	C	»	»	»	»		»	»	9	2	1	1	11	1	1	11	
Faralalina	»	»	»	»	»	»	»	»	»	»	»	»	»	»	1	3	»	»	»	F	»	»	»	»		»	»	48	17	1	3	65	1	3	65	
Tsaramandroso	»	»	»	»	»	»	»	»	»	»	»	»	»	»	1	1	»	»	»	F	»	»	»	»		»	»	24	16	1	1	40	1	1	40	
Ambohidrafy	»	»	»	»	»	»	»	»	»	»	»	»	»	»	1	1	»	»	»	A	»	»	»	»		»	»	32	18	1	1	50	1	1	50	
Tsipiafody	»	»	»	»	»	»	»	»	»	»	»	»	»	»	1	1	»	»	»	A	»	»	»	»		»	»	33	15	1	1	48	1	1	48	
Mourasay (*Ibaminandro*)	»	»	»	»	»	»	»	»	»	»	»	»	»	»	1	2	»	»	»	A	»	»	»	»		»	»	65	25	1	2	90	1	1	90	
Andranomahery	»	»	»	»	»	»	»	»	»	»	»	»	»	»	1	1	»	»	»	A	»	»	»	»		»	»	15	14	1	1	29	1	1	29	
Ambohitrainy	»	»	»	»	»	»	»	»	»	»	»	»	»	»	1	1	»	»	»	A	»	»	»	»		»	»	22	8	1	1	30	1	1	30	
Ambohitampy	»	»	»	»	»	»	»	»	»	»	»	»	»	»	1	1	»	»	»	F	»	»	»	»		»	»	30	25	1	1	55	1	1	55	
District de Mandridrano.																																				
Tsiroanomandidy	»	»	1	»	1	»	1	49	10	1	2	59	»	»	1	»	»	»	»		»	»	»	»		»	»	»	»	»	»	»	1	1	59	
Soavinandriana	»	»	»	»	»	»	»	»	»	»	»	»	»	»	1	3	»	»	»	F	»	»	»	»			»	34	11	1	3	45	1	1	45	
Totaux	»	»	10	»	11	»	5	578	254	10	17	832	»	»	22	29	»	»	»		»	»	»	»		»	»	519	256	22	29	787	32	46	1.619	

N° 32 — STATISTIQUES DE L'INSTRUCTION PUBLIQUE. ENSEIGNEMENT PRIMAIRE ANNÉE 1908 (ÉCOLES INDIGÈNES)

LOCALITÉS	OFFICIEL — Nombre d'écoles — Garçons	Filles	Mixtes	Nombre de professeurs — Hommes — Européens ou assimilés	Indigènes	Femmes — Européennes ou assimilées	Indigènes	Nombre d'élèves — Garçons	Filles	Totaux — Écoles	Professeurs	Élèves	LIBRE — Nombre d'écoles — Garçons	Filles	Mixtes	Nombre de professeurs européens ou assimilés — Indigènes — Hommes	Femmes	Laïques — Hommes	Femmes	Qualifiés	Français	Étrangers (Nationalité)	Congréganistes — Hommes	Femmes	Qualifiés	Français	Étrangers (Nationalité)	Nombre d'élèves — Garçons	Filles	Totaux — Écoles	Professeurs	Élèves	TOTAUX GÉNÉRAUX — Nombre d'écoles	Nombre de professeurs	Nombre d'élèves	OBSERVATIONS
CERCLE DE MAEVATANANA																																				
Secteur de Maevatanana.																																				
Maevatanana	»	»	1	»	2	»	1	57	52	1	3	110	»	»	»	»	»	»	»		»	»	»	»		»	»	»	»	»	»	»	1	3	119	
Andriba	»	»	1	»	1	»	1	43	37	1	2	80	»	»	»	»	»	»	»		»	»	»	»		»	»	»	»	»	»	»	1	2	80	
Ambalanjanakomby	»	»	1	»	1	»	»	32	13	1	1	44	»	»	»	»	»	»	»		»	»	»	»		»	»	»	»	»	»	»	1	1	44	
Secteur de Tsaratanana.																																				
Tsaratanana	»	»	1	»	1	»	1	39	15	1	2	54	»	»	»	»	»	»	»		»	»	»	»		»	»	»	»	»	»	»	1	2	54	
Andakiray	»	»	1	»	1	»	»	97	30	1	1	127	»	»	»	»	»	»	»		»	»	»	»		»	»	»	»	»	»	»	1	1	127	
Marovato	»	»	1	»	1	»	»	34	18	1	1	52	»	»	»	»	»	»	»		»	»	»	»		»	»	»	»	»	»	»	1	1	52	
Tsaramova	»	»	1	»	1	»	»	33	18	1	2	51	»	»	»	»	»	»	»		»	»	»	»		»	»	»	»	»	»	»	1	2	51	
Andrimamo	»	»	1	»	1	»	»	42	15	1	1	57	»	»	»	»	»	»	»		»	»	»	»		»	»	»	»	»	»	»	1	1	57	
Maroakipoy	»	»	1	»	1	»	»	47	25	1	1	72	»	»	»	»	»	»	»		»	»	»	»		»	»	»	»	»	»	»	1	1	72	
Andranomalaza	»	»	1	»	1	»	»	49	40	1	1	66	»	»	»	»	»	»	»		»	»	»	»		»	»	»	»	»	»	»	1	1	66	
Mosakana	»	»	1	»	1	»	»	36	29	1	1	65	»	»	»	»	»	»	»		»	»	»	»		»	»	»	»	»	»	»	1	1	65	
Secteur d'Ambato-Boeni.																																				
Andosia	»	»	1	»	1	»	1	25	10	1	2	35	»	»	»	»	»	»	»		»	»	»	»		»	»	»	»	»	»	»	1	2	35	
Anjiajia	»	»	1	»	1	»	»	24	15	1	1	39	»	»	»	»	»	»	»		»	»	»	»		»	»	»	»	»	»	»	1	1	39	
Ambanomandery	»	»	1	»	1	»	»	20	9	1	1	29	»	»	»	»	»	»	»		»	»	»	»		»	»	»	»	»	»	»	1	1	29	
Madirovalo	»	»	1	»	1	»	»	39	6	1	1	45	»	»	»	»	»	»	»		»	»	»	»		»	»	»	»	»	»	»	1	1	45	
A reporter	»	»	15	»	15	»	5	617	310	15	21	937	»	»	»	»	»	»	»		»	»	»	»		»	»	»	»	»	»	»	15	21	937	

N° 32 — STATISTIQUES DE L'INSTRUCTION PUBLIQUE, ENSEIGNEMENT PRIMAIRE ANNÉE 1908 (ÉCOLES INDIGÈNES)

LOCALITÉS	OFFICIEL — Nombre d'écoles			Nombre de professeurs indigènes — Hommes		— Femmes		Nombre d'élèves		Totaux			LIBRE — Nombre d'écoles			Nombre de professeurs européens et assimilés — Indigènes		Laïques					Congréganistes					Nombre d'élèves		Totaux			TOTAUX GÉNÉRAUX			OBSERVATIONS
	Garçons.	Filles.	Mixtes.	Européens ou assimilés.	Indigènes.	Européennes ou assimilées.	Indigènes.	Garçons.	Filles.	Écoles.	Professeurs.	Élèves.	Garçons.	Filles.	Mixtes.	Hommes.	Femmes.	Hommes.	Femmes.	Qualité.	Français.	Étrangers (Nationalité).	Hommes.	Femmes.	Qualité.	Français.	Étrangers (Nationalité).	Garçons.	Filles.	Écoles.	Professeurs.	Élèves.	Nombre d'écoles	Nombre de professeurs	Nombre d'élèves	
Report	»	»	15	»	16	»	5	627	310	15	21	937	»	»	»	»	»	»	»		»	»	»	»		»	»	»	»	»	»	»	15	21	937	
Besova	»	»	1	»	1	»	1	28	12	1	2	40	»	»	»	»	»	»	»		»	»	»	»		»	»	»	»	»	»	»	1	2	40	
Sitampiky	»	»	1	»	1	»	»	31	»	1	1	31	»	»	»	»	»	»	»		»	»	»	»		»	»	»	»	»	»	»	1	1	31	
Ankilikira	»	»	1	»	1	»	»	27	8	1	1	35	»	»	»	»	»	»	»		»	»	»	»		»	»	»	»	»	»	»	1	1	35	
Secteur de Kandreho.																																				
Kandreho	»	»	1	»	1	»	»	39	8	1	1	47	»	»	»	»	»	»	»		»	»	»	»		»	»	»	»	»	»	»	1	1	47	
Ambadilo	»	»	1	»	1	»	»	32	15	1	1	47	»	»	»	»	»	»	»		»	»	»	»		»	»	»	»	»	»	»	1	1	47	
Andolomasiny	»	»	1	»	1	»	»	39	16	1	1	55	»	»	»	»	»	»	»		»	»	»	»		»	»	»	»	»	»	»	1	1	55	
Tsaralano	»	»	1	»	1	»	1	44	21	1	2	65	»	»	»	»	»	»	»		»	»	»	»		»	»	»	»	»	»	»	1	2	65	
TOTAUX	»	»	22	»	23	»	7	867	390	22	30	1.257	»	»	»	»	»	»	»		»	»	»	»		»	»	»		»	»	»	22	30	1.257	
PROVINCE DE BETROKA																																				
Betroka	»	»	1	»	1	»	»	62	17	1	1	79	»	»	»	»	»	»	»		»	»	»	»		»	»	»	»	»	»	»	1	1	79	
Isoanala	»	»	1	»	1	»	»	79	18	1	1	97	»	»	»	»	»	»	»		»	»	»	»		»	»	»	»	»	»	»	1	1	97	
Ihosy	»	»	1	»	2	»	»	59	32	1	2	91	»	»	»	»	»	»	»		»	»	»	»		»	»	»	»	»	»	»	1	2	91	
Ivohibe	»	»	1	»	1	»	»	44	»	1	1	44	»	»	»	»	»	»	»		»	»	»	»		»	»	»	»	»	»	»	1	1	44	
Isoanga	»	»	1	»	1	»	»	42	»	1	1	42	»	»	»	»	»	»	»		»	»	»	»		»	»	»	»	»	»	»	1	1	42	
Sakalalina	»	»	1	»	1	»	»	35	»	1	1	35	»	»	»	»	»	»	»		»	»	»	»		»	»	»	»	»	»	»	1	1	35	
Vohitsoa près [illegible]	»	»	»	»	»	»	»	»	»	»	»	»	»	»	»	1	»	»	»	N	»	»	»	»		»	»	16	7	1	1	23	1	1	23	
Antondrobe	»	»	»	»	»	»	»	»	»	»	»	»	»	»	»	1	»	»	»	N	»	»	»	»		»	»	14	14	1	1	28	1	1	28	
Midongy du Sud	»	»	1	»	1	»	»	50	1	1	1	51	»	»	»	»	»	»	»		»	»	»	»		»	»	»	»	»	»	»	1	1	51	
Befotaka	»	»	1	»	1	»	»	34	»	1	1	34	»	»	»	»	»	»	»		»	»	»	»		»	»	»	»	»	»	»	1	1	34	
A reporter	»	»	8	»	9	»	»	405	68	8	9	473	»	»	2	2	»	»	»		»	»	»	»		»	»	30	21	2	2	51	10	11	525	

N° 32 — STATISTIQUES DE L'INSTRUCTION PUBLIQUE, ENSEIGNEMENT PRIMAIRE ANNÉE 1908 (ÉCOLES INDIGÈNES)

LOCALITÉ	OFFICIEL — Nombre d'écoles — Garçons	Filles	Mixtes	Nombre des professeurs laïques — Hommes — Européens ou assimilés	Indigènes	Femmes — Européennes ou assimilées	Indigènes	Nombre d'élèves — Garçons	Filles	Totaux — Écoles	Professeurs	Élèves	LIBRE — Nombre d'écoles — Garçons	Filles	Mixtes	Nombre de professeurs — Indigènes — Hommes	Femmes	Laïques — Hommes	Femmes	Qualité	Français	Étrangers (Nationalité)	Congrégations — Hommes	Femmes	Qualité	Français	Étrangers (Nationalité)	Nombre d'élèves — Garçons	Filles	Totaux — Écoles	Professeurs	Élèves	TOTAUX GÉNÉRAUX — Nombre d'écoles	Nombre de professeurs	Nombre d'élèves	OBSERVATIONS
Report	»	»	6	»	9	»	»	405	68	8	9	473	»	»	2	2	»	»	»	N	»	»	»	»		»	»	30	21	2	2	51	10	11	326	
Iakora	»	»	1	»	1	»	»	31	6	1	1	37	»	»	»	»	»	»	»		»	»	»	»		»	»	»	»	»	»	»	1	1	37	
Sorano	»	»	1	»	1	»	»	22	»	1	1	22	»	»	»	»	»	»	»		»	»	»	»		»	»	»	»	»	»	»	1	1	22	
Totaux	»	»	10	»	11	»	»	458	74	10	11	532	»	»	2	2	»	»	»		»	»	»	»		»	»	30	22	2	2	51	12	13	383	
PROVINCE DE D'AMBOSITRA																																				
District d'Ambositra.																																				
Ambositra	1	1	»	»	3	»	»	105	75	2	3	180	»	1	»	12	4	1	1	P	2	»	»	»		»	»	430	230	2	18	660	5	21	860	
—	»	»	»	»	»	»	»	»	»	»	»	»	»	»	»	7	»	»	»		»	»	3	»	C	3	»	260	»	1	10	260	1	10	260	
Andohipiorvana	»	»	»	»	»	»	»	»	»	»	»	»	»	1	1	1	»	»	»	P	»	»	»	»		»	»	37	23	1	1	60	1	1	60	
Langoasy	»	»	»	»	»	»	»	»	»	»	»	»	»	»	1	1	»	»	»	P	»	»	»	»		»	»	22	32	1	1	54	1	1	54	
Imady	»	»	»	»	»	»	»	»	»	»	»	»	»	»	1	2	»	»	»	P	»	»	»	»		»	»	40	40	1	2	80	1	2	80	
Mandiravomby	»	»	»	»	»	»	»	»	»	»	»	»	»	»	1	1	»	»	»	P	»	»	»	»		»	»	35	25	1	1	60	1	1	60	
Imerina	»	»	»	»	»	»	»	»	»	»	»	»	»	»	1	2	»	»	»	G	»	»	»	»		»	»	80	40	1	2	120	1	2	120	
Manovon	»	»	»	»	»	»	»	»	»	»	»	»	»	1	1	1	»	»	»	P	»	»	»	»		»	»	40	20	1	1	60	1	1	60	
Imonora	»	»	»	»	»	»	»	»	»	»	»	»	»	»	1	1	»	»	»	P	»	»	»	»		»	»	25	35	1	1	60	1	1	60	
Voizanaro	»	»	»	»	»	»	»	»	»	»	»	»	»	»	1	1	»	»	»	P	»	»	»	»		»	»	27	33	1	1	60	1	1	60	
Tsarajong	»	»	»	»	»	»	»	»	»	»	»	»	»	»	1	1	»	»	»	P	»	»	»	»		»	»	30	25	1	1	55	1	1	55	
Ivony	»	»	»	»	»	»	»	»	»	»	»	»	»	»	1	1	»	»	»	P	»	»	»	»		»	»	30	30	1	1	60	1	1	60	
Ambinanindrano	»	»	»	»	»	»	»	»	»	»	»	»	»	»	1	2	»	»	»		»	»	»	»		»	»	30	40	1	2	70	1	2	70	
Soudrandaby-Alandása	»	»	»	»	»	»	»	»	»	»	»	»	»	»	1	2	»	»	»	P	»	»	»	»		»	»	35	31	1	2	66	1	2	66	
Isry	»	»	»	»	»	»	»	»	»	»	»	»	»	»	1	1	»	»	»	P	»	»	»	»		»	»	30	30	1	1	60	1	1	60	
À reporter	1	1	»	»	3	»	»	105	75	2	3	180	»	1	13	26	4	1	1		2	»	3	»		3	»	1.171	634	16	55	1.805	18	58	1.985	

N° 32 — STATISTIQUES DE L'INSTRUCTION PUBLIQUE. ENSEIGNEMENT PRIMAIRE ANNÉE 1908 (ÉCOLES INDIGÈNES)

LOCALITÉS	OFFICIEL												LIBRE																				TOTAUX GÉNÉRAUX			OBSERVATIONS
	Nombre d'écoles			Nombre de professeurs laïques				Nombre d'élèves		Totaux			Nombre d'écoles			Nombre de professeurs européens et indigènes												Nombre d'élèves		Totaux						
				Hommes		Femmes										Indigènes		Laïques					Congréganistes													
	Garçons	Filles	Mixtes	Européens ou assimilés	Indigènes	Européennes ou assimilées	Indigènes	Garçons	Filles	Écoles	Professeurs	Élèves	Garçons	Filles	Mixtes	Hommes	Femmes	Hommes	Femmes	Qualité	Français	Étrangers (Nationalité)	Hommes	Femmes	Qualité	Français	Étrangers (Nationalité)	Garçons	Filles	Écoles	Professeurs	Élèves	Nombre d'écoles	Nombre de professeurs	Nombre d'élèves	
Report	1	1	»	»	3	»	»	105	75	2	3	180	2	1	13	36	4	1	1		»	»	3	»		3	»	1171	635	16	45	1806	18	48	1986	
Tsimazava	»	»	»	»	»	»	»	»	»	»	»	»	»	»	1	1	»	»	»	P	»	»	»	»		»	»	22	26	1	1	48	1	1	48	
Ankaromairo	»	»	»	»	»	»	»	»	»	»	»	»	»	»	1	1	»	»	»	N	»	»	»	»		»	»	23	32	1	1	55	1	1	55	
Ivato	»	»	»	»	»	»	»	»	»	»	»	»	»	»	1	1	»	»	»	P	»	»	»	»		»	»	30	30	1	1	60	1	1	60	
Manjakavaratra	»	»	»	»	»	»	»	»	»	»	»	»	»	»	1	1	»	»	»	N	»	»	»	»		»	»	30	30	1	1	60	1	1	60	
Fandriana	»	»	»	»	»	»	»	»	»	»	»	»	»	»	1	2	»	»	»	N	»	»	»	»		»	»	60	55	1	2	115	1	2	115	
Miakandry	»	»	»	»	»	»	»	»	»	»	»	»	»	»	1	1	»	»	»	N	»	»	»	»		»	»	22	18	1	1	40	1	1	40	
Solokaina	»	»	»	»	»	»	»	»	»	»	»	»	»	»	1	1	»	»	»	P	»	»	»	»		»	»	22	33	1	1	55	1	1	55	
Fiadanana	»	»	»	»	»	»	»	»	»	»	»	»	»	»	1	1	»	»	»	P	»	»	»	»		»	»	30	30	1	1	60	1	1	60	
Ambohina	»	»	»	»	»	»	»	»	»	»	»	»	»	»	1	1	»	»	»	C	»	»	»	»		»	»	18	22	1	1	40	1	1	40	
Matsaorivo	»	»	1	»	1	»	»	90	7	1	1	97	»	»	»	»	»	»	»	»	»	»	»	»		»	»	»	»	»	»	»	1	1	97	
Doka	»	»	1	»	1	»	»	44	13	1	1	57	»	»	»	»	»	»	»	»	»	»	»	»		»	»	»	»	»	»	»	1	1	57	
Ambodirona	»	»	»	»	»	»	»	»	»	»	»	»	»	»	1	1	»	»	»	P	»	»	»	»		»	»	28	32	1	1	60	1	1	60	
Anjoma	»	»	1	»	1	»	»	47	7	1	1	54	»	»	»	»	»	»	»	»	»	»	»	»		»	»	»	»	»	»	»	1	1	54	
Ambohimandroso	»	»	»	»	»	»	»	»	»	»	»	»	»	»	1	1	»	»	»	P	»	»	»	»		»	»	25	20	1	1	45	1	1	45	
—	»	»	»	»	»	»	»	»	»	»	»	»	»	»	1	1	»	»	»	C	»	»	»	»		»	»	30	30	1	1	60	1	1	60	
Ambotrakoro	»	»	»	»	»	»	»	»	»	»	»	»	»	»	1	1	»	»	»	P	»	»	»	»		»	»	20	40	1	1	60	1	1	60	
Ambohimahasoa	»	»	1	»	1	»	»	58	»	1	1	58	»	»	1	1	»	»	»	P	»	»	»	»		»	»	12	13	1	1	25	2	2	83	
—	»	»	»	»	»	»	»	»	»	»	»	»	»	»	»	1	»	»	»	C	»	»	»	»		»	»	22	31	1	1	53	1	1	53	
Ambohipo	»	»	»	»	»	»	»	»	»	»	»	»	»	»	1	1	»	»	»	N	»	»	»	»		»	»	15	23	1	1	38	1	1	38	
Mandaniko	»	»	»	»	»	»	»	»	»	»	»	»	»	»	1	1	»	»	»	P	»	»	»	»		»	»	30	30	1	1	60	1	1	60	
Ambohidava	»	»	»	»	»	»	»	»	»	»	»	»	»	»	1	1	»	»	»	N	»	»	»	»		»	»	20	16	1	1	36	1	1	36	
A reporter	1	1	4	»	7	»	»	314	102	6	7	416	2	»	31	33	4	1	1		»	»	3	»		3	»	1649	1160	34	64	2809	40	71	3225	

N° 32 — STATISTIQUES DE L'INSTRUCTION PUBLIQUE. ENSEIGNEMENT PRIMAIRE ANNÉE 1908 (ÉCOLES INDIGÈNES)

LOCALITÉS	Officiel – Nombre d'écoles – Garçons	Filles	Mixtes	Nombre de professeurs – Hommes – Européens ou assimilés	Indigènes	Femmes – Européennes ou assimilées	Indigènes	Nombre d'élèves – Garçons	Filles	Totaux – Écoles	Professeurs	Élèves	Libre – Nombre d'écoles – Garçons	Filles	Mixtes	Nombre de professeurs – Indigènes – Hommes	Femmes	Laïques – Hommes	Femmes	Qualité	Pasteurs	Étrangers Nationalité	Congréganistes – Hommes	Femmes	Qualité	Étrangers	Nationalité	Nombre d'élèves – Garçons	Filles	Totaux – Écoles	Professeurs	Élèves	Totaux généraux – Nombre d'écoles	Nombre de professeurs	Nombre d'élèves	OBSERVATIONS
Report	1	1	4	»	7	»	»	314	102	6	7	416	2	1	31	55	4	1	1		»	»	3	»		3	»	1610	1160	36	81	2820	40	71	3223	
[illegible]	»	»	»	»	»	»	»	»	»	»	»	»	»	»	1	1	»	»	»	P	»	»	»	»		»	»	30	30	2	1	63	1	1	60	
[illegible]	»	»	1	»	1	»	»	50	15	1	1	73	»	»	»	»	»	»	»		»	»	»	»		»	»	»	»	»	»	»	1	1	73	
District Ambohimanga du sud.																																				
Ambohimanga	»	»	1	»	1	»	1	91	17	1	2	108	»	»	1	1	»	»	»	N	»	»	»	»		»	»	53	»	1	1	55	2	3	133	
[illegible]	»	»	1	»	1	»	»	50	19	1	1	69	»	»	»	»	»	»	»	»	»	»	»	»		»	»	»	»	»	»	»	1	1	69	
[illegible]	»	»	1	»	1	»	»	52	5	1	1	57	»	»	1	1	»	»	»	C	»	»	»	»		»	»	20	10	1	1	30	2	2	87	
[illegible]	»	»	»	»	»	»	»	»	»	»	»	»	»	»	1	1	»	»	»	P	»	»	»	»		»	»	13	7	1	1	20	1	1	20	
District d'Ambatofinandrahana.																																				
Ambatofinandrahana	»	»	1	»	1	»	»	42	9	1	1	51	»	»	1	2	»	»	»	N	»	»	»	»		»	»	53	37	1	2	90	2	3	141	
[illegible]	»	»	1	»	1	»	»	43	28	1	1	71	»	»	»	»	»	»	»		»	»	»	»		»	»	»	»	»	»	»	1	1	71	
[illegible]	»	»	1	»	1	»	»	53	21	1	1	77	»	»	»	»	»	»	»		»	»	»	»		»	»	»	»	»	»	»	1	1	77	
Totaux	1	1	11	»	15	»	1	700	213	13	15	922	2	1	36	61	4	1	1		»	»	5	»		3	»	1781	1253	39	39	3034	52	65	3956	
PROVINCE DE MAROANTSETRA																																				
District de Maroantsetra																																				
Maroantsetra	»	»	1	»	2	»	1	94	55	1	3	149	»	»	»	»	»	»	»		»	»	»	»		»	»	»	»	»	»	»	1	3	149	
[illegible]	»	»	1	»	1	»	1	91	36	1	2	127	»	»	»	»	»	»	»		»	»	»	»		»	»	»	»	»	»	»	1	2	127	
[illegible]	»	»	1	»	1	»	»	51	21	1	1	72	»	»	»	»	»	»	»		»	»	»	»		»	»	»	»	»	»	»	1	1	72	
[illegible]	»	»	1	»	1	»	»	47	18	1	»	65	»	»	»	»	»	»	»		»	»	»	»		»	»	»	»	»	»	»	1	»	65	
District de Mandritsara.																																				
Mandritsara	»	»	1	»	1	»	»	45	15	1	1	60	»	»	»	»	»	»	»		»	»	»	»		»	»	»	»	»	»	»	1	1	60	
A reporter	»	»	5	»	6	»	2	[illegible]	157	5	8	433	»	»	»	»	»	»	»		»	»	»	»		»	»	»	»	»	»	»	5	8	433	

N° 32 — STATISTIQUES DE L'INSTRUCTION PUBLIQUE. ENSEIGNEMENT PRIMAIRE ANNÉE 1907 (ÉCOLES INDIGÈNES)

LOCALITÉS	OFFICIEL												LIBRE																						TOTAUX GÉNÉRAUX			OBSERVATIONS
	Nombre d'écoles			Nombre de professeurs				Nombre d'élèves		Totaux			Nombre d'écoles			Nombre de professeurs européens ou assimilés												Nombre d'élèves		Totaux							
				Hommes		Femmes										Indigènes		Laïques					Congréganistes														
	Garçons	Filles	Mixtes	Européens rétribués	Indigènes	Européennes rétribuées	Indigènes	Garçons	Filles	Écoles	Professeurs	Élèves	Garçons	Filles	Mixtes	Hommes	Femmes	Hommes	Femmes	Qualité	Français	Étrangers (Nationalité)	Hommes	Femmes	Qualité	Français	Étrangers (Nationalité)	Garçons	Filles	Écoles	Professeurs	Élèves	Nombre d'écoles	Nombre de professeurs	Nombre d'élèves	
Report	»	»	5	»	6	»	2	315	137	5	8	452	»	»	»	»	»	»	»		»	»	»	»		»	»	»	»	»	»	»	5	8	452	
Mandritsara Ambany	»	»	1	»	1	»	1	58	37	1	2	95	»	»	»	»	»	»	»		»	»	»	»		»	»	»	»	»	»	»	1	2	95	
Andonabe	»	»	1	»	1	»	1	59	17	1	2	76	»	»	»	»	»	»	»		»	»	»	»		»	»	»	»	»	»	»	1	2	76	
Tsarajomoka	»	»	1	»	1	»	»	51	19	1	1	70	»	»	»	»	»	»	»		»	»	»	»		»	»	»	»	»	»	»	1	1	70	
Morafenobe	»	»	1	»	1	»	1	51	14	1	2	65	»	»	»	»	»	»	»		»	»	»	»		»	»	»	»	»	»	»	1	2	65	
Ankilabe	»	»	1	»	1	»	»	49	14	1	1	63	»	»	»	»	»	»	»		»	»	»	»		»	»	»	»	»	»	»	1	1	63	
Antsiranambe	»	»	1	»	1	»	»	46	16	1	1	62	»	»	»	»	»	»	»		»	»	»	»		»	»	»	»	»	»	»	1	1	62	
District de Manasoavena																																				
Mananara	»	»	1	»	1	»	»	75	40	1	1	115	»	»	»	»	»	»	»		»	»	»	»		»	»	»	»	»	»	»	1	1	115	
Soavina	»	»	1	»	1	»	1	47	34	1	2	81	»	»	»	»	»	»	»		»	»	»	»		»	»	»	»	»	»	»	1	2	81	
Totaux	»	»	13	»	14	»	6	751	328	13	20	1,079	»	»	»	»	»	»	»		»	»	»	»		»	»	»	»	»	»	»	13	20	1,079	
PROVINCE DE TAMATAVE																																				
District de Tamatave.																																				
Tamatave-Tanambao	»	»	1	»	1	»	»	28	17	1	1	45	1	1	1	1	»	»	»	P	»	»	»	»		»	»	184	95	4	7	279	6	10	351	
Tamatave-Ville	»	»	1	»	1	»	1	21	6	1	2	27			1	1	»	»	»		»	»	3	2	C	5	»									
Ampanalana	»	»	1	»	1	»	1	27	18	1	2	45	»	»	»	»	»	»	»		»	»	»	»		»	»	»	»	»	»	»	1	2	45	
Nosy-Be	»	»	1	»	1	»	»	32	20	1	1	52	»	»	»	»	»	»	»		»	»	»	»		»	»	»	»	»	»	»	1	1	52	
Foulpointe	»	»	1	»	1	»	»	11	12	1	1	23	»	»	»	»	»	»	»		»	»	»	»		»	»	»	»	»	»	»	1	1	23	
Mangabe	»	»	1	»	1	»	»	12	8	1	1	20	»	»	»	»	»	»	»		»	»	»	»		»	»	»	»	»	»	»	1	1	20	
Ivondro	»	»	1	»	1	»	1	31	17	1	2	48	»	»	»	»	»	»	»		»	»	»	»		»	»	»	»	»	»	»	1	2	48	
Analamalotra	»	»	1	»	1	»	1	28	20	1	2	48	»	»	»	»	»	»	»		»	»	»	»		»	»	»	»	»	»	»	1	2	48	
A reporter	»	»	8	»	8	»	4	190	118	8	12	308	1	1	2	2	»	»	»		»	»	3	2	C	5	»	184	95	4	7	279	12	19	587	

N° 32 — STATISTIQUES DE L'INSTRUCTION PUBLIQUE — ENSEIGNEMENT PRIMAIRE ANNÉE 1908 (ÉCOLES INDIGÈNES)

LOCALITÉS	OFFICIEL — Nombre d'écoles			OFFICIEL — Nombre de professeurs — Hommes		OFFICIEL — Nombre de professeurs — Femmes		OFFICIEL — Nombre d'élèves		OFFICIEL — Totaux			LIBRE — Nombre d'écoles			LIBRE — Nombre de professeurs — Indigènes		LIBRE — Nombre de professeurs — Laïques					LIBRE — Nombre de professeurs — Congréganistes					LIBRE — Nombre d'élèves		LIBRE — Totaux			TOTAUX GÉNÉRAUX			OBSERVATIONS
	Garçons	Filles	Mixtes	Européens ou assimilés	Indigènes	Européennes ou naturalisées	Indigènes	Garçons	Filles	Écoles	Professeurs	Élèves	Garçons	Filles	Mixtes	Hommes	Femmes	Hommes	Femmes	Qualité	Français	Étrangers naturalisés	Hommes	Femmes	Qualité	Français	Étrangers naturalisés	Garçons	Filles	Écoles	Professeurs	Élèves	Nombre d'écoles	Nombre de professeurs	Nombre d'élèves	
Report	»	»	8	»	8	»	4	100	114	8	12	208	1	1	3	2	»	»	»		»	»	3	2		5	»	184	95	4	7	279	12	19	487	
[illegible]	»	»	1	»	1	»	»	40	22	1	1	62	»	»	»	»	»	»	»		»	»	»	»		»	»	»	»	»	»	»	1	1	62	
[illegible]	»	»	1	»	1	»	»	36	29	1	1	65	»	»	»	»	»	»	»		»	»	»	»		»	»	»	»	»	»	»	1	1	65	
[illegible]	»	»	»	»	»	»	»	»	»	»	»	»	»	»	1	1	»	»	»		»	»	»	»		»	»	37	16	1	1	53	1	1	53	
District d'Ambatondrazaka.																																				
Ambatondrazaka-Ville	»	»	1	»	2	»	1	94	47	1	3	141	»	»	1	»	»	»	»		»	»	»	»		»	»	»	»	»	»	»	1	3	141	
[illegible]	»	»	1	»	1	»	1	90	60	1	2	150	»	»	»	»	»	»	»		»	»	»	»		»	»	»	»	»	»	»	1	2	150	
[illegible]	»	»	1	»	1	»	1	71	52	1	2	123	»	»	1	»	»	»	»		»	»	»	»		»	»	»	»	»	»	»	1	2	123	
[illegible]	»	»	1	»	1	»	1	68	45	1	2	113	»	»	1	»	»	»	»		»	»	»	»		»	»	»	»	»	»	»	1	2	113	
Manakambahiny Est	»	»	1	»	1	»	»	48	25	1	1	73	»	»	1	3	»	»	»		»	»	»	»		»	»	»	»	»	»	»	1	1	73	
[illegible]	»	»	1	»	1	»	1	59	22	1	2	81	»	»	»	»	»	»	»		»	»	»	»		»	»	»	»	»	»	»	1	2	81	
[illegible]	»	»	1	»	1	»	1	67	47	1	2	114	»	»	»	»	»	»	»		»	»	»	»		»	»	»	»	»	»	»	1	1	114	
[illegible]	»	»	1	»	1	»	1	45	37	1	2	82	»	»	»	»	»	»	»		»	»	»	»		»	»	»	»	»	»	»	1	2	82	
[illegible]	»	»	1	»	1	»	1	86	36	1	3	122	»	»	»	»	»	»	»		»	»	»	»		»	»	»	»	»	»	»	1	3	122	
[illegible]	»	»	1	»	1	»	1	74	38	1	2	112	»	»	»	»	»	»	»		»	»	»	»		»	»	»	»	»	»	»	1	2	112	
[illegible]	»	»	1	»	1	»	1	46	26	1	2	72	»	»	»	»	»	»	»		»	»	»	»		»	»	»	»	»	»	»	1	2	72	
Manakambahiny Ouest	»	»	1	»	1	»	1	53	21	1	2	74	»	»	»	»	»	»	»		»	»	»	»		»	»	»	»	»	»	»	1	2	74	
[illegible]	»	»	1	»	1	»	1	54	33	1	2	87	»	»	»	»	»	»	»		»	»	»	»		»	»	»	»	»	»	»	1	2	87	
[illegible]	»	»	1	»	1	»	»	48	23	1	1	71	»	»	»	»	»	»	»		»	»	»	»		»	»	»	»	»	»	»	1	1	71	
[illegible]	»	»	1	»	1	»	»	48	27	1	1	75	»	»	»	»	»	»	»		»	»	»	»		»	»	»	»	»	»	»	1	1	75	
Imerimandroso	»	»	1	»	2	»	»	74	30	1	2	104	»	»	»	»	»	»	»		»	»	»	»		»	»	»	»	»	»	»	1	2	104	
[illegible]	»	»	1	»	1	»	1	30	19	1	2	49	»	»	»	»	»	»	»		»	»	»	»		»	»	»	»	»	»	»	1	2	49	
[illegible]	»	»	1	»	1	»	1	65	36	1	2	101	»	»	»	»	»	»	»		»	»	»	»		»	»	»	»	»	»	»	1	2	101	
A reporter	»	»	28	»	30	»	18	1.382	797	28	48	2.179	1	1	3	3	»	»	»		»	»	3	2		5	»	221	111	5	8	332	33	56	2.511	

N° 32 — STATISTIQUES DE L'INSTRUCTION PUBLIQUE ENSEIGNEMENT PRIMAIRE ANNÉE 1908 (ÉCOLES INDIGÈNES)

LOCALITÉS	OFFICIEL												LIBRE																				TOTAUX GÉNÉRAUX			OBSERVATIONS
	Nombre d'écoles			Nombre de professeurs laïques				Nombre d'élèves		Totaux			Nombre d'écoles			Nombre de professeurs européens ou assimilés												Nombre d'élèves		Totaux						
				Hommes.		Femmes.										Indigènes.		Laïques.					Congréganistes.													
	Garçons.	Filles.	Mixtes.	Européens ou assimilés.	Indigènes.	Européennes ou assimilées.	Indigènes.	Garçons.	Filles.	Écoles.	Professeurs.	Élèves.	Garçons.	Filles.	Mixtes.	Hommes.	Femmes.	Hommes.	Femmes.	Qualité.	Français.	Étrangers (Nationalité).	Hommes.	Femmes.	Qualité.	Français.	Étrangers (Nationalité).	Garçons.	Filles.	Écoles.	Professeurs.	Élèves.	Nombre d'écoles.	Nombre de professeurs.	Nombre d'élèves.	
Report	»	»	28	»	30	»	18	1382	797	28	48	2179	1	1	3	3	»	»	»		»	»	3	2	C.	5	»	221	111	5	8	332	33	56	2511	
Amboavory	»	»	1	»	1	»	»	57	18	1	1	75	»	»	»	»	»	»	»		»	»	»	»		»	»	»	»	»	»	»	1	1	75	
Amparafaravola	»	»	1	»	2	»	1	99	82	1	3	181	»	»	»	»	»	»	»		»	»	»	»		»	»	»	»	»	»	»	1	3	181	
Morarano Nord	»	»	1	»	1	»	1	62	32	1	2	94	»	»	»	»	»	»	»		»	»	»	»		»	»	»	»	»	»	»	1	2	94	
Morarano Sud	»	»	1	»	1	»	1	61	40	1	2	101	»	»	»	»	»	»	»		»	»	»	»		»	»	»	»	»	»	»	1	2	101	
Vohitsara	»	»	1	»	1	»	»	39	40	1	1	79	»	»	»	»	»	»	»		»	»	»	»		»	»	»	»	»	»	»	1	1	79	
Andilamena	»	»	1	»	1	»	1	89	59	1	2	148	»	»	»	»	»	»	»		»	»	»	»		»	»	»	»	»	»	»	1	2	148	
Ambohibe	»	»	1	»	1	»	1	55	44	1	2	99	»	»	»	»	»	»	»		»	»	»	»		»	»	»	»	»	»	»	1	2	99	
District de Fénérive.																																				
Fénérive	»	»	»	»	»	»	»	»	»	»	»	»	1	»	»	»	»	»	»		»	»	1	»	C.	1	»	63	»	1	1	63	1	1	63	
—	»	»	»	»	»	»	»	»	»	»	»	»	»	1	»	»	»	»	»		»	»	»	1	C.	1	»	»	57	1	1	57	1	1	57	
—	»	»	»	»	»	»	»	»	»	»	»	»	»	»	1	1	»	»	»	P.	»	»	»	»		»	»	33	26	1	1	59	1	1	59	
Mahambo	»	»	1	»	»	1	»	35	27	1	1	62	»	»	»	»	»	»	»		»	»	»	»		»	»	»	»	»	»	»	1	1	62	
Ambodiatafana	»	»	1	»	1	»	1	38	17	1	2	55	»	»	»	»	»	»	»		»	»	»	»		»	»	»	»	»	»	»	1	2	55	
Vavatenina	»	»	1	»	1	»		35	17	1	1	52	»	»	»	»	»	»	»		»	»	»	»		»	»	»	»	»	»	»	1	1	52	
Soanierana	»	»	1	»	1	»	1	44	23	1	2	67	»	»	»	»	»	»	»		»	»	»	»		»	»	»	»	»	»	»	1	2	67	
TOTAUX	»	»	39	»	41	1	25	1996	1196	39	67	3192	2	2	4	4	»	»	»		»	»	4	3		»	»	317	194	8	11	511	47	78	3703	
PROVINCE DE DIÉGO-SUAREZ																																				
District d'Antsirane																																				
Anamakia	»	»	1	»	»	1	»	34	33	1	1	67	»	»	»	»	»	»	»		»	»	»	»		»	»	»	»	»	»	»	1	1	67	
Antsirane-Ville	»	»	1	»	1	»	1	9	9	1	2	18	»	»	»	»	»	»	»		»	»	»	»		»	»	»	»	»	»	»	1	2	18	
Tanambao	»	»	1	»	1	»	»	10	14	1	1	24	»	»	»	»	»	»	»		»	»	»	»		»	»	»	»	»	»	»	1	1	24	
A reporter	»	»	»	»	2	1	1	53	56	3	4	109	»	»	»	»	»	»	»		»	»	»	»		»	»	»	»	»	»	»	3	4	109	

N° 32 — STATISTIQUES DE L'INSTRUCTION PUBLIQUE. ENSEIGNEMENT PRIMAIRE ANNÉE 1908 (ÉCOLES INDIGÈNES)

LOCALITÉS	Officiel – Nombre d'écoles – Garçons	Officiel – Nombre d'écoles – Filles	Officiel – Nombre d'écoles – Mixtes	Officiel – Professeurs – Hommes – Européens ou assimilés	Officiel – Professeurs – Hommes – Indigènes	Officiel – Professeurs – Femmes – Européennes ou assimilées	Officiel – Professeurs – Femmes – Indigènes	Officiel – Nombre d'élèves – Garçons	Officiel – Nombre d'élèves – Filles	Officiel – Totaux – Écoles	Officiel – Totaux – Professeurs	Officiel – Totaux – Élèves	Libre – Nombre d'écoles – Garçons	Libre – Nombre d'écoles – Filles	Libre – Nombre d'écoles – Mixtes	Libre – Professeurs – Indigènes – Hommes	Libre – Professeurs – Indigènes – Femmes	Libre – Laïques – Hommes	Libre – Laïques – Femmes	Libre – Laïques – Qualité	Libre – Laïques – Français	Libre – Laïques – Étrangers (naturalisés)	Libre – Congréganistes – Hommes	Libre – Congréganistes – Femmes	Libre – Congréganistes – Qualité	Libre – Congréganistes – Français	Libre – Congréganistes – Étrangers (naturalisés)	Libre – Nombre d'élèves – Garçons	Libre – Nombre d'élèves – Filles	Libre – Totaux – Écoles	Libre – Totaux – Professeurs	Libre – Totaux – Élèves	Totaux généraux – Nombre d'écoles	Totaux généraux – Nombre de professeurs	Totaux généraux – Nombre d'élèves	Observations
Report	»	»	3	»	2	1	1	53	56	3	4	109	»	»	»	»	»	»	»	»	»	»	»	»	»	»	»	»	»	»	»	»	3	4	109	
Cap Diégo	»	»	1	»	1	»	»	12	9	1	1	21	»	»	»	»	»	»	»	»	»	»	»	»	»	»	»	»	»	»	»	»	1	1	21	
Vohémar	»	»	1	»	1	»	»	10	3	1	1	13	»	»	»	»	»	»	»	»	»	»	»	»	»	»	»	»	»	»	»	»	1	1	13	
Ambo-be	»	»	1	»	1	»	»	7	2	1	1	9	»	»	»	»	»	»	»	»	»	»	»	»	»	»	»	»	»	»	»	»	1	1	9	
District d'Ambre.																																				
Ambahiazalde	»	»	1	»	1	»	»	68	2	1	1	70	»	»	»	»	»	»	»	»	»	»	»	»	»	»	»	»	»	»	»	»	1	1	70	
Totaux	»	»	7	»	6	1	1	150	72	7	8	222	»	»	»	»	»	»	»	»	»	»	»	»	»	»	»	»	»	»	»	»	7	8	222	
PROVINCE DE FORT-DAUPHIN																																				
Fort-Dauphin	»	»	1	»	1	»	»	7	2	1	1	9	»	»	»	»	»	»	»	»	»	»	»	»	»	»	»	»	»	»	»	»	1	1	9	
Manantenina	»	»	1	»	1	»	»	90	1	1	1	91	»	»	»	»	»	»	»	»	»	»	»	»	»	»	»	»	»	»	»	»	1	1	91	
Tsivory	»	»	1	»	»	»	»	35	20	1	»	55	»	»	»	»	»	»	»	»	»	»	»	»	»	»	»	»	»	»	»	»	1	1	55	
Totaux	»	»	3	»	2	»	»	132	23	3	2	155	»	»	»	»	»	»	»	»	»	»	»	»	»	»	»	»	»	»	»	»	3	2	155	
CERCLE DE MORONDAVA																																				
Secteur de Morondava.																																				
Morondava	»	»	1	»	1	»	1	47	12	1	2	59	»	»	»	»	»	»	»	»	»	»	»	»	»	»	»	»	»	»	»	»	1	2	59	
Secteur de Menabe Septentrional.																																				
Sérinam	»	»	1	»	2	»	»	86	64	1	2	150	»	»	»	»	»	»	»	»	»	»	»	»	»	»	»	»	»	»	»	»	1	2	150	
Belo	»	»	1	»	1	»	»	129	88	1	1	217	»	»	»	»	»	»	»	»	»	»	»	»	»	»	»	»	»	»	»	»	1	1	217	
Secteur de Menabe Central.																																				
Mahabo	»	»	1	»	1	»	1	80	50	1	2	130	»	»	»	»	»	»	»	»	»	»	»	»	»	»	»	»	»	»	»	»	1	2	130	
Mandabe	»	»	1	»	1	»	»	74	52	1	1	126	»	»	»	»	»	»	»	»	»	»	»	»	»	»	»	»	»	»	»	»	1	1	126	
À reporter	»	»	5	»	6	»	2	412	253	5	8	665	»	»	»	»	»	»	»	»	»	»	»	»	»	»	»	»	»	»	»	»	5	8	665	

N° 32 — STATISTIQUES DE L'INSTRUCTION PUBLIQUE. ENSEIGNEMENT PRIMAIRE ANNÉE 1908 ÉCOLES INDIGÈNES.

LOCALITÉS	Officiel – Nombre d'écoles – Garçons	Officiel – Nombre d'écoles – Filles	Officiel – Nombre d'écoles – Mixtes	Officiel – Nombre de professeurs – Hommes – Européens ou assimilés	Officiel – Nombre de professeurs – Hommes – Indigènes	Officiel – Nombre de professeurs – Femmes – Européennes ou assimilées	Officiel – Nombre de professeurs – Femmes – Indigènes	Officiel – Nombre d'élèves – Garçons	Officiel – Nombre d'élèves – Filles	Officiel – Totaux – Écoles	Officiel – Totaux – Professeurs	Officiel – Totaux – Élèves	Libre – Nombre d'écoles – Garçons	Libre – Nombre d'écoles – Filles	Libre – Nombre d'écoles – Mixtes	Libre – Professeurs européens ou assimilés – Indigènes – Hommes	Libre – Indigènes – Femmes	Libre – Laïques – Hommes	Libre – Laïques – Femmes	Libre – Laïques – Qualité	Libre – Laïques – Français	Libre – Laïques – Étrangers Naturalisés	Libre – Congréganistes – Hommes	Libre – Congréganistes – Femmes	Libre – Congréganistes – Qualité	Libre – Congréganistes – Français	Libre – Congréganistes – Étrangers Naturalisés	Libre – Nombre d'élèves – Garçons	Libre – Nombre d'élèves – Filles	Libre – Totaux – Écoles	Libre – Totaux – Professeurs	Libre – Totaux – Élèves	Totaux généraux – Nombre d'écoles	Totaux généraux – Nombre de professeurs	Totaux généraux – Nombre d'élèves	OBSERVATIONS
Report	»	»	5	»	6	»	2	411	253	5	8	665	»	»	»	»	»	»	»		»	»	»	»		»	»	»	»	»	»	»	5	8	665	
Secteur de Betsiriry.																																				
Miandrivazo	»	»	1	»	1	»	1	63	28	1	2	91	»	»	»	»	»	»	»		»	»	»	»		»	»	»	»	»	»	»	1	2	91	
Bezia	»	»	1	»	1	»	1	64	38	1	2	102	»	»	»	»	»	»	»		»	»	»	»		»	»	»	»	»	»	»	1	2	102	
Ankavandra	»	»	1	»	1	»	»	38	26	1	1	64	»	»	»	»	»	»	»		»	»	»	»		»	»	»	»	»	»	»	1	1	64	
Secteur de Maintirano.																																				
Maintirano	»	»	1	»	1	»	»	107	47	1	1	154	»	»	»	»	»	»	»		»	»	»	»		»	»	»	»	»	»	»	1	1	154	
Lovoky	»	»	1	»	1	»	1	162	96	1	2	258	»	»	»	»	»	»	»		»	»	»	»		»	»	»	»	»	»	»	1	2	258	
Bebozaka	»	»	1	»	1	»	»	68	58	1	1	126	»	»	»	»	»	»	»		»	»	»	»		»	»	»	»	»	»	»	1	2	126	
Tondrolovaona	»	»	1	»	1	»	»	52	32	1	1	84	»	»	»	»	»	»	»		»	»	»	»		»	»	»	»	»	»	»	1	1	84	
Rivière ou Bern	»	»	1	»	1	»	»	52	48	1	1	100	»	»	»	»	»	»	»		»	»	»	»		»	»	»	»	»	»	»	1	1	100	
Bimary	»	»	1	»	1	»	»	53	31	1	1	84	»	»	»	»	»	»	»		»	»	»	»		»	»	»	»	»	»	»	1	1	85	
Secteur de Menabe Méridional.																																				
Manja	»	»	1	»	1	»	1	77	34	1	2	111	»	»	»	»	»	»	»		»	»	»	»		»	»	»	»	»	»	»	1	2	111	
Totaux	»	»	15	»	16	»	6	1.146	691	15	22	1.830	»	»	»	»	»	»	»		»	»	»	»		»	»	»	»	»	»	»	15	22	1.839	
PROVINCE DE MAJUNGA																																				
District de Majunga.																																				
Mahabibo	»	»	1	»	2	»	»	46	26	1	2	72	»	»	»	»	»	»	»		»	»	»	»		»	»	»	»	»	»	»	1	2	72	
Mevarana	»	»	1	»	1	»	»	44	24	1	1	68	»	»	»	»	»	»	»		»	»	»	»		»	»	»	»	»	1	»	1	1	68	
District de Marovoay.																																				
Marovoay	»	»	»	»	»	»	»	»	»	»	»	»	»	»	1	»	»	»	»		»	»	1	»	C.	1	»	21	20	1	1	41	1	1	41	
A reporter	»	»	2	»	3	»	»	90	50	2	3	140	»	»	1	»	»	»	»		»	»	1	»		1	»	21	20	1	1	41	3	4	181	

N° 32 — STATISTIQUES DE L'INSTRUCTION PUBLIQUE. ENSEIGNEMENT PRIMAIRE ANNÉE 1908 ÉCOLES INDIGÈNES

LOCALITÉS	OFFICIEL												LIBRE																				TOTAUX GÉNÉRAUX			OBSERVATIONS
	Nombre d'écoles			Nombre de professeurs				Nombre d'élèves		Totaux			Nombre d'écoles			Nombre de professeurs européens ou assimilés												Nombre d'élèves		Totaux						
				Hommes		Femmes										Religieux		Laïques					Congréganistes													
	Garçons	Filles	Mixtes	Européens ou assimilés	Indigènes	Européennes ou assimilées	Indigènes	Garçons	Filles	Écoles	Professeurs	Élèves	Garçons	Filles	Mixtes	Hommes	Femmes	Hommes	Femmes	[illegible]	Français	Étrangers naturalisés	Hommes	Femmes	[illegible]	Français	Étrangers naturalisés	Garçons	Filles	Écoles	Professeurs	Élèves	Nombre d'écoles	Nombre de professeurs	Nombre d'élèves	
Report	»	»	2	»	3	»	»	90	50	2	3	140	»	»	1	»	»	»	»		»	»	1	»		1	»	22	29	1	1	51	3	4	191	
District de Port-Bergé.																																				
Port-Bergé	»	»	1	»	1	»	»	54	6	1	1	60	»	»	»	»	»	»	»		»	»	»	»		»	»	»	»	»	»	»	1	1	60	
District de Soalala.																																				
Soalala	»	»	1	»	1	»	»	32	»	1	1	32	»	»	»	»	»	»	»		»	»	»	»		»	»	»	»	»	»	»	1	1	32	
District de Besalampy.																																				
Besalampy	»	»	1	»	1	»	»	35	22	1	1	57	»	»	»	»	»	»	»		»	»	»	»		»	»	»	»	»	»	»	1	1	57	
Totaux	»	»	5	»	5	»	»	211	78	5	6	289	»	»	1	»	»	»	»		»	»	1	»		1	»	22	29	1	1	51	6	7	340	
DISTRICT AUTONOME D'ANKAZOBE																																				
Fihaonana	»	»	1	»	2	»	»	119	70	1	2	189	»	»	1	1	»	»	»		»	»	»	»		»	»	20	21	1	1	41	2	3	230	
Ankazobe	»	»	1	»	2	»	1	65	47	1	3	112	»	»	»	»	»	»	»		»	»	»	»		»	»	»	»	»	»	»	1	3	112	
Ambohitromby	»	»	1	»	1	»	1	60	35	1	2	95	»	»	»	»	»	»	»		»	»	»	»		»	»	»	»	»	»	»	1	2	95	
Sambaina	»	»	1	»	1	»	»	36	23	1	1	59	»	»	»	»	»	»	»		»	»	»	»		»	»	»	»	»	»	»	1	1	59	
Andriantsiharanana	»	»	1	»	1	»	1	82	30	1	2	112	»	»	»	»	»	»	»		»	»	»	»		»	»	»	»	»	»	»	1	2	112	
Malotridara	»	»	1	»	1	»	»	36	14	1	1	50	»	»	»	»	»	»	»		»	»	»	»		»	»	»	»	»	»	»	1	1	50	
Antanetibe	»	»	1	»	1	»	»	21	13	1	1	34	»	»	»	»	»	»	»		»	»	»	»		»	»	»	»	»	»	»	1	1	34	
Manarary	»	»	1	»	1	»	1	39	15	1	2	54	»	»	»	»	»	»	»		»	»	»	»		»	»	»	»	»	»	»	1	2	54	
Soavimanjaka	»	»	1	»	1	»	»	53	11	1	1	64	»	»	»	»	»	»	»		»	»	»	»		»	»	»	»	»	»	»	1	1	64	
Kiangara	»	»	1	»	1	»	1	49	28	1	2	77	»	»	»	»	»	»	»		»	»	»	»		»	»	»	»	»	»	»	1	2	77	
Ambatomanjaka	»	»	1	»	1	»	1	57	34	1	2	91	»	»	»	»	»	»	»		»	»	»	»		»	»	»	»	»	»	»	1	2	91	
Ambohitrimbohady	»	»	1	»	1	»	1	53	30	1	2	83	»	»	»	»	»	»	»		»	»	»	»		»	»	»	»	»	»	»	1	2	83	
Ambongonika	»	»	1	»	1	»	1	57	30	1	2	87	»	»	»	»	»	»	»		»	»	»	»		»	»	»	»	»	»	»	1	2	87	
A reporter	»	»	13	»	15	»	8	715	391	13	23	1.103	»	»	1	1	»	»	»		»	»	»	»		»	»	20	21	1	1	41	14	24	1.144	

N° 32 — STATISTIQUES DE L'INSTRUCTION PUBLIQUE

LOCALITÉS	Nombre d'écoles — Garçons	Nombre d'écoles — Filles	Nombre d'écoles — Mixtes	Professeurs laïques — Hommes — Européens ou assimilés	Professeurs laïques — Hommes — Indigènes	Professeurs laïques — Femmes — Européennes ou assimilées	Professeurs laïques — Femmes — Indigènes	Nombre d'élèves — Garçons	Nombre d'élèves — Filles	Totaux — Écoles	Totaux — Professeurs	Totaux — Élèves	Nombre d'écoles (libre) — Garçons	Nombre d'écoles (libre) — Filles	Nombre d'écoles (libre) — Mixtes
Report	»	»	15	»	15	»	8	714	391	13	28	1.105	»	»	1
Andsiatany	»	»	1	»	1	»	1	65	40	1	2	105	»	»	»
Mahavelona	»	»	1	»	1	»	1	124	56	1	2	180	»	»	»
Mianire	»	»	1	»	2	»	1	125	65	1	3	190	»	»	»
Andotomainty	»	»	1	»	1	»	»	50	15	1	1	65	»	»	»
Segaion	»	»	1	»	1	»	1	105	65	1	2	170	»	»	»
Andohitrandy	»	»	1	»	1	»	1	48	24	1	2	72	»	»	»
Ambohibilay	»	»	»	»	»	»	»	»	»	»	»	»	»	»	1
Ampasikely	»	»	»	»	»	»	»	»	»	»	»	»	»	»	1
TOTAUX	»	»	20	»	23	»	14	1.384	680	20	37	1.973	»	»	3
PROVINCE DE FIANARANTSOA															
District de Fianarantsoa															
Fianarantsoa	1	1	»	»	4	»	»	200	43	2	4	243	1	»	»
—	»	»	»	»	»	»	»	»	»	»	»	»	»	»	1
	»	»	»	»	»	»	»	»	»	»	»	»	1	»	»
	»	»	»	»	»	»	»	»	»	»	»	»	»	»	1
—	»	»	»	»	»	»	»	»	»	»	»	»	1	»	»
—	»	»	»	»	»	»	»	»	»	»	»	»	»	»	1
A reporter	1	1	»	»	4	»	»	200	43	2	4	243	3	»	3

ENSEIGNEMENT PRIMAIRE ANNÉE 1908 (ÉCOLES INDIGÈNES)

LOCALITÉS	Libre — Indigènes — Hommes	Indigènes — Femmes	Laïques — Hommes	Laïques — Femmes	Laïques — Qualité	Laïques — Français	Laïques — Étrangers (Nationalité)	Congréganistes — Hommes	Congréganistes — Femmes	Congréganistes — Qualité	Congréganistes — Français	Congréganistes — Étrangers (Nationalité)	Nombre d'élèves — Garçons	Nombre d'élèves — Filles	Totaux — Écoles	Totaux — Professeurs	Totaux — Élèves	Totaux généraux — Nombre d'écoles	Totaux généraux — Nombre de professeurs	Totaux généraux — Nombre d'élèves	OBSERVATIONS
Report	1	»	»	»		»	»	»	»		»	»	20	21	1	1	41	16	34	1.146	
Andsiatany	»	»	»	»		»	»	»	»		»	»	»	»	»	»	»	1	2	105	
Mahavelona	»	»	»	»		»	»	»	»		»	»	»	»	»	»	»	1	2	180	
Mianire	»	»	»	»		»	»	»	»		»	»	»	»	»	»	»	1	3	199	
Andotomainty	»	»	»	»		»	»	»	»		»	»	»	»	»	»	»	1	1	65	
Segaion	»	»	»	»		»	»	»	»		»	»	»	»	»	»	»	1	2	170	
Andohitrandy	»	»	»	»		»	»	»	»		»	»	»	»	»	»	»	1	2	72	
Ambohibilay	1	»	»	»	P.	»	»	»	»		»	»	41	23	1	1	64	1	1	64	
Ampasikely	1	»	»	»	C.	»	»	»	»		»	»	13	14	1	1	27	1	1	27	
TOTAUX	3	»	»	»		»	»	»	»		»	»	76	56	3	3	132	23	40	2.105	
PROVINCE DE FIANARANTSOA																					
District de Fianarantsoa																					
Fianarantsoa	4	»	»	»	C.	»	»	3	»	C.	3	»	200	»	1	7	200	3	11	443	
—	»	»	»	»	C.	»	»	»	4	C.	4	»	100	300	1	4	400	1	4	400	
	4	»	1	»		1	»	»	»		»	»	180	»	1	5	180	1	5	180	
	8	»	1	»		1	»	»	»		»	»	128	127	1	7	255	1	7	255	
—	3	»	1	»		1	»	»	»		»	»	63	»	1	4	63	1	4	63	
—	5	»	»	1		»	1	»	»		»	»	89	51	1	6	140	1	6	140	
A reporter	21	»	3	1		3	1	3	»		7	»	760	478	6	33	1.238	8	37	1.481	

N° 32 — STATISTIQUES DE L'INSTRUCTION PUBLIQUE ENSEIGNEMENT PRIMAIRE ANNÉE 1908 (ÉCOLES INDIGÈNES)

LOCALITÉS	OFFICIEL — Nombre d'écoles — Garçons	Filles	Mixtes	Nombre de professeurs laïques — Hommes — Européens ou assimilés	Indigènes	Femmes — Européennes ou assimilées	Indigènes	Nombre d'élèves — Garçons	Filles	Totaux — Écoles	Professeurs	Élèves	LIBRE — Nombre d'écoles — Garçons	Filles	Mixtes	Nombre de professeurs laïques et religieux — Indigènes — Hommes	Femmes	Laïques — Hommes	Femmes	Qualité	Français	Étrangers (Nationalité)	Congréganistes — Hommes	Femmes	Qualité	Français	Étrangers (Nationalité)	Nombre d'élèves — Garçons	Filles	Totaux — Écoles	Professeurs	Élèves	TOTAUX GÉNÉRAUX — Nombre d'écoles	Nombre de professeurs	Nombre d'élèves	OBSERVATIONS
Report	1	1	»	»	5	»	»	200	43	2	5	243	3	»	3	32	»	3	1		»	1	3	6		7	»	700	478	6	32	1.238	8	37	1.481	
Vinanindrano	»	»	»	»	»	»	»	»	»	»	»	»	»	1	»	3	»	»	3		»	3 Anglais	»	»		»	»	»	80	1	3	80	1	3	80	
Alakamisy-Ambohimaha	»	»	1	»	1	»	»	80	11	1	1	91	»	»	1	1	»	»	»		»	»	»	»		»	»	20	15	1	1	35	2	2	126	
Talata-Vohimanahina	»	»	1	»	1	»	»	52	37	1	1	89	»	»	1	1	»	»	»		»	»	»	»		»	»	30	6	1	1	36	2	2	125	
Talata-Ampano	»	»	1	»	1	»	»	43	15	1	1	58	»	»	1	1	»	»	»		»	»	»	»		»	»	30	12	1	1	42	2	2	100	
Alakamisy-Itenina	»	»	1	»	1	»	»	55	13	1	1	68	»	»	1	1	»	»	»		»	»	»	»		»	»	21	9	1	1	30	2	2	98	
Andranovorivato	»	»	1	»	1	»	»	28	10	1	1	38	»	»	»	»	»	»	»		»	»	»	»		»	»	»	»	»	»	»	1	1	38	
Vohiparara	»	»	1	»	1	»	»	23	13	1	1	36	»	»	»	»	»	»	»		»	»	»	»		»	»	»	»	»	»	»	1	1	36	
Lanjirano	»	»	»	»	»	»	»	35	15	1	1	50	1	»	»	1	»	»	»		»	»	»	»		»	»	22	»	1	1	22	2	2	72	
Fitandipha	»	»	»	»	1	»	»	63	38	1	1	101	»	»	»	»	»	»	»		»	»	»	»		»	»	»	»	»	»	»	1	1	101	
Sahaboy	»	»	»	»	»	»	»	»	»	»	»	»	1	»	»	1	»	»	»		»	»	»	»		»	»	23	9	1	1	32	1	1	32	
Mahasoabe	»	»	»	»	»	»	»	»	»	»	»	»	»	»	1	1	»	»	»		»	»	»	»		»	»	15	35	1	1	50	1	1	50	
Soatanana	»	»	»	»	»	»	»	»	»	»	»	»	»	»	1	1	»	»	»		»	»	»	»		»	»	56	32	1	1	88	1	1	88	
Ambalavao-Befeta	»	»	»	»	»	»	»	»	»	»	»	»	»	»	1	1	»	»	»		»	»	»	»		»	»	30	21	1	1	51	1	1	51	
Midongy	»	»	»	»	»	»	»	»	»	»	»	»	»	»	1	1	»	»	»		»	»	»	»		»	»	20	20	1	1	40	1	1	40	
Tanalakana	»	»	»	»	»	»	»	»	»	»	»	»	»	»	1	1	»	»	»		»	»	»	»		»	»	12	17	1	1	29	1	1	29	
Nofo	»	»	»	»	»	»	»	»	»	»	»	»	»	»	1	1	»	»	»		»	»	»	»		»	»	18	12	1	1	30	1	1	30	
Mousra	»	»	»	»	»	»	»	»	»	»	»	»	»	»	1	1	»	»	»		»	»	»	»		»	»	30	20	1	1	50	1	1	50	
Sirsina	»	»	»	»	»	»	»	»	»	»	»	»	»	»	1	1	»	»	»		»	»	»	»		»	»	16	15	1	1	31	1	1	31	
Namoahatsany	»	»	»	»	»	»	»	»	»	»	»	»	»	»	1	1	»	»	»		»	»	»	»		»	»	8	22	1	1	30	1	1	30	
Alakamisy-Ambohimanda	»	»	»	»	»	»	»	»	»	»	»	»	»	»	1	1	»	»	»		»	»	»	»		»	»	24	16	1	1	40	1	1	40	
Andrefijaha	»	»	»	»	»	»	»	»	»	»	»	»	»	»	1	1	»	»	»		»	»	»	»		»	»	24	16	1	1	40	1	1	40	
A reporter	1	1	8	»	13	»	»	579	195	10	11	774	5	1	16	41	»	3	4		»	3	3	4		7	»	1.150	839	24	55	1.989	34	67	2.763	

N° 32 — STATISTIQUES DE L'INSTRUCTION PUBLIQUE ENSEIGNEMENT PRIMAIRE ANNÉE 1908 (ÉCOLES INDIGÈNES)

LOCALITÉS	OFFICIEL — Nombre d'écoles			Nombre de professeurs — Hommes		Femmes		Nombre d'élèves		Totaux			Nombre d'écoles			LIBRE — Nombre de professeurs — Indigènes		Laïques					Congréganistes					Nombre d'élèves		Totaux			TOTAUX GÉNÉRAUX			OBSERVATIONS
	Garçons	Filles	Mixtes	Européens ou non civils	De l'Église	Congréganistes ou assimilées	Indigènes	Garçons	Filles	Écoles	Professeurs	Élèves	Garçons	Filles	Mixtes	Hommes	Femmes	Hommes	Femmes	Qualifiés	Français	Étrangers (Nationalité)	Hommes	Femmes	Qualifiés	Français	Étrangers (Nationalité)	Garçons	Filles	Écoles	Professeurs	Élèves	Nombre d'écoles	Nombre de professeurs	Nombre d'élèves	
Report	1	4	8	»	12	»	»	579	195	10	12	774	5	1	18	41	»	3	4		»	3	4	4		7	»	1.150	839	24	55	1.989	34	67	2.763	
Maneva	»	»	»	»	»	»	»	»	»	»	»	»	»	»	1	1	»	»	»		»	»	»	»		»	»	34	11	1	1	45	1	1	45	
Ambohimahatsinjo	»	»	»	»	»	»	»	»	»	»	»	»	»	»	1	1	»	»	»		»	»	»	»		»	»	20	16	1	1	36	1	1	36	
Ampasina	»	»	»	»	»	»	»	»	»	»	»	»	»	»	1	1	»	»	»		»	»	»	»		»	»	20	10	1	1	30	1	1	30	
Alakamisy-Itenina	»	»	»	»	»	»	»	»	»	»	»	»	»	»	1	1	»	»	»		»	»	»	»		»	»	13	7	1	1	20	1	1	20	
Bakoma	»	»	»	»	»	»	»	»	»	»	»	»	»	»	1	1	»	»	»		»	»	»	»		»	»	13	15	1	1	28	1	1	28	
[illegible]	»	»	»	»	»	»	»	»	»	»	»	»	»	»	1	1	»	»	»		»	»	»	»		»	»	20	15	1	1	35	1	1	35	
Totaux	1	1	8	»	12	»	»	579	195	10	12	774	5	1	24	47	»	3	5		»	3	4	4		7	»	1.270	913	30	61	2.183	40	73	2.957	
District d'Ambalavao.																																				
[illegible]	»	»	1	»	1	»	»	68	»	1	1	68	»	»	1	1	1	»	»		»	»	»	»		»	»	30	30	1	2	60	2	3	128	
Ambohimandroso	»	»	1	»	1	»	»	56	»	1	1	56	»	»	»	1	»	»	»		»	»	»	»		»	»	27	»	1	1	27	2	2	83	
Ambohimahamasina	»	»	1	»	1	»	»	42	18	1	1	60	»	»	»	»	»	»	»		»	»	»	»		»	»	»	»	»	»	»	1	1	60	
Mahazony	»	»	1	»	1	»	»	43	24	1	1	67	»	»	1	1	»	»	»		»	»	»	»		»	»	36	22	1	1	58	2	2	125	
[illegible]	»	»	1	»	1	»	»	15	3	1	1	18	»	»	»	»	»	»	»		»	»	»	»		»	»	»	»	»	»	»	1	1	18	
Vinany	»	»	»	»	»	»	»	»	»	»	»	»	»	»	1	1	»	»	»		»	»	»	»		»	»	30	20	1	1	50	1	1	50	
[illegible]	»	»	»	»	»	»	»	»	»	»	»	»	»	»	1	1	»	»	»		»	»	»	»		»	»	31	29	1	1	60	1	1	60	
A reporter	»	»	5	»	5	»	»	244	45	5	5	289	»	»	4	5	1	»	»		»	»	»	»		»	»	154	101	5	6	255	10	11	544	

N° 32 — STATISTIQUES DE L'INSTRUCTION PUBLIQUE, ENSEIGNEMENT PRIMAIRE ANNÉE 1908 (ÉCOLES INDIGÈNES)

LOCALITÉS	OFFICIEL — Nombre d'écoles			Nombre de professeurs — Hommes		Femmes		Nombre d'élèves		Totaux			LIBRE — Nombre d'écoles		
	Garçons	Filles	Mixtes	Européens	Indigènes	Européennes ou assimilées	Indigènes	Garçons	Filles	Écoles	Professeurs	Élèves	Garçons	Filles	Mixtes
Report	»	»	5	»	5	»	»	244	45	5	5	289	»	»	6
Morafeno	»	»	»	»	»	»	»	»	»	»	»	»	»	»	1
Ambohimandroso	»	»	»	»	»	»	»	»	»	»	»	»	»	»	1
Vinany	»	»	»	»	»	»	»	»	»	»	»	»	»	»	1
Ambohibao	»	»	»	»	»	»	»	»	»	»	»	»	»	»	1
Mahajeby	»	»	»	»	»	»	»	»	»	»	»	»	»	»	1
Ambohimandroso	»	»	»	»	»	»	»	»	»	»	»	»	»	»	1
[illegible]	»	»	»	»	»	»	»	»	»	»	»	»	»	»	1
TOTAUX	»	»	5	»	5	»	»	244	45	5	5	289	1	»	11
District d'Ambohimahasoa.															
Fiadanana	»	»	1	»	1	»	1	100	31	1	2	131	»	»	»
Marolahy-Vohipeno	»	»	»	»	»	»	»	»	»	»	»	»	»	»	1
[illegible]	»	»	»	»	»	»	»	»	»	»	»	»	»	»	1
Ambohimahasoa	»	»	»	»	»	»	»	»	»	»	»	»	»	»	1
Marolahy-Vohipeno	»	»	»	»	»	»	»	»	»	»	»	»	»	»	1
TOTAUX	»	»	1	»	1	»	1	100	31	1	2	131	»	»	4

LOCALITÉS	LIBRE — Nombre de professeurs — Indigènes		Laïques					Congréganistes					Nombre d'élèves		Totaux			TOTAUX GÉNÉRAUX			OBSERVATIONS
	Hommes	Femmes	Hommes	Femmes	Qualité	Français	Étrangers (Nationalité)	Hommes	Femmes	Qualité	Français	Étrangers (Nationalité)	Garçons	Filles	Écoles	Professeurs	Élèves	Nombre d'écoles	Nombre de professeurs	Nombre d'élèves	
Report	3	»	»	»		»	»	»	»		»	»	154	104	5	6	235	10	11	504	
Morafeno	1	»	»	»		»	»	»	»		»	»	25	16	1	1	41	1	1	40	
Ambohimandroso	»	»	»	»		»	»	»	1	C	1	»	12	37	1	1	49	1	1	49	
Vinany	1	»	»	»		»	»	»	»		»	»	30	18	1	1	48	1	1	48	
Ambohibao	1	»	»	»		»	»	»	»		»	»	47	43	1	1	90	1	1	90	
Mahajeby	1	»	»	»		»	»	»	»		»	»	28	22	1	1	50	1	1	50	
Ambohimandroso	1	»	»	»		»	»	»	»		»	»	37	53	1	1	80	1	1	80	
[illegible]	1	»	»	»		»	»	»	»		»	»	32	14	1	1	46	1	1	46	
TOTAUX	11	1	»	»		»	»	»	1		1	»	364	212	12	13	576	17	18	865	
District d'Ambohimahasoa.																					
Fiadanana	»	»	»	»		»	»	»	»		»	»	»	»	»	»	»		2	131	
Marolahy-Vohipeno	1	»	»	»	C	»	»	»	»		»	»	38	29	1	1	67	1	1	67	
[illegible]	1	»	»	»	C	»	»	»	»		»	»	35	15	1	1	50	1	1	50	
Ambohimahasoa	1	»	»	»	P	»	»	»	»		»	»	57	50	1	1	107	1	1	107	
Marolahy-Vohipeno	1	»	»	»	P	»	»	»	»		»	»	27	23	1	1	50	1	1	50	
TOTAUX	4	»	»	»		»	»	»	»		»	»	157	117	4	4	274	5	6	405	

N° 32 — STATISTIQUE DE L'INSTRUCTION PUBLIQUE ENSEIGNEMENT PRIMAIRE ANNÉE 1908 (ÉCOLES INDIGÈNES)

OFFICIEL

LOCALITÉS	Nombre d'écoles — Garçons	Nombre d'écoles — Filles	Nombre d'écoles — Mixtes	Professeurs — Hommes — Européens ou assimilés	Professeurs — Hommes — Indigènes	Professeurs — Femmes — Européennes ou assimilées	Professeurs — Femmes — Indigènes	Nombre d'élèves — Garçons	Nombre d'élèves — Filles	Totaux — Écoles	Totaux — Professeurs	Totaux — Élèves
District d'Ifanadiana.												
Ifanadiana	»	»	1	»	1	»	»	44	13	1	1	57
Kelilalina	»	»	1	»	1	»	»	50	18	1	1	68
Kanomatsa	»	»	1	»	1	»	»	50	20	1	1	70
Ambalafinaja	»	»	1	»	1	»	»	40	14	1	1	54
Ankofafamalemy	»	»	1	»	1	»	»	40	12	1	1	52
Andoanjafia	»	»	1	»	1	»	»	20	10	1	1	30
Totaux	»	»	6	»	6	»	»	244	85	6	6	329
PROVINCE DE FIANARANTSOA												
District de Fianarantsoa	5	1	8	»	12	»	»	570	205	10	12	775
— d'Ambalavao	»	»	5	»	5	»	»	244	45	5	5	289
— d'Ambohimahasoa	»	»	1	»	1	»	1	100	34	1	2	134
— d'Ifanadiana	»	»	6	»	6	»	»	244	85	6	6	328
Totaux généraux	1	1	20	»	24		1	1.163	368	22	25	1.52[illegible]

LIBRE (Nombre de professeurs : Indigènes, Laïques, Congréganistes) — TOTAUX GÉNÉRAUX — OBSERVATIONS

LOCALITÉS	Nombre d'écoles — Garçons	Nombre d'écoles — Filles	Nombre d'écoles — Mixtes	Indigènes — Hommes	Indigènes — Femmes	Laïques — Hommes	Laïques — Femmes	Laïques — Qualité	Laïques — Français	Laïques — Étrangers (Nationalité)	Congréganistes — Hommes	Congréganistes — Femmes	Congréganistes — Qualité	Congréganistes — Français	Congréganistes — Étrangers (Nationalité)	Nombre d'élèves — Garçons	Nombre d'élèves — Filles	Totaux — Écoles	Totaux — Professeurs	Totaux — Élèves	Totaux généraux — Nombre d'écoles	Totaux généraux — Nombre de professeurs	Totaux généraux — Nombre d'élèves	OBSERVATIONS
District d'Ifanadiana.																								
Ifanadiana	»	»	»	»	»	»	»		»	»	»	»		»	»	»	»	»	»	»	1	1	57	
Kelilalina	»	»	»	»	»	»	»		»	»	»	»		»	»	»	»	»	»	»	1	1	68	
Kanomatsa	»	»	»	»	»	»	»		»	»	»	»		»	»	»	»	»	»	»	»	»	70	
Ambalafinaja	»	»	»	»	»	»	»		»	»	»	»		»	»	»	»	»	»	»	1	1	54	
Ankofafamalemy	»	»	»	»	»	»	»		»	»	»	»		»	»	»	»	»	»	»	1	1	52	
Andoanjafia	»	»	»	»	»	»	»		»	»	»	»		»	»	»	»	»	»	»	1	1	30	
Totaux	»	»	»	»	»	»	»		»	»	»	»		»	»	»	»	»	»	»	6	6	328	
PROVINCE DE FIANARANTSOA																								
District de Fianarantsoa	5	1	25	47	»	3	4		»	»	3	4		»	»	1.270	918	30	64	2 183	40	73	2.957	
— d'Ambalavao	1	»	14	11	1	»	»		»	»	1	»		»	»	394	312	14	13	676	17	18	965	
— d'Ambohimahasoa	»	»	6	4	»	»	»		»	»	»	»		»	»	137	117	4	5	274	5	6	408	
— d'Ifanadiana	»	»	»	»	»	»	»		»	»	»	»		»	»	»	»	»	»	»	6	6	328	
Totaux généraux	6	1	39	62	1	3	4		»	»	4	4		»	»	1.791	1.341	46	78	3.133	68	103	4.658	

N° 32 — STATISTIQUES DE L'INSTRUCTION PUBLIQUE, ENSEIGNEMENT PRIMAIRE ANNÉE 1908 (ÉCOLES INDIGÈNES) (RÉCAPITULATION GÉNÉRALE)

LOCALITÉS	OFFICIEL — Nombre d'écoles: Garçons	Filles	Mixtes	Nombre de fonctionnaires: Hommes: Européens ou assimilés	Indigènes	Femmes: Européennes ou assimilées	Indigènes	Nombre d'élèves: Garçons	Filles	Totaux: Écoles	Professeurs	Élèves	Nombre d'écoles: Garçons	Filles	Mixtes	LIBRE — Nombre de professeurs: Indigènes: Hommes	Femmes	Laïques: Hommes	Femmes	Qualité	Français	Étrangers (Nationalité)	Congréganistes: Hommes	Femmes	Qualité	Français	Étrangers (Nationalité)	Nombre d'élèves: Garçons	Filles	Totaux: Écoles	Professeurs	Élèves	TOTAUX GÉNÉRAUX: Nombre d'écoles	Nombre de professeurs	Nombre d'élèves	OBSERVATIONS
Tananarive ville	4	2	2	»	17	»	6	1.002	391	8	31	1.393	11	10	7	88	56	7	15		»	»	12	30		»	»	3.080	2.576	28	180	5.683	37	221	7.078	
Tananarive province	»	»	80	»	103	»	73	5.842	3.182	80	176	9.024	5	3	194	215	68	2	1		2	»	»	5		5	»	4.860	2.978	150	267	7.838	239	443	16.862	
Vakinankaratra	1	1	19	»	21	»	9	1.619	398	21	30	2.017	3	3	16	42	12	1	»		1	»	»	8		8	»	1.056	727	22	63	1.771	42	93	3.784	
Farafangana	1	»	28	»	31	»	9	1.807	496	29	40	2.303	»	»	6	7	»	»	»		»	»	»	»		»	»	138	104	6	7	245	35	47	2.548	
Mananjary	»	»	19	»	20	»	7	930	275	19	27	1.201	1	1	3	5	»	»	»		»	»	»	1		1	»	110	95	5	6	205	24	33	1.406	
Vatomandry	»	»	18	»	20	»	11	990	258	18	31	1.248	»	»	2	2	»	»	»		»	»	»	»		»	»	75	55	2	2	120	20	33	1.368	
Andevorante	1	1	21	»	23	1	10	1.041	509	23	34	1.550	»	»	7	8	»	»	»		»	»	»	»		»	»	186	105	7	8	293	30	42	1.843	
Sainte-Marie	»	»	1	1	2	»	1	102	38	»	4	140	»	»	»	»	»	»	»		»	»	»	»		»	»	»	»	»	»	»	1	4	140	
Vohémar	»	»	20	»	19	»	4	462	308	20	23	770	»	»	1	»	»	»	»		»	»	»	1		1	»	23	28	1	1	51	21	24	821	
Nossi-Bé	1	»	5	»	7	»	»	353	15	6	7	368	1	1	»	»	»	»	»		»	»	1	1		2	»	40	45	2	2	85	8	9	453	
Analalava	»	»	12	»	14	»	4	468	219	12	18	687	»	»	»	»	»	»	»		»	»	»	»		»	»	»	»	»	»	»	12	18	687	
Tuléar	»	»	5	»	8	»	3	160	98	5	8	258	»	»	3	1	»	1	»		»	1	1	»		1	»	38	46	2	3	84	7	11	342	
Itasy	»	»	10	»	11	»	6	576	256	10	17	832	»	»	22	20	»	»	»		»	»	»	»		»	»	529	258	22	20	787	32	36	1.619	
Maevatanana	»	»	22	»	23	»	7	867	390	22	30	1.257	»	»	»	»	»	»	»		»	»	»	»		»	»	»	»	»	»	»	22	30	1.257	
Betroka	»	»	10	»	11	»	»	428	74	10	11	502	»	»	2	2	»	»	»		»	»	»	»		»	»	30	21	2	2	51	12	13	553	
Ambositra	1	1	11	»	14	»	1	700	212	13	15	922	2	1	36	84	4	1	1		»	»	3	»		3	»	1.781	1.253	39	70	3.034	52	85	3.956	
Maroantsetra	»	»	13	»	16	»	1	751	328	13	20	1.079	»	»	»	»	»	»	»		»	»	»	»		»	»	»	»	»	»	»	13	20	1.079	
Tamatave	»	»	39	»	41	1	25	1.963	1.185	39	67	3.148	2	2	4	4	»	»	»		»	»	4	3		7	»	317	194	8	11	511	47	78	3.700	
Diégo-Suarez	»	»	7	»	6	1	1	130	91	7	8	221	»	»	»	»	»	»	»		»	»	»	»		»	»	»	»	»	»	»	7	8	222	
Fort-Dauphin	»	»	3	»	2	»	»	132	23	3	2	155	»	»	»	»	»	»	»		»	»	»	»		»	»	»	»	»	»	»	3	2	155	
Morondava	»	»	15	»	16	»	6	1.118	[illegible]	15	22	1.830	»	»	»	»	»	»	»		»	»	»	»		»	»	»	»	»	»	»	15	22	1.830	
Majunga	»	»	5	»	6	»	»	211	79	5	6	290	»	»	1	»	»	»	»		»	»	1	»		1	»	21	20	1	1	41	6	7	330	
Ankazobe	»	»	20	»	23	»	14	1.283	690	20	37	1.973	»	»	3	3	»	»	»		»	3	»	»		»	»	74	58	3	3	132	23	40	2.105	
Fianarantsoa	1	1	20	»	24	»	1	1.167	358	22	25	1.525	6	1	29	62	1	3	4		»	»	4	»		»	»	1.791	1.342	46	78	3.133	68	103	4.658	
Totaux généraux	16	6	414	1	463	3	202	24.833	10.542	430	669	35.375	29	22	205	586	123	15	21		5	1	20	32		28	»	14.263	7.790	346	743	21.063	770	1.412	59.438	

N° 33 — GARDERIES INDIGÈNES

LOCALITÉS	NOMBRE de GARDERIES	NOMBRE DE PROFESSEURS			NOMBRE D'ÉLÈVES			OBSERVATIONS
		HOMMES	FEMMES	NATIONALITÉ	GARÇONS	FILLES	TOTAL	
PROVINCE DE TANANARIVE								
District d'Arivonimamo.								
Firavahana	1	1	»	F	17	7	24	
Tsarazaza	1	1	»	P	24	»	24	
Soxdana	1	1	»	C	12	7	19	
Amboanana	1	1	»	F	9	7	16	
Ambohidrangaby	1	1	»	F	13	5	18	
Ampahimanga	1	1	»	C	9	4	13	
Soavindronina	1	1	»	F	15	9	24	
Madera	1	1	»	F	30	19	49	
Ambohimandry	1	1	»	F	34	16	50	
Lobarano	1	1	»	F	23	17	40	
Manolobony	1	1	»	C	19	16	35	
Miantsoarivo	1	1	»	F	10	10	20	
Tsarasaotra	1	1	»	F	24	11	35	
Ambohimorina	1	1	»	P	9	6	15	
Antanimenabo	1	1	»	F	14	10	24	
Tsarahasina	1	1	»	F	16	10	26	
Tsaramiasa	1	1	»	C	19	17	36	
Tsimatahodaza	1	1	»	P	15	10	25	
Antsompano	1	1	»	F	10	10	20	
District d'Ambohidratrimo.								
Ambohinambo	1	1	»	L	22	18	40	
A reporter	20	20	»		344	209	553	

N° 33 — GARDERIES INDIGÈNES

LOCALITÉS	NOMBRE de GARDERIES	NOMBRE DE PROFESSEURS			NOMBRE D'ÉLÈVES			OBSERVATIONS
		HOMMES	FEMMES	NATIONALITÉ	GARÇONS	FILLES	TOTAL	
Report	20	20	»		344	209	553	
Ambohinaorina	1	1	»	C	16	4	20	
Ankadibe	1	1	»	L	19	11	30	
Antanety	1	1	»	P	23	9	32	
Andranomanjaka	1	1	»	L	41	9	50	
Ambohimidasy	1	1	»	L	18	12	30	
Ambohidavenona	1	1	»	L	25	10	35	
Fiakarana	1	1	»	C	13	10	23	
Antanety	1	1	»	P	23	9	32	
District d'Andramasina.								
Ambohimarina	1	1	»	P	30	20	50	
Ampahitrosy	1	1	»	P	18	15	33	
Morikanjaka	1	1	»	P	31	9	40	
Ambohijoky	1	1	»	L	25	20	45	
Fanamiana	1	1	»	L	23	17	40	
Ambohijatovo	1	1	»	C	10	10	20	
District de Manjakandriana.								
Fierenana	1	1	»	L	13	7	20	
Ambohibazoina	1	1	»	L	16	8	24	
Morafeno	1	1	»	C	20	10	30	
Ankadihambana	1	2	»	L	10	3	13	
Tsarasaotra	1	1	»	L	30	5	35	
Tsarahonenana	1	1	»	L	10	10	20	
Ambohidratrimo	1	1	»	L	42	38	80	
Falimanjaka	1	1	»	L	29	18	47	
Ambatomasina	1	1	»	L	29	9	38	
TOTAUX	43	44	»		858	482	1.340	

N° 33 — GARDERIES INDIGÈNES

LOCALITÉS	NOMBRE de GARDERIES	NOMBRE DE PROFESSEURS			NOMBRE D'ÉLÈVES			OBSERVATIONS
		HOMMES	FEMMES	NATIONALITÉ	GARÇONS	FILLES	TOTAL	
PROVINCE DU VAKINANKARATRA								
Andriamingodana	1	1	»	P	25	15	40	
Bemasoandro	1	1	»	P	15	8	23	
Mahatsinjo	1	1	»	C	19	6	25	
Miadanandriana	1	1	»	N	14	16	30	
Totaux	4	4	»		73	45	118	
PROVINCE DE FARAFANGANA								
Ambalavao	1	1	»	N	20	12	32	
Fenoarivo	1	1	»	N	18	14	32	
Anilobe	1	1	»	N	19	16	35	
Befano	1	1	»	N	8	7	15	
Vohimalaza	1	1	»	N	12	8	20	
Mofia	1	1	»	N	9	6	15	
Marokibo	1	1	»	N	6	4	10	
Vinanimony	1	1	»	L	17	15	32	
Totaux	8	8	»		109	82	191	
PROVINCE DE MANANJARY								
Marohitra	1	1	»	A	23	17	40	
PROVINCE DE VATOMANDRY								
Ambohimalaza	1	1	»	A	15	8	23	
Ankodona	1	1	»	A	13	7	20	
A reporter	2	2	»		28	15	43	

N° 33 — GARDERIES INDIGÈNES

LOCALITÉS	NOMBRE de GARDERIES	NOMBRE DE PROFESSEURS			NOMBRE D'ÉLÈVES			OBSERVATIONS
		HOMMES	FEMMES	NATIONALITÉ	GARÇONS	FILLES	TOTAL	
Report	2	2	»		28	15	43	
Anosiarivo	1	1	»	A	15	7	22	
Vohitromby	1	1	»	A	8	12	20	
TOTAUX	4	4	»		51	34	85	
PROVINCE D'ANDEVORANTO								
Fihorinana	1	1	»	L	35	15	50	
Marotsipoy	1	1	»	L	32	17	49	
Andaingo	1	1	»	L	27	17	44	
Ambodiakandra	1	1	»	C	29	24	53	
TOTAUX	4	4	»		123	73	196	
PROVINCE DE TULEAR								
Ambalabe	1	1	»	N	8	15	23	
Ankazomanga	1	1	»	N	4	23	27	
Ankoransatra	1	1	»	N	6	11	17	
Bekoropaka	1	1	»	N	12	25	37	
Morombe	1	1	»	N	14	22	36	
Ankadibarika	1	1	»	N	10	40	20	
Ankoranga	1	1	»	N	18	12	30	
Behera	1	1	»	N	15	15	30	
Belalanda	1	1	»	N	28	12	40	
Fitsiteka	1	1	»	N	12	8	20	
Mahavatsy	1	1	»	C	20	25	45	
Tsiosy	1	1	»	C	25	10	35	
Behonapy	1	1	»	N	20	15	35	
TOTAUX	13	13	»		192	203	395	

N° 33 — GARDERIES INDIGÈNES

LOCALITÉS	NOMBRE de GARDERIES	NOMBRE DE PROFESSEURS			NOMBRE D'ÉLÈVES			OBSERVATIONS
		HOMMES	FEMMES	NATIONALITÉ	GARÇONS	FILLES	TOTAL	
PROVINCE DE L'ITASY								
District du Mamolakazo.								
Ambohidanerana	1	1	»	P	23	20	43	
Ikanja	1	1	»	P	25	5	30	
Ambondrona	1	1	»	P	22	11	33	
Ambohimahiratra	1	1	»	P	11	6	17	
Fierenana	1	1	»	P	20	6	26	
Tianarivo	1	1	»	P	20	8	28	
Marovavy	1	1	»	P	18	10	28	
Soamanjaka	1	1	»	P	18	13	31	
Ambatomitsangana	1	1	»	P	20	10	30	
Amboasary	1	1	»	P	13	4	17	
Ankonabo	1	1	»	P	16	5	21	
Ambohidava	1	1	»	P	16	5	21	
Ambohinvarina	1	1	»	P	14	12	26	
Mahajija	1	1	»	P	11	1	12	
Ambohimarinimamo	1	1	»	P	15	17	32	
Tsiazompaniry	1	1	»	P	6	9	15	
Antambiazina	1	1	»	P	19	5	24	
Kianjamalaza	1	1	»	F	18	»	18	
Ambohidrongory	1	1	»	F	19	4	23	
Ambohibary	1	1	»	F	12	6	18	
Mahaho	1	1	»	F	35	25	60	
A reporter	21	21	»		371	182	553	

N° 33 — GARDERIES INDIGÈNES

LOCALITÉS	NOMBRE de GARDERIES	NOMBRE DE PROFESSEURS			NOMBRE D'ÉLÈVES			OBSERVATIONS
		HOMMES	FEMMES	NATIONALITÉ	GARÇONS	FILLES	TOTAL	
Report	21	21			371	182	553	
Antsahabiabiaka	1	1	»	F	13	7	20	
Malarlay	1	1	»	F	13	7	20	
District du Kitsamby.								
Marofangady	1	1	»	F	32	19	51	
Vinaninony	1	1	»	F	20	7	27	
Marintampona	1	1	»	F	17	3	20	
Antanety	1	1	»	F	25	13	38	
Ampenefy	1	1	»	F	22	19	41	
Ambohibozimba	1	1	»	F	40	7	47	
Maromena	1	1	»	F	15	12	27	
Antsirambany	1	1	»	F	23	12	35	
Mahatsinjo	1	1	»	F	34	24	58	
Ambohitrinibe	1	1	»	F	17	8	25	
Avarabonga	1	1	»	A	12	13	25	
Manarivo	1	1	»	A	11	15	26	
Tsiafakamboa	1	1	»	A	14	11	25	
Miarinkofeno	1	1	»	A	13	10	23	
District du Mandridrano.								
Ampefy	1	1	»	F	15	7	22	
Ambodifarihy	1	1	»	F	10	5	15	
Mahatsinjo	1	1	»	F	14	8	22	
Ambohidanerana	1	1	»	F	18	11	29	
Masindray	1	1	»	F	16	8	24	
Ambohipieronana	1	1	»	F	14	4	18	
Totaux	43	43	»		779	412	1.191	

N° 33. — GARDERIES INDIGÈNES

LOCALITÉS	NOMBRE de GARDERIES	NOMBRE DE PROFESSEURS			NOMBRE D'ÉLÈVES			OBSERVATIONS
		HOMMES	FEMMES	NATIONALITÉ	GARÇONS	FILLES	TOTAL	
PROVINCE D'AMBOSITRA								
Ambohimanamoro	1	1	»	C	20	20	40	
Ambohipaniry	1	1	»	C	16	12	28	
Vohitrarivo	1	1	»	N	10	5	15	
Fiadanana	1	1	»	N	9	8	17	
Varizato	1	1	»	N	8	7	15	
Analamarina	1	1	»	N	11	4	15	
Vohibary	1	1	»	N	9	6	15	
Ambodiara	1	1	»	N	13	5	18	
Ambinanindrano	1	1	»	N	12	3	15	
Ambatomanjaka	1	1	»	N	7	8	15	
Ampasinambo	1	1	»	N	10	5	15	
Mahatsara	1	1	»	N	9	6	15	
Ambodivoahangy	1	1	»	N	8	7	15	
Sahanato	1	1	»	C	14	10	24	
Tomboarivo	1	1	»	N	13	2	15	
Voenana	1	1	»	N	12	12	24	
Ambohibary	1	1	»	N	11	4	15	
TOTAUX	17	17	»		192	124	316	
PROVINCE DE DIÉGO-SUAREZ								
District d'Antsirane.								
Anamakia	1	»	1	C	6	12	18	

N° 33 — GARDERIES INDIGÈNES

LOCALITÉS	NOMBRE de GARDERIES	NOMBRE DE PROFESSEURS			NOMBRE D'ÉLÈVES			OBSERVATIONS
		HOMMES	FEMMES	NATIONALITÉ	GARÇONS	FILLES	TOTAL	
CERCLE DE MORONDAVA								
Secteur de Morondava.								
Bethel	1	3	»	malgache.	31	30	61	
Betania	1	1	»	—	17	23	40	
Belo-sur-mer	1	3	»	—	38	42	80	
Secteur de Sekeny.								
Malaimbandy	1	1	»	—	15	15	30	
Mandarano	1	1	»	—	25	15	40	
Anosimeria	1	1	»	—	12	13	25	
Ampanotoka	1	1	»	—	15	15	30	
Ankibimangy	1	1	»	—	28	22	50	
Antanimbaribo	1	1	»	—	19	14	33	
Tsimiazava	1	1	»	—	18	16	34	
Totaux	10	14	»		218	205	324	
PROVINCE DE FIANARANTSOA								
District d'Ambohimahasoa.								
Ambatovory	1	1	»	—	12	13	25	
Ialamalaza	1	1	»	—	21	13	34	
Andihy	1	1	»	—	13	12	25	
A reporter	3	3	»		46	38	84	

N° 33 — GARDERIES INDIGÈNES

LOCALITÉS	NOMBRE de GARDERIES	NOMBRE DE PROFESSEURS			NOMBRE D'ÉLÈVES			OBSERVATIONS
		HOMMES	FEMMES	NATIONALITÉ	GARÇONS	FILLES	TOTAL	
Report	3	3	»		46	38	84	
	1	1	»	malgache.	12	3	15	
Itelolahy	1	1	»	—	8	17	25	
Iavoloha	1	1	»	—	9	6	15	
Ainongy	1	1	»	—	18	15	33	
Ankerana	1	1	»	—	16	9	25	
Sahavahona	1	1	»	—	7	11	18	
Tolohofotoy	1	1	»	—	18	11	29	
Imanjaka	1	1	»	—	7	8	15	
Ambohimarina	1	1	»	—	10	12	22	
Ivaka	1	1	»	—	10	20	30	
Ambohipo	1	1	»	—	23	21	44	
Tamiana	1	1	»	—	25	41	66	
Vohimalaza	1	1	»	—	8	10	18	
Filiarivo	1	1	»	—	8	12	20	
Itomboana	1	1	»	—	6	19	25	
Ambositra	1	1	»	—	16	12	28	
Italata	1	1	»	—	8	10	18	
Ilsito	1	1	»	—	15	14	29	
Vohitrarivo	1	1	»	—	8	7	15	
Anosy	1	1	»	—	9	6	15	
Ankarana	1	1	»	—	6	10	16	
Vohibe	1	1	»	—	5	15	20	
A reporter	25	25	»		298	327	625	

N° 33 — GARDERIES INDIGÈNES

LOCALITÉS	NOMBRE de GARDERIES	NOMBRE DE PROFESSEURS			NOMBRE D'ÉLÈVES			OBSERVATIONS
		HOMMES	FEMMES	NATIONALITÉ	GARÇONS	FILLES	TOTAL	
Report	25	25	»		298	327	625	
Ianjanana (nord)	1	1	»	malgache.	25	24	49	
Miandrisoa	1	1	»	—	11	10	21	
Ilanjana	1	1	»	—	15	20	35	
District de Fianarantsoa.								
Ambondrina	1	1	»	—	13	12	25	
Ambatobe	1	1	»	—	12	8	20	
Ankarana	1	1	»	—	12	12	24	
Vohimarina	1	1	»	—	15	15	30	
Malaza	1	1	»	—	9	11	20	
Laobato	1	1	»	—	11	9	20	
Ambodisandra	1	1	»	—	10	15	25	
Famoriana	1	1	»	—	10	8	18	
Ranomena	1	1	»	—	6	5	11	
Ambohimanana (ouest)	1	1	»	—	12	8	20	
Tsimatsainalamba	1	1	»	—	17	4	21	
Amboasary	1	1	»	—	17	15	32	
Ikolo	1	1	»	—	13	19	32	
Vohipary	1	1	»	—	18	14	32	
Voholaby	1	1	»	—	20	10	30	
Ankiky	1	1	»	—	15	5	20	
Vohimarina	1	1	»	—	20	7	27	
Vohibe	1	1	»	—	15	11	26	
A reporter	46	46	»		594	569	1.163	

N° 33 — GARDERIES INDIGÈNES

LOCALITÉS	NOMBRE de GARDERIES	NOMBRE DE PROFESSEURS			NOMBRE D'ÉLÈVES			OBSERVATIONS
		HOMMES	FEMMES	NATIONALITÉ	GARÇONS	FILLES	TOTAL	
Report............	46	46	»		594	569	1.163	
	1	1	»	malgache.	10	5	15	
Antsahanafana........................	1	1	»	—	8	7	15	
Halazana........................	1	1	»	—	19	10	29	
Sahavila (Mahazengy)................	1	1	»	—	10	5	15	
Androsona........................	1	1	»	—	17	15	32	
Morarano........................	1	1	»	—	26	11	37	
Ambohimanarivo........................	1	1	»	—	21	9	30	
Ambalavao........................	1	1	»	—	10	6	16	
Anjomanamona........................	1	1	»	—	13	18	31	
Sangasanga........................	1	1	»	—	11	12	23	
Ankrady........................	1	1	»	—	12	8	20	
Tanjokorongana........................	1	1	»	—	16	10	26	
Ambalamenja........................	1	1	»	—	14	14	28	
Sahamena........................	1	1	»	—	12	13	25	
Mitongoa (Fatakanina)................	1	1	»	—	13	13	26	
Antambonianjanina........................	1	1	»	—	12	16	28	
Ampitambe........................	1	1	»	—	9	12	21	
Marosalazana........................	1	1	»	—	16	8	24	
Somotra........................	1	1	»	—	19	13	32	
Fondreo........................	1	1	»	—	9	10	19	
Ambondrona........................	1	1	»	—	23	21	44	
Ambodivarionina........................	1	1	»	—	15	6	21	
Besaria........................	1	1	»	—	10	9	19	
Safafiona........................	1	1	»	—	10	8	18	
A reporter........	70	70	»		910	828	1.747	

N° 33 — GARDERIES INDIGÈNES

LOCALITÉS	NOMBRE de GARDERIES	NOMBRE DE PROFESSEURS			NOMBRE D'ÉLÈVES			OBSERVATIONS
		HOMMES	FEMMES	NATIONALITÉ	GARÇONS	FILLES	TOTAL	
Report	70	70	»		919	828	1.747	
Vohibe	1	1	»	malgache.	27	9	36	
Antamboholava	1	1	»	—	12	9	21	
Antsiobe	1	1	»	—	16	8	24	
Anaravokoka	1	1	»	—	14	6	20	
Andratombo	1	1	»	—	11	7	18	
Malaimanina	1	1	»	—	9	8	17	
Ambatolahifolaka	1	1	»	—	10	24	34	
Andoharano	1	1	»	—	11	9	20	
Andranolava	1	1	»	—	15	9	24	
Ambatovaky	1	1	»	—	18	13	31	
Ambalamahasoa	1	1	»	—	16	13	29	
Andranomenanjaza	1	1	»	—	10	10	20	
Ampatamena	1	1	»	—	10	8	18	
Fierenona	1	1	»	—	21	19	40	
Amontana	1	1	»	—	10	8	18	
Ankofa	1	1	»	—	5	10	15	
Ambondrombato	1	1	»	—	18	12	30	
Ambalao Iadiamanga	1	1	»	—	10	10	20	
Tamanarivo	1	1	»	—	5	9	14	
Vohibola	1	1	»	—	7	5	12	
Analamasina	1	1	»	—	20	15	35	
Ambalamarina	1	1	»	—	13	15	28	
Ambalavao Ankaranony	1	1	»	—	9	8	17	
A reporter	93	93	»		1.216	1.082	2.298	

N° 33 — GARDERIES INDIGÈNES

LOCALITÉS	NOMBRE de GARDERIES	NOMBRE DE PROFESSEURS			NOMBRE D'ÉLÈVES			OBSERVATIONS
		HOMMES	FEMMES	NATIONALITÉ	GARÇONS	FILLES	TOTAL	
Report............	93	93	»		1.216	1.082	2.298	
	1	1	»	malgache.	9	9	18	
Isaha..............................	1	1	»	—	14	11	25	
Ambolamisaona......................	1	1	»	—	9	8	17	
District d'Ifanadiana.								
Ambohimanga......................	1	1	»	—	26	9	35	
Ambalavero........................	1	1	»	—	46	24	70	
Tsimbahambo......................	1	1	»	—	31	23	54	
District d'Ambalavao.								
Valohianja........................	1	1	»	—	8	13	21	
Anara.............................	1	1	»	—	10	10	20	
Vohimaranitra.....................	1	1	»	—	8	12	20	
Ambalavao.........................	1	1	»	—	12	12	24	
Sadika............................	1	1	»	—	18	16	34	
Miarinarivo.......................	1	1	»	—	18	10	28	
Tsimaitohasoa.....................	1	1	»	—	10	5	15	
Fienenana.........................	1	1	»	—	13	13	26	
Samimaty..........................	1	1	»	—	23	25	48	
Antanambao........................	1	1	»	—	19	11	30	
Besoa.............................	1	1	»	—	16	23	39	
Mahasoa...........................	1	1	»	—	8	7	15	
A reporter.........	111	111	»		1.514	1.323	2.837	

N° 33 — GARDERIES INDIGÈNES

LOCALITÉS	NOMBRE de GARDERIES	NOMBRE DE PROFESSEURS			NOMBRE D'ÉLÈVES			OBSERVATIONS
		HOMMES	FEMMES	NATIONALITÉ	GARÇONS	FILLES	TOTAL	
Report............	111	111	»		1.514	1.323	2.837	
Soxtolakandro	1	1	»	malgache.	18	22	40	
Ambohimanana	1	1	»	—	28	12	40	
Tamia	1	1	»	—	20	6	26	
Anjaha	1	1	»	—	10	10	20	
Ambalaraketa	1	1	»	—	12	9	21	
Manandrambato	1	1	»	—	10	26	36	
Beondry	1	1	»	—	24	26	50	
Fotakiloa	1	1	»	—	10	5	15	
Vidia	1	1	»	—	10	11	21	
Ifanba	1	1	»	—	15	23	38	
Morondrotra	1	1	»	—	23	22	45	
Ambohitravo	1	1	»	—	21	20	41	
Sendrisoa	1	1	»	—	18	20	38	
Ambalamarina	1	1	»	—	11	4	15	
Andrainarivo	1	1	»	—	15	15	30	
Vohitsoka	1	1	»	—	25	6	31	
Ankarinarivo	1	1	»	—	20	12	32	
Vohimanombo	1	1	»	—	12	8	20	
TOTAUX............	129	129	»	—	1.816	1.580	3.396	

N° 33 — GARDERIES INDIGÈNES

LOCALITÉS	NOMBRE de GARDERIES	NOMBRE DE PROFESSEURS			NOMBRE D'ÉLÈVES			OBSERVATIONS
		HOMMES	FEMMES	NATIONALITÉ	GARÇONS	FILLES	TOTAL	
PROVINCE DE FORT-DAUPHIN								
Sainte-Luce	1	1	1	malgache.	48	32	80	
PROVINCE DE BETROKA								
Ambohimahasoa	1	1	»	—	11	9	20	
Beadabo	1	1	»	—	7	13	20	
Ambararata	1	1	»	—	8	12	20	
Andranomasy	1	1	»	—	13	2	15	
Bosaroy	1	1	»	—	21	15	36	
Bekifafa	1	1	»	—	20	8	28	
Manantara	1	1	»	—	16	13	29	
Sandranavy	1	1	»	—	15	6	21	
Vohitrakanga	1	1	»	—	12	11	23	
Sandranavy Ambany	1	1	»	—	9	7	16	
Amboahangy	1	1	»	—	15	12	27	
Antanandava	1	1	»	—	22	12	34	
Mahasoa	1	1	»	—	15	5	20	
Iondrika	1	1	»	—	17	9	26	
Tavelo	1	1	»	—	16	5	21	
Antsoaravy	1	1	»	—	13	8	21	
Tazonandrano	1	1	»	—	11	10	21	
Mangaikarou	1	1	»	—	21	20	41	
Anjalia	1	1	»	—	10	7	17	
Behasy	1	1	»	—	12	11	23	
Antanambao	1	1	»	—	10	12	22	
Andravindahy	1	1	»	—	10	7	17	
Somonosiny	1	1	»	—	16	14	30	
Fiarenano	1	1	»	—	8	5	13	
Totaux	24	24	»		328	233	561	

N° 33 — GARDERIES INDIGÈNES (RÉCAPITULATION GÉNÉRALE)

LOCALITÉS	NOMBRE de GARDERIES	NOMBRE DE PROFESSEURS			NOMBRE D'ÉLÈVES			OBSERVATIONS
		HOMMES	FEMMES	NATIONALITÉ	GARÇONS	FILLES	TOTAL	
Tananarive	43	44	»	—	858	482	1.340	
Vakinankaratra	4	4	»	—	73	45	118	
Farafangana	8	8	»	—	109	82	191	
Mananjary	1	1	»	—	23	17	40	
Vatomandry	4	4	»	—	51	34	85	
Andevoranto	4	4	»	—	123	73	196	
Tuléar	13	13	»	—	192	203	395	
Itasy	43	43	»	—	779	412	1.191	
Ambositra	17	17	»	—	192	124	316	
Diégo-Suarez	1	»	1	—	6	12	18	
Morondava	10	14	»	—	218	205	423	
Fianarantsoa	129	129	»	—	1.816	1.580	3.396	
Fort-Dauphin	1	»	1	—	48	32	80	
Betroka	24	24	»	—	328	233	561	
TOTAUX GÉNÉRAUX	302	305	2		4.816	3.534	8.350	

N° 34 — ÉTABLISSEMENTS D'ENSEIGNEMENT SECONDAIRE POUR LES ENFANTS EUROPÉENS

LOCALITÉS	NOMBRE D'ÉTABLISSEMENTS		NOMBRE DE PROFESSEURS		NOMBRE D'ÉLÈVES		TOTAUX			OBSERVATIONS
	Garçons.	Filles.	Hommes.	Femmes.	Garçons.	Filles.	Établissements.	Professeurs.	Élèves.	
Tananarive. Collège (1).........	1	»	5	1	32	»	1	6	32	(1) Enseignement officiel
Cours secondaires de jeunes filles (1)	»	1	»	3	»	16	1	3	16	
TOTAUX.........	1	1	5	4	32	16	2	9	48	

N° 35 — ÉCOLES FRÉQUENTÉES PAR LES ENFANTS EUROPÉENS (RÉCAPITULATION)

ÉCOLES	NOMBRE D'ÉCOLES			NOMBRE DE PROFESSEURS — LAÏQUES — Hommes.		LAÏQUES — Femmes.		CONGRÉGANISTES européens ou assimilés.		NOMBRE D'ÉLÈVES		TOTAUX DES ÉLÈVES	OBSERVATIONS
	Garçons.	Filles.	Mixtes.	Européens ou assimilés.	Indigènes.	Européennes ou assimilées.	Indigènes.	Hommes.	Femmes.	Garçons.	Filles.		
Écoles primaires	3	6	11	8	»	13	»	4	11	365	455	820	
Écoles maternelles	»	»	6	»	»	5	»	»	1	141	116	257	
Établissements d'enseignement secondaire	1	1	»	5	»	4	»	»	»	32	16	48	
Totaux	4	7	17	13	»	22	»	4	12	538	587	1.125	

N° 36 — ÉCOLES PRIMAIRES FRÉQUENTÉES PAR LES ENFANTS EUROPÉENS OU ASSIMILÉS

LOCALITÉS	OFFICIEL — Nombre d'écoles — Garçons	Filles	Mixtes	Nombre d'instituteurs — Hommes — Européens et assimilés	Hommes — Indigènes	Femmes — Européennes et assimilées	Femmes — Indigènes	Nombre d'élèves — Garçons	Filles	Totaux — Écoles	Professeurs	Élèves	LIBRE — Nombre d'écoles — Garçons	Filles	Mixtes	Nombre de professeurs — Laïques — Hommes	Femmes	Qualité	Français	Étrangers (Nationalité)	Congréganistes — Hommes	Femmes	Qualité	Français	Étrangers (Nationalité)	Nombre d'élèves — Garçons	Filles	Totaux — Écoles	Professeurs	Élèves	TOTAUX GÉNÉRAUX — Nombre d'écoles	Nombre de professeurs	Nombre d'élèves
PROVINCE DE TANANARIVE																																	
Tananarive-ville	»		1	1	»	1	»	14	16	1	2	30	»	1	1	»	1	Laïque.	»	»	»	2	C.	2	»	»	100	2	3	100	3	5	130
Tamatave		1	»	2	»	2	»	33	42	2	4	75	1	2	2	»	3	—	»	»	3	3	C.	6	»	144	101	5	9	245	7	13	320
DIEGO-SUAREZ																																	
Antsirane	»	»	1	1	»	2	»	45	40	1	3	85	1	1	»	»	»	—	»	»	1	1	C.	2	»	30	25	2	2	55	3	5	140
Majunga	»	»	1	1	»	1	»	32	24	1	2	56	»	1	»	»	»	—	»	»	»	2	C.	2	»	»	45	1	2	45	2	4	101
Mananjary	»	»	1	»	»	1	»	7	2	1	1	9	»	»	1	»	»	—	»	»	»	1	C.	1	»	11	19	1	1	30	2	2	39
Analalava	»	»	1	1	»	»	»	3	7	1	1	10	»	»	1	»	»	—	»	»	»	2	C.	2	»	4	7	1	2	11	2	3	21
NOSSI-BÉ																																	
Hell-ville	»	»	1	1	»	2	»	29	27	1	3	56	»	»	»	»	»	—	»	»	»	»	»	»	»	»	»	»	»	»	1	4	69
[illegible]	»	»	»	1	»	»	»	13	»	»	1	13																					
Totaux	1	1	6	8	»	9	»	176	158	8	17	334	2	5	5	»	4		»	»	4	11		15	»	199	207	12	19	406	20	36	830

N° 26 — ÉCOLES MATERNELLES FRÉQUENTÉES PAR LES ENFANTS EUROPÉENS OU ASSIMILÉS

LOCALITÉS	OFFICIELLES — Nombre d'écoles — Garçons.	Filles.	Mixtes.	Nombre de directrices laïques — Hommes — Européens ou assimilés.	Indigènes.	Femmes — Européennes ou assimilées.	Indigènes.	Nombre d'élèves — Garçons.	Filles.	Totaux — Écoles.	Professeurs.	Élèves.
PROVINCE DE TANANARIVE												
Faravohitra (Tananarive-ville)	»	»	1	»	»	1	»	22	4	1	1	26
PROVINCE DE TAMATAVE												
Tamatave	»	»	2	»	»	2	»	37	44	1	2	81
PROVINCE DE DIÉGO-SUAREZ												
Antsirana	»	»	1	»	»	1	»	56	38	1	1	94
PROVINCE DE MAJUNGA												
Majunga	»	»	1	»	»	1	»	24	12	1	1	36
Totaux	»	»	5	»	»	5	»	179	98	5	5	227

LOCALITÉS	LIBRES — Nombre d'écoles — Garçons.	Filles.	Mixtes.	Personnel enseignant — Laïques — Hommes.	Femmes.	Qualité.	Français.	Étrangers (Nationalité).	Congréganistes — Hommes.	Femmes.	Qualité.	Français.	Étrangers (Nationalité).	Nombre d'élèves — Garçons.	Filles.	Totaux — Écoles.	Professeurs.	Élèves.	TOTAUX GÉNÉRAUX — Nombre d'écoles.	Nombre de professeurs.	Nombre d'élèves.
PROVINCE DE TANANARIVE																					
Faravohitra (Tananarive-ville)	»	»	1	»	»		»	»	»	1	C	1	»	12	18	1	1	30	2	2	56
PROVINCE DE TAMATAVE																					
Tamatave	»	»	»	»	»		»	»	»	»		»	»	»	»	»	»	»	2	2	81
PROVINCE DE DIÉGO-SUAREZ																					
Antsirana	»	»	»	»	»		»	»	»	»		»	»	»	»	»	»	»	1	1	94
PROVINCE DE MAJUNGA																					
Majunga	»	»	»	»	»		»	»	»	»		»	»	»	»	»	»	»	1	1	36
Totaux	»	»	1	»	»		»	1	»	1		1	»	12	18	1	1	30	6	6	297

VI

CHEMINS DE FER

N° 38 — CHEMIN DE FER DE TANANARIVE A LA COTE EST EXPLOITÉ PAR LA COLONIE (RENSEIGNEMENTS GÉNÉRAUX)

DÉSIGNATION DE LA LIGNE OU DE LA CONCESSION	DATE DES LOIS ET DÉCRETS qui régissent la concession	DATE D'EXPIRATION des concessions	MONTANT des subventions données	CAPITAL garanti — obligations	DÉPENSES d'établissement	LONGUEUR (voies de service et de garage non comprises)			LARGEUR de la voie	NOMBRE des stations	NOMBRE des locomotives	NOMBRE DE WAGONS		PERSONNEL		OBSERVATIONS
						exploitée	construite	restant à construire				à voyageurs	à marchandises	agents fonctionnaires et engagés	ouvriers	
			francs.	francs.	fr. c.	km.	km.	km.	m.							
Chemin de fer de Tananarive à la côte Est	Loi du 14 avril 1900. Loi du 6 juillet 1903. Loi du 19 mars 1905 autorisant la colonie à emprunter une somme supplémentaire de 15 millions pour le chemin de fer.	»	»	»	61.864.731 23	266 420	166 »	4 383	1	13	13	14	38	11	1.097	La gare de Soanierana (266k420) a été ouverte à l'exploitation le 1er janvier 1909.

N° 39 — CHEMIN DE FER DE TANANARIVE A LA COTE EST EXPLOITÉ PAR LA COLONIE (RÉSULTATS GÉNÉRAUX DE L'EXPLOITATION)

DÉSIGNATION DE LA LIGNE OU DE LA CONCESSION	LONGUEUR moyenne exploitée	NOMBRE DE VOYAGEURS TRANSPORTÉS		NOMBRE DE TONNES DE MARCHANDISES		PARCOURS DES TRAINS pendant l'année entière		PARCOURS DES VÉHICULES pendant l'année entière		PARCOURS des machines pendant l'année entière	NOMBRE moyen de machines en service pendant l'année entière	RECETTES EN FRANCS (non compris l'impôt)			DÉPENSES totales d'exploitation	PRODUIT NET total de l'exploitation	COEFFICIENT D'EXPLOITATION	OBSERVATIONS
		à toute distance	ramené au parcours de 1 kilomètre	à toute distance	ramené au parcours de 1 kilomètre	voyageurs et mixtes	de marchandises	voitures à voyageurs	wagons, fourgons, etc.			voyageurs	marchandises	totales				
	km.			tonnes		km.	km.	km.	km.	km.		fr. c.	fr. c.	fr. c.	fr. c.	fr. c.		
Chemin de fer de Tananarive à la côte Est	175	20.404	1.336.111	37.078.560	5.048.159.068	41.368	192.841	113.011	795.851	233.366	5.35	138.605 50	962.171 89	1.100.777 19	751.273 96	349.503 23	68,08	

VII

CONCESSIONS

N° 40. — ÉTAT DES CONCESSIONS DE TERRE AU 1er JANVIER 1909

PROVINCES	NOMBRE DE LOCATIONS		ÉTENDUE DES TERRAINS LOUÉS		NOMBRE des concessions accordées à titre provisoire		ÉTENDUE des concessions à titre provisoire		NOMBRE DES CONCESSIONS ayant fait l'objet d'un titre définitif après mise en valeur		ÉTENDUE DES CONCESSIONS ayant fait l'objet d'un titre définitif après mise en valeur		NOMBRE DES IMMEUBLES vendus sans mise préalable ayant donné lieu à la délivrance d'un titre d'occupation provisoire		ÉTENDUE DES IMMEUBLES vendus sans mise préalable ayant donné lieu à la délivrance d'un titre d'occupation provisoire	
	Européens	Non Européens	Européens	Non Européens	Européens	Non Européens	Européens	Non Européens	Européens	Non Européens	Européens	Non Européens	Européens	Non Européens	Européens	Non Européens
			h. a. c.	h. a. c.			h. a. c.	h. a. c.			h. a. c.	h. a. c.			h. a. c.	h. a. c.
Diégo-Suarez	91	40	3 24 00	7.428 » »	33	391	0 » »	20.427 » »	32	94	4 » »	2.880 »	31	6	» 79 15	13.862 » »
Vohémar	2	25	0 13 80	164 » »	135	87	22 90 76	3.698 » »	90	78	15 05 01	1.577 81 00	75	»	4 20 57	»
Maroantsetra	»	»	»	»	10	22	1 36 61	319 21 23	11	21	» 95 20	314 02 11	»	»	»	»
Sainte-Marie	16	»	0 43 61	»	378	1.405	37 80 »	1.867 22 30	36	45	4 67 23	1.100 23 93	»	»	»	»
Tamatave	»	7	»	16.380 92 15	16	63	2 26 35	14.078 78 63	1	38	10 38 »	1.965 88 51	»	1	»	148 11 92
Andovoranto	1	5	0 01 45	183 37 12	80	97	8 81 86	7.078 06 12	21	34	2 79 16	5.402 72 00	13	»	4 00 75	»
Vatomandry	4	12	0 80 »	1.881 37 »	29	178	10 30 34	10.807 89 42	27	36	18 35 »	1.531 63 05	»	»	»	»
Mananjary	2	2	0 13 08	4 30 »	175	117	7 70 32	9.730 61 78	13	8	16 93 35	442 50 38	»	»	»	»
Farafangana	6	1	3 32 02	0 56 »	60	9	9 17 05	319 92 23	39	5	15 50 30	520 91 54	6	»	2 60 80	»
Fort-Dauphin	»	2	»	23 45 »	130	53	36 60 08	23.106 02 95	59	10	12 06 90	15 22 12	2	»	0 30 30	»
Tuléar	1	»	0 08 »	»	348	114	45 55 84	2.985 20 99	113	59	30 49 41	1.839 35 50	63	»	4 08 51	9 15 »
Morondava	161	»	2 31 69	»	121	38	8 90 44	4.705 14 06	49	11	9 13 65	30.077 67 86	19	1	0 89 55	4 17 42
Majunga	»	»	»	»	»	11	»	12.652 86 30	»	9	»	20 816 77 »	»	»	»	»
Maevatanana	»	6	»	1.060 15 »	»	35	»	1.405 21 »	»	8	»	3.575 21 »	16	1	3 25 31	2.218 34 »
Analalava	»	»	»	4 391 20 »	73	63	5 78 50	16.345 48 61	115	45	13 88 58	30.053 87 57	10	1	0 90 75	311 71 79
Nossi-Bé	452	34	7 » »	2.850 50 30	58	16[illegible]	8 56 45	13.016 82 42	4	63	1 18 »	9 601 30 17	7	4	31 34 88	336 41 90
Tananarive	»	10	»	1.111 00 23	7	106	140 84 »	5.743 25 28	»	79	»	11.463 18 66	»	3	»	1.570 09 13
Ankazobé	»	1	»	360 » »	»	16	»	1.818 » »	»	3	»	883 » »	»	»	»	»
Itasy	»	»	»	»	5	15	4 47 04	1.080 80 88	4	3	8 64 »	120 » »	»	»	»	»
Vakinankaratra	»	2	»	1 50 90	6	29	16 67 34	3 459 24 43	10	13	5 88 64	713 91 50	9	»	3 32 66	»
Ambositra	»	»	»	»	19	11	7 18 50	368 22 65	4	10	29 21 02	6 402 96 86	»	»	»	»
Fianarantsoa	1	1	0 50 »	36 37 85	17	77	6 30 09	3 525 39 92	5	35	1 30 08	1.561 77 66	19	13	13 94 01	45 09 83
Betroka	»	»	»	»	9	3	1 41 74	2.073 78 65	4	1	11 42 65	3 94 19	»	»	»	»
Totaux	470	167	18 01 91	35.176 28 55	1.880	2.325	431 47 25	187.251 26 30	606	751	200 54 21	132 908 13 54	276	30	71 37 86	18.301 40 »

N° 41 — ÉTAT GÉNÉRAL DES CONCESSIONS TERRITORIALES AU-DESSUS DE 10.000 HECTARES AU 1er JANVIER 1909

NOM DU CONCESSIONNAIRE ou raison sociale de la société concessionnaire	NOM DU REPRÉSENTANT ou du directeur de l'exploitation	NOMBRE DES EUROPÉENS EMPLOYÉS	CAPITAL SOCIAL	NATURE DE LA CONCESSION	SITUATION	DATE DE LA CONCESSION	SUPERFICIE concédée	SUPERFICIE effectivement mise en valeur	IMPORTANCE des troupeaux	DÉTAIL DES CULTURES ET AUTRES TRAVAUX effectués en vue de la mise en valeur
			francs.				hectares.	hectares.		
Compagnie franco-malgache	M. Bésnard	»	4.000.000	Pâturages et terrains de rizières	Cuvettes de Bralanana et de Mongidirano (Province d'Analalava)	24 février 1903	50.000	»	»	Aucune installation, aucun commencement de mise en valeur.
Compagnie occidentale de Madagascar	De Coupiel, administrateur-délégué	10	6.400.000	Terrains de culture — Pâturages — Forêts — Terrains pour l'exploitation des alluvions aurifères	Lots divers dans le cercle de Maevatanana, principalement dans les régions de Maevatanana, Andriba et Ambato-Boeni	22 mai 1904	100.000	Culture 425 environ — Terrains aurifères 26.000.	750 têtes de bétail en vue de reconstitution des troupeaux	Cultures. Rizières : 400 h. expl. par des indigènes (compte à demi.) Manioc : 10 — — — Patates : 10 — — — Maïs : 5 — — — Exploitation de l'or : Les 8 postes aurifères de la Compagnie occidentale de Madagascar ont donné en 1908 une production de 315 kilogr. 600 d'or. Des tentatives pour l'exploitation industrielle des alluvions ont été pratiquées en 1908 au poste de Nandrojia, près Maevatanana, mais n'ont pas donné de bons résultats.
Maréchal Auguste	»	4	»	Pâturages et forêts de caoutchouc	Bears (Cercle de Fort-Dauphin)	»	25.600	»	»	Les troupeaux des habitants du secteur paissent sur cette concession. Les lianes à caoutchouc sont exploitées.
Pradon Fils	Delavand	1	»	Agricole	Boboka (Province de Majunga)	»	20.000	20.000	4.000 (bovidés).	Le but principal de l'entreprise de M. Pradon est l'élevage.
Société foncière et minière de Madagascar	M. Planche (Tananarive)	»	1.000.000	Massif forestier	Montagne d'Ambre (Province de Diégo-Suarez)	30 mai 1909	13.505	»	»	
Totaux		16	11.400.000				209.204	45.125	4.750	

VIII

CULTURES

N° 42 — ÉTAT DE LA COLONISATION AGRICOLE EUROPÉENNE AU 1er JANVIER 1909

PROVINCES	NOMBRE des exploitations.	SUPERFICIE TOTALE des exploitations en hectares	NOMBRE des planteurs employés.	NOMBRE ET SALAIRES DES EMPLOYÉS — Indigènes originaires de la colonie. Nombre.	Salaire quotidien moyen	Travailleurs engagés non européens. Nombre.	Salaire quotidien moyen	TOTAL des ouvriers employés
		h. a. c.			fr. c.		fr. c.	
Diégo-Suarez	212	32.051 » »	200	1.100	1 »	»	»	1.100
Vohémar	103	1.044 » »	85	350	1 »	»	»	350
Maroantsetra	17	352 » »	23	130	0 65	»	»	130
Sainte-Marie	15	1.176 23 53	20	80	0 50	»	»	80
Tamatave	80	24.038 26 71	58	537	0 60	»	»	537
Andovoranto	54	32.434 65 79	38	553	0 80	»	»	553
Vatomandry	71	18.991 24 »	70	1.370	0 50	1	»	1.371
Mananjary	25	8.765 81 63	35	600	0 50	»	»	600
Farafangana	17	581 28 13	5	142	0 30	»	»	142
Fort-Dauphin	225	32.975 36 75	»	»	0 75	»	»	»
Tuléar	61	1.827 56 80	13	130	0 50	»	»	130
Morondava	23	31.976 23 74	26	200	0 60	»	»	200
Majunga	14	35.469 13 50	16	1.310	0 75	78	métayage.	1.388
Maevatanana	9	1.112 » »	5	60	0 60	»	»	60
Analalava	68	135.408 85 29	31	570	0 70	»	»	570
Nossi-Bé	151	32.609 11 64	59	1.491	1 »	»	»	1.491
Tananarive	186	20.183 06 59	67	1.421	0 60	»	»	1.421
Ankazobe	10	2.005 » »	9	151	0 55	»	»	151
[illegible]	20	580 98 04	10	130	0 50	»	»	130
Vakinankaratra	56	4.105 64 43	51	440	0 60	»	»	440
Ambositra	13	7.104 59 90	10	83	0 45	»	»	83
Fianarantsoa	51	2.309 41 65	25	103	0 50	»	»	103
Betroka	2	11 68 83	1	5	0 50	»	»	5
Totaux	1.468	466.353 60 15	850	11.043	»	79	»	11.122

PROVINCES	PRINCIPALES CULTURES ET PRINCIPAUX PRODUITS — Désignation des principales cultures	Nombre d'hectares en culture ou en exploitation.	Quantités récoltées.	Valeur des récoltes.	ANIMAUX DE FERME — Chevaux	[illegible]	[illegible]	[illegible]	Ânes	Chèvres	Porcs
		h. a. c.	kilogr.	francs.							
Diégo-Suarez	Riz, maïs, cultures maraîchères, manioc	2.075 » »	4.318.800	1.900.900	7	45	3.450	50	3	40	1.000
Vohémar	Vanilliers, riz, cocotiers, caféiers, manioc	365 » »	54.990	41.865	38	»	917	»	1	»	»
Maroantsetra	Vanilliers, caféiers, girofliers	319 » »	16.560	167.530	»	»	46	»	1	»	»
Sainte-Marie	Cocotiers, vanilliers, girofliers	231 » »	74.096	66.480	»	»	»	»	»	»	»
Tamatave	Riz, aloès, cannes à sucre, cocotiers, caféiers	1.278 35 »	1.002.950	5.790	14	5	457	16	10	29	310
Andovoranto	Manioc, canne à sucre, riz, vanilliers	1.122 01 »	7.022.320	308.725	»	»	789	10	»	7	453
Vatomandry	Caféiers, vanilliers, cocotiers, manioc	2.620 » »	20.034	132.261	6	4	360	10	5	»	»
Mananjary	Caféiers, canne à sucre, riz, vanilliers	1.398 » »	1.062.539	285.528	3	»	1.200	25	1	25	65
Farafangana	Caféiers, riz, caoutchoutiers, cocotiers, vanilliers	322 51 »	124.900	43.070	»	»	35	20	»	»	8
Fort-Dauphin	Caféiers, vanilliers, canne à sucre	»	»	»	»	»	»	»	»	»	»
Tuléar	Riz, ricins, patates, vigne, vanilliers	471 50 »	100.000	15.000	10	2	250	150	3	»	»
Morondava	Cocotiers, arbres fruitiers, manioc, riz	494 90 »	100.000	15.915	2	7	2.050	232	7	30	4
Majunga	Riz, cocotiers	1.334 » »	2.150.000	303.600	5	6	9.630	40	40	101	455
Maevatanana	Caoutchoutiers, riz, manioc	131 » »	92.000	15.000	»	»	473	»	»	»	60
Analalava	Cocotiers, riz, kapokiers, manioc, cotonniers	49.849 04 45	191.000	20.420	»	»	3.050	»	»	»	»
Nossi-Bé	Cocotiers, riz, sucrerie, vanilliers, caféiers	6.373 » »	1.743.900	822.960	10	15	1.990	12	9	160	630
Tananarive	Riz, arbres fruitiers, mûriers, manioc	1.309 15 08	2.300.991	190.075	21	11	505	90	4	35	40
Ankazobe	Riz, manioc, patates, arbres fruitiers	69 65 »	143.019	32.348	2	12	505	15	»	90	130
[illegible]	Mûriers, riz, tabac, [illegible], caféiers	102 30 »	135.960	7.098	2	3	1.005	»	»	»	300
Vakinankaratra	Arbres fruitiers, riz, manioc, caféiers	508 42 04	485.415	22.273	9	7	945	111	27	10	75
Ambositra	Mûriers, caféiers, arbres fruitiers	144 27 »	25.000	1.560	3	6	519	»	4	37	70
Fianarantsoa	Caféiers, arbres fruitiers, mûriers, vignes, riz	319 50 »	84.250	9.775	54	24	96	30	9	»	»
Betroka	Riz, eucalyptus, manioc, légumes	11 08 83	30.000	300	»	1	3	»	1	»	»
Totaux		71.461 70 00	22.414.676	4.373.734	208	152	26.757	881	136	827	3.626

N° 43 — STATISTIQUES DES CULTURES DES EUROPÉENS

ENTREPRISES A MADAGASCAR, AU 1er JANVIER 1909

DÉSIGNATION DES CULTURES	NOMBRE D'HECTARES en culture.	NOMBRE D'HECTARES EN pleine production.	NOMBRE D'HABITATIONS RURALES	PRODUITS DES CULTURES — ESPÈCE des unités.	QUANTITÉS récoltées	VALEURS brutes.	ESTIMATION des frais d'exploitation	VALEURS nettes.	VALEUR APPROXIMATIVE DES PROPRIÉTÉS RURALES — VALEUR DES TERRES employées aux cultures.	VALEUR des bâtiments et du matériel.	VALEUR des animaux de trait et du bétail.
	h. a. c.	h. a. c.			kilogr.	fr. c.	fr. c.	fr. c.	francs.	francs.	francs.
Vanilliers	1.663 34 »	1.638 38 »		kilogr.	69.139	1.399.471 »	535.450 »	864.021 »			
Caféiers	2.534 83 39	2.447 58 39		—	120.870	221.470 »	51.420 »	170.041 »			
Cacaoyers	835 » »	592 » »		—	5.472	11.415 »	3.903 »	7.512 »			
Corotiers	5.484 » »	5.330 » »		nombre	388.820	40.740 »	10.725 »	30.015 »			
Girofliers	137 » »	128 » »		kilogr.	13.130	12.650 »	970 »	11.680 »			
Théiers	44 31 »	38 31 »		—	60	40 »	10 »	30 »			
Caoutchoutiers	555 » »	45 » »		—	4.152	22.145 »	10.231 »	11.914 »			
Bananiers	254 96 84	121 21 84		régime	507.166	450.647 »	5.987 »	444.660 »			
Arbres fruitiers	1.121 29 89	1.091 29 89		kilogr.	510.445	27.269 »	8.252 »	19.017 »			
Vigne	77 70 45	77 70 45		—	71.886	28.451 »	8.884 »	19.567 »			
Mûriers	137 57 14	134 07 14		—	155.312	47.684 »	3.796 »	43.888 »			
Tabac	»	»		»	»	»	»	»			
Canne à sucre	1.105 78 08	947 28 08		—	1.873.300	641.715 »	44.477 »	597.238 »			
Riz	5.236 72 18	5.026 22 18		—	6.713.202	611.897 »	174.848 »	437.049 »			
Manioc	1.982 28 11	1.783 58 11		—	9.380.145	355.189 »	63.614 »	291.575 »			
Arrow-root	»	»		»	»	»	»	»			
Pommes de terre	131 69 50	131 69 50		—	555.343	206.224 »	4.108 »	202.116 »			
Patates	188 27 10	169 25 10		—	356.979	25.422 »	6.045 »	19.377 »			
Maïs	701 90 »	669 90 »		—	1.163.207	523.678 »	21.079 »	502.509 »			
Sorgho	64 » »	62 » »		—	800	1.200 »	400 »	800 »			
Blé	0 01 »	0 01 »	740	litre.	2	0 80	0.40	0 40	5.311.111	3.303.707	932.980
Orge	»	»		»	»	»	»	»			
Asperges	1 » »	1 » »		kilogr.	100	125 »	15 »	110 »			
Mil	»	»		»	»	»	»	»			
Sarrasin	»	»		»	»	»	»	»			
Haricots	11 22 08	11 22 08		—	16.578	2.349 »	535 »	1.814 »			
Pois du Cap	21 » »	7 » »		—	9.000	2.100 »	500 »	1.600 »			
Saonjo	4 29 18	4 29 18		—	5.252	327 »	134 »	193 »			
Cultures maraîchères	419 19 28	408 59 28		—	486.470	56.782 »	14.587 »	42.195 »			
Betteraves	»	»		»	»	»	»	»			
Luzerne	»	»		»	»	»	»	»			
Ananas	31 81 40	25 81 40		nombre	120.940	3.782 »	1.569 »	2.213 »			
Aloès	414 61 »	14 61 »		pièce.	14.610	292 »	146 »	146 »			
Cotonniers	20 15 »	3 50 »		kilogr.	4.000	»	»	»			
Ouatiers	303 » »	»		»	»	»	»	»			
Ambrevade	4 » »	»		»	»	»	»	»			
Tsitoavina	38 » »	»		»	»	»	»	»			
Arachides	110 » »	110 » »		—	8.800	4.400 »	4.000 »	400 »			
Cannelliers	3 » »	»		»	»	»	»	»			
Gingembre	2 15 »	» 15 »		—	300	450 »	300 »	150 »			
Poivriers	»	»		»	»	»	»	»			
Voanjobory	»	»		»	»	»	»	»			
Divers	17.822 55 28	613 73 83		—	516.209	23.700 »	12.300 »	11.400 »			

COLONISATION AGRICOLE EUROPÉENNE

N° 44 — COLONISATION AGRICOLE EUROPÉENNE. NOMBRE ET SUPERFICIE DES PROPRIÉTÉS AU 1er JANVIER 1909

PROVINCES	Propriétés de 0 à 10 hectares — Nombre	Superficie totale (h. a. c.)	Superficie mise en valeur (h. a. c.)	10 à 25 hectares — Nombre	Superficie totale (h. a. c.)	Superficie mise en valeur (h. a. c.)	25 à 50 hectares — Nombre	Superficie totale (h. a. c.)	Superficie mise en valeur (h. a. c.)	50 à 100 hectares — Nombre	Superficie totale (h. a. c.)	Superficie mise en valeur (h. a. c.)
Diégo-Suarez	101	1.012 » »	604 » »	32	633 » »	212 » »	24	1.007 » »	295 » »	24	1.734 » »	210 » »
Vohémar	145	381 » »	36 » »	8	102 » »	43 » »	4	152 » »	26 » »	3	224 » »	64 » »
Maroantsetra	11	62 » »	58 » »	»	»	»	3	84 » »	46 » »	3	190 » »	115 » »
Sainte-Marie	7	70 » »	27 » »	1	16 » »	3 » »	1	34 40 23	8 » »	5	887 » »	113 » »
Tamatave	41	90 83 16	40 » »	6	98 82 37	65 » »	7	202 » »	160 » »	12	735 62 50	152 95 »
Andevorante	26	141 22 52	110 15 »	4	68 47 26	36 » »	8	320 26 03	127 45 »	10	752 10 06	273 63 »
Vatomandry	20	184 26 »	50 » »	12	237 » »	70 » »	15	565 » »	125 » »	11	1.067 05 5	105 » »
Mananjary	5	0 46 »	40 » »	»	»	»	»	»	»	8	732 83 21	168 » »
Farafangana	11	12 82 04	10 » »	»	»	»	1	26 38 60	26 38 »	3	177 67 04	20 03 »
Fort-Dauphin	201	268 31 45	»	3	54 27 40	»	2	78 35 80	»	8	543 66 62	»
Tuléar	46	204 67 07	37 20 »	2	37 » »	»	1	35 40 63	1 » »	6	713 12 50	12 30 »
Morondava	9	27 79 57	20 57 55	3	56 11 25	56 11 25	2	93 19 07	44 71 20	4	340 13 85	20 » »
Majunga	»	»	»	»	»	»	»	»	»	2	190 » »	65 » »
Maevatanana	»	»	»	»	»	»	»	»	»	»	»	»
Analalava	11	83 38 58	15 12 08	3	47 60 00	»	5	170 30 10	34 96 20	10	746 19 38	302 94 70
Nossi-Bé	42	102 97 50	43 20 »	18	393 11 20	92 15 »	26	748 74 80	333 99 »	32	1.809 » »	523 » »
Tananarive	166	025 83 80	210 33 50	23	434 86 52	112 07 80	25	836 90 54	286 72 51	38	3.006 13 77	343 40 36
Ankazobé	»	»	»	1	23 » »	3 50 »	»	»	»	1	241 » »	31 15 »
Itasy	9	15 63 07	12 56 »	1	16 » »	1 » »	3	94 20 18	31 61 »	3	206 05 84	36 40 »
Vakinankaratra	17	68 35 27	29 55 65	8	103 42 29	18 » »	11	386 51 41	50 » »	7	610 30 65	37 » »
Ambositra	7	34 27 55	14 27 »	»	»	»	»	»	»	5	328 80 »	18 » »
Fianarantsoa	21	125 10 65	15 50 »	5	107 » »	9 » »	11	384 53 25	21 » »	6	477 30 18	118 » »
Betroka	2	11 68 83	11 68 83	»	»	»	»	»	»	»	»	»
Totaux	901	3.570 23 31	1.452 13 09	130	2.507 58 35	720 83 05	158	5.190 35 09	1.530 13 91	193	15.862 66 35	2.773 96 08

PROVINCES	Propriétés de 100 à 200 hectares — Nombre	Superficie totale (h. a. c.)	Superficie mise en valeur (h. a. c.)	200 à 500 hectares — Nombre	Superficie totale (h. a. c.)	Superficie mise en valeur (h. a. c.)	500 à 1.000 hectares — Nombre	Superficie totale (h. a. c.)	Superficie mise en valeur (h. a. c.)	1.000 hectares et au-dessus — Nombre	Superficie totale (h. a. c.)	Superficie mise en valeur (h. a. c.)	Total général — Nombre	Superficie totale (h. a. c.)	Superficie mise en valeur (h. a. c.)
Diégo-Suarez	10	2.838 » »	697 » »	7	2.964 » »	248 » »	3	2.122 » »	222 » »	2	19.650 » »	178 » »	215	31.031 » »	2.676 » »
Vohémar	2	251 » »	51 » »	1	474 » »	87 » »	»	»	»	»	»	»	163	1.684 » »	360 » »
Maroantsetra	»	»	»	»	»	»	»	»	»	»	»	»	17	345 » »	219 » »
Sainte-Marie	4	160 53 30	90 » »	»	»	»	»	»	»	»	»	»	18	1.176 93 53	251 » »
Tamatave	9	1.002 62 78	127 10 »	3	637 » »	183 » »	3	1.820 28 »	400 » »	4	19.601 87 86	142 » »	85	24.038 16 71	1.278 35 »
Andevorante	6	709 06 57	130 71 »	3	782 20 65	147 50 »	1	704 » »	150 » »	4	28.977 26 »	117 » »	62	32.434 85 79	1.122 01 »
Vatomandry	5	766 43 »	140 » »	2	1.644 » »	200 » »	1	972 » »	50 » »	5	13.546 » »	1.820 » »	71	18.091 25 »	2.020 » »
Mananjary	17	2.128 82 75	500 » »	3	507 65 »	110 » »	1	989 47 50	»	3	4.348 58 08	492 » »	36	8.765 82 63	1.368 » »
Farafangana	1	105 36 45	16 » »	1	309 04 »	250 » »	»	»	»	»	»	»	17	681 28 13	332 41 »
Fort-Dauphin	3	632 12 »	»	2	656 61 30	»	1	367 72 74	»	5	30.379 00 44	»	225	32.972 36 75	»
Tuléar	2	385 » »	21 » »	1	450 » »	100 » »	»	»	»	»	»	»	61	1.827 39 80	171 50 »
Morondava	»	»	»	»	»	»	2	1.468 » »	340 » »	3	30.013 » »	13 » »	23	31.978 23 74	404 40 »
Majunga	3	335 » »	30 » »	3	873 77 »	»	»	»	»	6	32.070 36 50	1.250 » »	14	33.469 13 50	1.334 » »
Maevatanana	8	864 » »	281 » »	1	218 » »	50 » »	»	»	»	»	»	»	9	1.122 » »	331 » »
Analalava	15	2.119 22 83	471 39 75	11	3.735 23 92	1.431 70 36	2	1.295 31 25	1.285 31 25	11	107.182 50 47	16.078 10 17	68	115.406 84 29	19.830 64 43
Nossi-Bé	13	1.821 68 »	900 » »	14	4.016 » »	1.020 » »	12	8.315 20 »	1.536 » »	4	15.115 » »	1.860 10 »	161	33.099 11 04	6.375 » »
Tananarive	26	3.502 05 38	78 48 10	7	2.124 61 40	309 14 08	»	»	»	4	9.500 36 90	»	288	20.180 06 59	1.339 15 08
Ankazobé	4	391 » »	12 » »	2	200 » »	17 » »	»	»	»	1	1.000 » »	6 » »	10	2.065 » »	69 65 »
Itasy	4	556 02 95	20 73 »	»	»	»	»	»	»	»	»	»	20	889 98 01	102 30 »
Vakinankaratra	9	1.069 96 84	60 87 »	1	300 » »	120 » »	»	»	»	1	1.590 » »	195 » »	54	4.105 64 03	568 42 84
Ambositra	»	»	»	»	»	»	»	»	»	1	6.751 17 45	114 » »	13	7.104 20 90	146 27 »
Fianarantsoa	5	601 11 40	56 » »	2	616 » »	300 » »	»	»	»	»	»	»	51	2.300 41 65	519 50 »
Betroka	»	»	»	»	»	»	»	»	»	»	»	»	2	11 68 83	11 68 83
Totaux	121	20.363 60 32	3.991 50 85	63	20.036 45 17	4.001 34 33	26	18.424 09 58	4.134 31 25	53	310.185 31 49	22.306 49 17	1.668	406.333 80 15	41.461 70 00

IX

INDUSTRIE FORESTIÈRE

N° 45 — ÉTAT DES PERMIS TEMPORAIRES DE COUPE DE BOIS ACCORDÉS PENDANT L'ANNÉE 1908

PROVINCES	NOMBRE DES PERMIS ACCORDÉS		VOLUME DU BOIS COUPÉ EN STÈRES		RECETTES EFFECTUÉES		OBSERVATIONS
	Non indigènes.	Indigènes.	Non indigènes.	Indigènes.	Non indigènes.	Indigènes.	
			st. dc.	st. dc.	fr. c.	fr. c.	
Diégo-Suarez	1	4	10 »	4 200	30 »	13 »	
Vohémar	17	18	50 »	54 »	150 50	92 »	
Maroantsetra	2	1	3.890 »	0 400	10 50	4 »	
Sainte-Marie	1	1	»	»	7 50	2 50	
Tamatave	1	42	4 »	12 250	16 »	241 »	
Andevorante	13	8	48 614	49 050	180 »	112 50	
Vatomandry	12	8	39 »	30 500	202 50	154 »	
Mananjary	36	8	»	»	436 »	98 »	
Farafangana	19	10	150 »	176 »	366 »	458 »	
Fort-Dauphin	22	»	»	»	287 50	»	
Tuléar	17	»	191 »	»	123 50	»	
Morondava	37	196	33 905	152 460	384 50	2.026 50	
Majunga	13	9	»	»	184 »	70 »	
Maevatanana	5	»	22 650	»	375 »	»	
Analalava	11	»	1.093 450	»	321 »	»	
Nossi-Bé	6	143	»	»	150 »	1.212 50	
Tananarive	»	18	»	29 400	»	»	
Ankazobé	6	9	154 »	407 »	337 50	»	
Itasy	»	»	»	»	»	»	
Vakinankaratra	1	12	0 050	0 930	7 50	139 50	
Ambositra	2	20	96 230	566 321	115 »	636 50	
Fianarantsoa	5	13	150 »	112 »	97 50	91 50	
Betroka	»	4	»	197 »	»	90 »	
TOTAUX	227	524	2.046 789	1.791 511	3.782 »	6.341 50	

N° 46 — ÉTAT DES EXPLOITATIONS FORESTIÈRES AU 1er JANVIER 1909

CIRCONSCRIPTIONS	NOMS DES CONCESSIONNAIRES	DATE DE LA CONCESSION	MONTANT DE LA REDEVANCE annuelle.	SUPERFICIE CONCÉDÉE	SUPERFICIE EXPLOITÉE	PRODUCTION VOLUME	PRODUCTION VALEUR
			fr. c.	h. a. c.	h. a. c.	mc. dc.	fr. c.
AMBOSITRA	Randrianjafy, Eloi	31 août 1908.	70 20	792 » »	»	»	»
ANDEVORANTE	Cotte	31 décembre 1897.	70 »	700 » »	700 » »	1.700 »	35.500 »
	Compagnie coloniale	»	propriété.	2.600 » »	2.600 » »	2.100 »	44.000 »
	Société « la Grande Ile »	»	—	6.000 » »	6.000 » »	5.300 »	37.000 »
	Société des Messageries françaises	15 janv. et 23 octob. 1900	561 65	5.616 49 50	5.616 49 50	3.340 »	12.500 »
	Nocent	14 novembre 1900.	60 »	600 » »	600 » »	60 »	2.300 »
	Société « la Grande Ile »	16 juin 1904.	propriété.	700 03 53	non exploitée.	»	»
	Rustique Payet	28 janvier 1907.	126 »	63 » »	63 » »	35 »	1.500 »
	Bonhomme	9 septembre 1907.	45 »	450 » »	450 » »	100 »	2.500 »
	Maricot	22 octobre 1907.	40 »	400 » »	400 » »	650 »	9.250 »
	Vve Ratana	13 décembre 1907.	15 »	75 » »	75 » »	17 »	850 »
	Total	....	917 65	17.294 53 03	16.504 49 50	13.502 »	145.400 »
DIÉGO-SUAREZ	Boiroux	6 mars 1904.	3 20	32 » »	32 » »	100 »	400 »
	Schneider Vincent	7 février 1905.	30 »	300 » »	300 » »	170 »	550 »
	Matte	20 avril 1906.	20 44	204 40 »	204 40 »	150 »	550 »
	Franquelin	—	4 14	41 40 »	41 40 »	120 »	500 »
	Boiroux	2 avril 1907.	9 »	90 » »	90 » »	250 »	850 »
	Schneider Vincent	17 décembre 1907.	50 »	500 » »	500 » »	300 »	1.000 »
	Baraka	27 mars 1908.	17 80	187 » »	187 » »	215 »	900 »
	Schneider	9 juin 1908.	25 »	250 » »	250 » »	150 »	500 »
	Total	....	159 58	1.604 80 »	1.604 80 »	1.455 »	5.250 »
FIANARANTSOA	Du Coëtlosquet	1er août 1903.	101 40	1.014 » »	300 » »	47 »	2.820 »
	Dantony	9 avril 1904.	87 60	876 » »	100 » »	8 »	480 »
	Ranaivo	18 décembre 1904.	11 »	110 » »	60 » »	33 »	2.020 »
	Leroy J. H.	1er sept. et 1er déc. 1905.	210 »	2.100 » »	600 » »	230 »	13.200 »
	Collet	26 novembre 1906.	25 »	250 » »	40 » »	52 »	3.120 »
	Randrianary, Rabe, Ratovo	10 décembre 1906.	50 »	500 » »	50 » »	38 »	2.400 »
	Ravoavahy	18 janvier 1907.	30 »	300 » »	50 » »	30 »	1.800 »
	Total	....	515 »	5.150 » »	1.200 » »	438 »	25.840 »
FORT-DAUPHIN	Marchal Auguste	juillet 1903.	gratuite.	5.000 » »	700 » »	»	»
MANANJARY	Vasemont, Louis, Flavien	7 juillet 1908.	91 40	912 » »	»	»	»
	Schalaire, Albert, Emile	1er septembre 1908.	63 »	630 » »	630 » »	1.200 »	3.000 »
	Cie Lyonnaise de Madagascar	—	96 »	960 » »	960 » »	2.000 »	5.000 »
	Rolland	14 décembre 1908.	60 »	600 » »	600 » »	1.800 »	4.500 »
	Moncorgé, Franche et Cie	31 décembre 1908.	27 »	270 » »	»	»	»
	Total	....	337 40	3.372 » »	2.190 » »	5.000 »	12.500 »
MAROANTSETRA	Cie parisienne de Madagascar	août 1901.	1.000 »	10.000 » »	900 » »	800 »	37.000 »
	Le Compte Casimir	novembre 1901.	gratuite.	5.000 » »	1.500 » »	712 500	33.747 50
	Ricard à Vatolava	24 mai 1904.	51 50	515 » »	515 » »	149 »	2.646 »
	Maigrot à Famolaha	25 août 1904.	100 »	1.000 » »	»	»	»
	Bonas Alfred	juin 1905.	100 »	1.000 » »	690 » »	134 750	18.985 »
	Maigrot à Ambodiforaha	4 octobre 1905.	290 »	2.900 » »	2.000 » »	400 »	12.000 »
	Ruffat	3 novembre 1905.	700 »	7.000 » »	»	»	»
	Ricard à Melokinany	19 février 1906.	20 »	200 » »	200 » »	102 »	1.734 »
	Ricard à Anandrivola	—	10 »	100 » »	35 » »	128 »	2.240 »
	Dijoux à Sahamadio	27 septembre 1906.	50 »	500 » »	10 » »	65 »	2.000 »
	Leduc à Andranovato	17 novembre 1906.	2 50	25 » »	25 » »	30 »	683 »
	Leduc à Ambanizana	25 mars 1907.	40 »	400 » »	200 » »	240 »	5.335 »
	Maigrot à Androka	— 1908.	100 »	1.000 » »	250 » »	100 »	8.500 »
	Héritiers Maigrot à Androka	— —	100 »	1.000 » »	»	»	»
	Pineguy à Androka	— —	100 »	1.000 » »	»	»	»
	Total	....	2.664 »	31.040 » »	7.125 » »	2.861 250	124.850 50
	A reporter	....	3.672 83	64.853 » »	29.334 29 50	23.256 250	313.840 50

N° 46 — ÉTAT DES EXPLOITATIONS FORESTIÈRES AU 1ER JANVIER 1909

CIRCONSCRIPTIONS	NOMS DES CONCESSIONNAIRES	DATE DE LA CONCESSION	MONTANT DE LA REDEVANCE annuelle.	SUPERFICIE CONCÉDÉE	SUPERFICIE EXPLOITÉE	PRODUCTION VOLUME	PRODUCTION VALEUR
			fr. c.	h. a. c.	h. a. c.	mc. dc.	fr. c.
	Report............	....	3.672 83	64.853 » »	29.334 29 50	23.256 250	313.840 50
MORONDAVA............	Homsi Nég'b..................	23 juin 1908.	250 »	1.000 » »	1.000 » »	200 »	8.000 »
	Ipyropoulos....................	24 décembre 1908.	98 »	980 » »	»	»	»
	TOTAL..........	....	348 »	1.980 » »	1.000 » »	20[illegible] »	8.000 »
TAMATAVE.............	Mavinta Kiroffo................	25 septembre 1900.	10 »	100 » »	80 » »	125 »	6.500 »
		25 septembre 1905.	35 35	353 50 »	150 » »		
	Cie Marseillaise de madagascar.....	1er novembre 1904.	3 83	38 34 »	38 34 »		
		31 mai 1905.	41 30	413 » »	413 » »	690 »	25.000 »
		1er novembre 1904.	21 60	216 » »	216 » »		
	Larrieu......................	28 mars 1905.	17 96	179 60 »	150 » »	120 »	6.000 »
		23 juillet 1908.	20 »	200 » »	20 » »		
	Clément Albert................	28 mars 1905.	28 »	280 » »	200 » »	47 »	1.659 50
	Ratsimatahotra et Rainijery......	27 septembre 1906.	2 50	25 » »	»	»	»
	Bruncher.....................	1er octobre 1907.	9 57	95 70 »	95 70 »	100 »	5.000 »
	Sautron.....................	26 octobre 1907.	15 »	150 » »	»	»	»
	Belle........................	21 mars 1908.	8 »	80 » »	»	»	»
	Ebeling......................	3 juin 1908.	25 »	250 » »	»	»	»
	Peyronnet....................	27 juillet 1908.	26 »	»	»	»	»
	Dupuy Isaïe..................	27 juillet 1908.	31 50	»	»	»	»
	Desrosiers...................	10 décembre 1908.	20 »	200 » »	15 » »	100 »	5.500 »
	C. Hirmance..................	20 décembre 1908.	1 50	15 » »	»	»	»
	TOTAL..........	....	317 11	2.596 14 »	1.378 04 »	1.182 »	49.659 50
TANANARIVE............	de Lacroix-Laval..............	19 décembre 1900.	1.000 »	4.532 » »	»	»	»
	Rolin........................	1er janvier 1902.	100 »	2 50 »	»	»	»
	Savaron......................	1er janvier 1903.	100 »	400 » »	100 » »	»	»
	Bouts........................	4 janvier 1904.	gratuite.	9.500 » »	»	»	»
	Rabesa.......................	30 oct. 1905 et 3 sept. 1906	210 »	1.340 » »	1.340 » »	»	»
	Lanfrey......................	17 juillet 1906.	50 »	500 » »	500 » »	180 »	9.000 »
	Rainizaivelo..................	16 août 1906.	51 »	510 » »	510 » »	»	»
	Cie Foncière et Minière..........	5 septembre 1906.	gratuite.	7.583 82 »	1.000 » »	211 »	5.275 »
	Du Cor de Duprat..............	11 septembre 1906.	54 »	540 » »	»	»	»
	Rafiringa Paul.................	28 novembre 1906.	613 »	1.510 » »	1.510 » »	304 »	13.700 »
	Mlle Giraudel Valentine..........	22 mai 1907.	»	1.000 » »	1.000 » »	»	»
	Anquetil et Darrioux............	8 août 1907.	96 59	965 90 »	965 90 »	900 »	42.300 »
	de Lacroix-Laval...............	—	»	1.250 10 18	»	»	»
	Giraudel.....................	—	100 »	1.000 » »	250 » »	»	»
	Moltedo......................	—	100 »	1.000 » »	250 » »	»	»
	Rainizaivelo..................	—	100 »	460 » »	115 » »	»	»
	TOTAL..........	....	2.574 59	32.094 32 18	7.540 90 »	1.595 »	70.275 »
VOHÉMAR...............	Héritiers Cayeux...............	1er juillet 1901.	1.500 »	15.000 » »	5.000 » »	300 »	22.000 »
	Mme Guinet Édouard............	16 août 1904.	100 »	1.000 » »	1.000 » »	110 500	8.050 »
	Maigrot Maurice................	1er octobre 1904.	300 »	3.000 » »	3.000 » »	92 »	6.280 »
	Pouquet......................	15 octobre 1904.	500 »	5.000 » »	5.000 » »	150 »	13.500 »
	L. Mourein....................	octobre 1906	93 80	936 » »	180 » »	146 500	6.650 »
	Plaideau......................	juillet 1907.	50 »	»	»	360 »	300 »
	Picard Auguste................	5 novembre 1907.	100 »	1.000 » »	1.000 » »	60 »	3.900 »
	Gouges.......................	1er juin 1908	100 »	1.000 » »	1.000 » »	80 »	7.200 »
	Serre........................	octobre 1908	2.803 »	»	4.681 » »	»	»
	Maigrot Maurice................	—	200 »	»	1.998 » »	»	»
	TOTAL..........	....	5.746 80	16.180 » »	33.615 » »	1.299 »	67.880 »
	TOTAUX GÉNÉRAUX...........	....	13.659 33	135.138 70 21	55.433 23 50	27.532 250	509.655 »

X

MINES

N° 47 — TABLEAU GÉNÉRAL DE L'INDUSTRIE MINIÈRE DE 1900 A 1908

ANNÉES	NOMBRE de concessions en activité.	SUPERFICIE des concessions en activité.	MINERAI EXTRAIT		MINERAI EXPORTÉ		NOMBRE d'ouvriers employés.
			POIDS	VALEUR	POIDS	VALEUR	
		hectares.	kilogr.	francs.	kilogr.	francs.	
1900	178	15.055	»	»	»	3.587.917	»
1901	234	8.960	»	»	1.118	2.299.676	»
1902	224	72.199	»	»	1.535	3.880.695	»
1903	240	138.328	»	»	2.299	5.856.778	»
1904	273	174.788	16.705	7.936.139	2.460	7.380.014	»
1905	319	209.473	13.497	7.178.547	2.300	6.902.412	»
1906	390	223.469	14.465	6.609.711	2.016	6.050.295	»
1907	363	210.563	3.019.236	9.294.325	2.266.142	6.757.887	»
1908							

N° 48 — TABLEAU GÉNÉRAL DE L'INDUSTRIE MINIÈRE EN 1908

NATURE DE LA MINE		NOMBRE de concessions en activité.	SUPERFICIE des concessions en activité.	MINERAI EXTRAIT		MINERAI EXPORTÉ		NOMBRE d'ouvriers employés.
				POIDS	VALEUR	POIDS	VALEUR	
			h. a.	k. gr	francs.	k. gr.	francs.	
OR	d'exploitation	400	253.726 58	(3) 1.551 450	4.344.060	1.533 568	4.293.992	»
	de recherche	2.549	»	(4) 1.597 883	4.474.074	1.579 060	4.421.368	»
Totaux		....	....	3.149 334	(5) 8.818.135	3.112 628	8.715.300	»
PIERRES PRÉCIEUSES	d'exploitation	2	1.518 26	24 699	»	237 735	»	»
	de recherche	13	»	209 341	»			
Totaux		....	....	234 040	»	(6) 237 735	»	»
CRISTAL DE ROCHE		(1) 7	2.879	87.402	174.804	87.402	(7) 174.804	»
QUARTZ ROSE				6.850	13.770	6.850	(8) 13.700	»
MICA				500	1.250	500	(9) 1.250	»
Totaux		....	....	94.752	189.754	94.752	189.754	»
AMAZONITE		(1) 2	4.042	1.833	4.582	1.833	(10) 4.582	»
GRAPHITE		(1) 4	1.600	82.179	32.871	82.179	(11) 32.871	»
FER		(1) 6	2.703	28.995	1.987	28.995	(12) 1.987	»
Totaux généraux		2.983	266.468 84	211.142 374	9.047.279	211.109 365	8.944.544	»

(1) Bornages ou concessions.
(2) Ces 28.995 kilos. de minerai ont produit 7.361 kilos. de fer métal.
(3) La production porte sur 315 permis d'exploitation.
(4) — 836 permis de recherches.
(5) Base du calcul : 2.800 fr. le kilogramme
(6) La différence en plus de l'exportation sur la production provient du stock existant au 31 décembre 1907.

(7) Base du calcul : 2.000 fr. la tonne.
(8) — 2.000 —
(9) — 2.500 —
(10) Base du calcul : 2.500 fr. la tonne.
(11) — 400 —
(12) — 270 — du fer métal.

N° 49 — ÉTAT INDICATIF DES MINES EXPLOITÉES PENDANT L'ANNÉE 1908 ET DES RÉSULTATS DE CETTE EXPLOITATION

NATURE DU MINERAI	NOM DE LA MINE ou désignation des terrains miniers		EMPLACEMENT	NOMBRE des concessions	SUPERFICIE des concessions	NATURE de la concession	NOMS des propriétaires	NOMS des représentants	PRODUCTION poids	PRODUCTION valeur	EXPORTATION poids	EXPORTATION valeur	TENEUR moyenne du minerai	NOMBRE d'ouvriers employés Hors Marché	NOMBRE d'ouvriers employés Autres sites	OBSERVATIONS
					h. a.				k. gr.	francs.	k. gr.	francs.	pour cent.			
OR	Province du Vakinankaratra.	C 1 r	Ihatana	1	785 60	1 périmètre.	Cie lyonnaise de Madagascar.	Agent	4 043	11.322	3 720	10.418				
		C 3 r	Ialatsara	1	686 25	—	—	—	3 380	9 490	3 223	9.024				
		C 7 r	Ambatomainty	1	890 48	—	Société Anosibe	—	3 298	9.234	3 303	9.250				Vendu au Syndicat Lyonnais le 1er Décembre 1908.
		C 8 r	Sahanarivo	1	490 75	—	—	—	2 218	6.212	2 339	6.550				—
		C 17 r	Andranofito	1	244 86	—	Jean-Louis	Jean-Louis	0 938	2.627	0 884	2.475				
		C 36 r	Ibity	2	790 75	—	Bourgoin-Talbot	Talbot	3 481	9.746	3 350	9.384				
		C 40 r	Ambatofotsy	3	708 00	—	Puchard Bell et Villedieu.	Villedieu	2 937	8.223	2 677	7.495				
		C 41 r	Antsofimbato	3	795 95	—	—	—	3 743	10.391	3 755	10.514				
		C 48 r	Ambalambato	3	780 36	—	—	—	0 686	1.915	0 650	1.820				
		C 50 r	Antambanandriana	1	612 »	—	Peyraud	Peyraud	2 118	5.932	1 385	3.876				
		P O 60 r	Andranofito	1	25 »	—	Guzit	Guzit	6 880	19.280	5 600	16.006			—	
		P O 63 r	Ampasamainandry II.	1	25 »	—	Ollier	Ollier.	0 414	1.159	0 468	1.310				
		P O 65 r	Ampasamainandry I.	1	25 »	—	A. G. Riddell	Riddell.	0 325	630	»	»				
		C 69 r	Miadana	1	676 60	—	Lambert	Lambert.	2 236	6.266	1 564	5.300				
		C 85 r	Ambatotsara	1	760 79	—	A. G. Riddell	Riddell	1 686	4.721	1 700	4.870				
		C 92 r	Ambohimainty	1	798 06	—	Cie française des mines d'or de Madagascar	Agent	»	»	»	»				
		C 96 r	Mananjoloby	1	219 »	—	L. Catin	—	3 183	8.914	2 859	7.050				
		C 101 r	Fiononana	1	784 »	—	Saveron	Saveron	0 028	79	0 028	79				Abandonnée le 18 mars 1908.

N° 19 — ÉTAT INDICATIF DES MINES EXPLOITÉES PENDANT L'ANNÉE 1908 ET DES RÉSULTATS DE CETTE EXPLOITATION

NATURE DU MINERAI	NOM DE LA MINE		EMPLACEMENT	NOMBRE des concessions	SUPERFICIE des concessions	NATURE de la concession	NOMS DU PROPRIÉTAIRE	NOMS DES EXPLOITANTS	PRODUCTION POIDS	PRODUCTION VALEUR	EXPORTATION POIDS	EXPORTATION VALEUR	TENEUR moyenne du minerai	NOMBRE D'OUVRIERS EMPLOYÉS Race blanche	NOMBRE D'OUVRIERS EMPLOYÉS Autres races	OBSERVATIONS
					h. a.				k. gr.	francs	k. gr.	francs	pour cent			
OR	Province de Tananarive	T 108	Antsolabato	1	799 75	1 périmètre.	L. Besson	L. Besson	3 394	10.702	2 861	8.013				Mutation en faveur du Syndicat Lyonnais pour compter du 1er décembre 1908.
	Province de Vakinankaratra	C 110 r	[illegible]	1	705	—	Société [illegible]	Agent	2 297	6.411	2 068	5 792				
		C 112 r	Ambodirano	1	714	—	Peyraud	Peyraud	0 072	201	0 098	275				Abandonné le 1er Juin 1908.
		C 116 r	[illegible]	2	769	—	Bourgois-Talbot	Talbot	2 446	6.938	3 107	8,800				
	Province de l'Itasy	B 7 r	[illegible]	1	712 20	—	Dreyfus	Dreyfus	3 691	10.336	3 537	9,908				
		B 8 r	[illegible]	1	797 83	—	Société Parisienne	Agent	18 611	52.112	19 183	53.713				
		B 22 r	[illegible]	1	525 40	—	L. Caste	—	8 232	23.050	7 912	22,153				
		B 23 r	[illegible]	1	784	—	du Cor de Duprat	du Cor de Duprat	0 748	2.094	0 863	2.410				Abandonné le 6 octobre 1908.
		B 29 r	Marotongala	1	795	—	Brusque	Brusque	»	»	»	»				— le 1er décembre 1909
		B 35 r	Vakinambo	1	800	—	Société Vakinambo	Agent	9 175	25.638	9 175	25.640				
		B 34 r	[illegible]	1	737 91	—	Brusque	—	5 750	16.050	5 300	14.865				
		B 37 r	[illegible]	1	780 50	—	Succession Talbot	—	0 096	1.799	1 271	3.560				
		B 38 r	[illegible]	1	716 90	—	Brusque	—	5 432	15.209	5 162	14.453				
		B 39 r	—	1	577 66	—	—	—	5 594	15.663	4 782	13.390				
		B 40 r	Marovitsika	1	550 18	—	—	—	5 808	16.262	5 407	15.139				
		B 45 r	[illegible]	1	200 75	—	Lasseur	—	0 131	367	0 136	380				
		B 51 r	[illegible]	1	180	—	Société Vakinambo	—	»	»	»	»				
		B 53 r	Mahatsinjo	1	702 44	—	Delhorbe	—	»	»	»	»				
		B 56 r	[illegible]	1	195 60	—	Succession Talbot	—	»	»	»	»				Abandonné le 1er octobre 1908.
		B 66 r	[illegible]	1	36 20	—	A. Dusouchet	A. Dusouchet	2 373	6.644	2 423	6.785				— le 10 août 1908.
		B 69 r	—	1	65 45	—	—	—	2 596	7.269	2 451	6.873				
		B 70 r	[illegible]	1	800	—	G. Salomon	G. Salomon	2 894	8.103	2 863	8.302				

N° 49 — ÉTAT INDICATIF DES MINES EXPLOITÉES PENDANT L'ANNÉE 1908 ET DES RÉSULTATS DE CETTE EXPLOITATION

NATURE DU MINERAI	NOM DE LA MINE et désignation des numéros		EMPLACEMENT	NOMBRE des concessions	SUPERFICIE des concessions	NATURE de la concession	NOMS des propriétaires	NOMS des exploitants	PRODUCTION poids	PRODUCTION valeur	EXPORTATION poids	EXPORTATION valeur	TENEUR moyenne du minerai	NOMBRE d'ouvriers employés Race blanche	NOMBRE d'ouvriers employés Autres races	OBSERVATIONS
					h. a.				k. gr.	francs.	k. gr.	francs.	pour cent.			
Or	Province du Vakinankaratra.	C 97 r	Sonvinorino	1	797 64	1 périmètre.	Société Sonvinorino	Agent	1 586	4.272	1 435	4.039				
		C 99 r	Mahaetra	1	735 16	—	Société Nantaise	—	»	»	»	»				
		C 123 r	Farahitsara	1	591 19	—	M. Chaplin	—	1 166	3.204	1 127	3.155				
		T 7	Sorobaratra	1	900	—	Société d'Antsaha	—	4 337	12.145	4 649	13.019				Mutation en faveur du Syndicat lyonnais pour compter du 1er décembre 1908.
		T 8	Antaniona	1	905 92	—	—	—	4 219	11.815	4 380	12.261				
		T 9	Analamarina	1	780 »	—	M. Chaplin	—	3 490	9.772	3 532	9.889				
		T 10	Hombra	1	900	—	Syndicat Franco-Hova	—	4 839	13 549	4 405	12.335				
	District autonome d'Ankaratra.	T 11	Antohiv-Orakolava	1	962 50	—	Hartmann	Hartmann	1 063	2.978	0 981	2.746				
	Province du Vakinankaratra.	T 12	Salonitravola	1	757 25	—	Peyraud	Peyraud	»	»	»	»				
		T 13	Baka	1	791 81	—	J. Arnone	J. Arnone	0 472	1.322	0 670	1.695				
		T 14	Ishemalava	1	211 67	—	G. Heil	G. Heil	1 166	3.260	1 486	4.161				
		T 15	Ambonovarambato	1	797 94	—	—	—	0 616	1.725	0 645	1.807				
		T 16	Morovato	1	768 05	—	Société Nantaise	Agent	»	»	»	»				
		T 17	Ambanoraro	1	565 75	—	Martin	J. Martin	3 656	10.263	4 507	12.621				
		T 18	Ampova	1	799 80	—	—	—	»	»	»	»				
		T 19	Ambamoanzo	1	1 000	—	Société la Malagor	Société la Malagor	»	»	»	»				
	Province de l'Itasy.	B 35 r	Antsirity	1	360 85	—	Succession A. Talbot	Succession A. Talbot	0 022	61.000	21 909	80.200				Abandonnée le 16 mars 1908.
	Totaux			»	16 973 01	»			148 563	418.281	208 514	409.583				

N° 49 — ÉTAT INDICATIF DES MINES EXPLOITÉES PENDANT L'ANNÉE 1908 ET DES RÉSULTATS DE CETTE EXPLOITATION

NATURE DU MINERAI	NOM DE LA MINE et désignation des titres miniers		EMPLACEMENT	NOMBRE de périmètres	SUPERFICIE des périmètres	NATURE de la concession	NOMS du propriétaire	NOMS des exploitants	PRODUCTION poids	PRODUCTION valeur	EXPORTATION poids	EXPORTATION valeur	TENEUR moyenne du minerai	NOMBRE d'ouvriers employés Race blanche	NOMBRE d'ouvriers employés Autres races	OBSERVATIONS
					h. a.				k. gr.	francs.	k. gr.	francs.	pour cent.			
OR	Placiers de Mananjary.	A 1	Ravinetsara	1	765 55	1 périmètre	Henning	Henning	4 371	12.238	3 622	10.033				
		A 3	Tsaramandiana	1	780 »	—	—	—	18 423	51.584	17 564	49.303				
		A 27	Tsimialaina	1	609 45	—	—	—	1 335	3.738	1 381	3.866				
		A 61	Andranomanjaka	1	755 81	—	Compagnie lyonnaise de Madagascar	Agent	2 889	8.090	3 115	8.723				
		A 76	Masoagiry	1	757 68	—	Henning	Henning	1 477	4.093	1 865	5.222				
		A 101	Sandravahaka	1	707 88	—	Compagnie lyonnaise de Madagascar	Agent	4 279	11.983	4 186	11.723				
		A 111	Nanodiko	1	786 »	—	G. Pigniguy	G. Pigniguy	13 106	36.696	13 486	37.761				
		A 118	Natsaka	2	726 24	—	Tinayre et Pelletan	Tinayre et Pelletan	20 307	56.859	18 120	50.736				
		A 119	Saka Manara	1	788 »	—	J. Martin	J. Martin	5 808	16.263	5 866	16.424				
		A 123	Anjorikitsina	1	786 90	—	J. Bocard	J. Bocard	6 473	18.124	5 846	16.370				
		A 135	Ampasimazava	1	785 45	—	Henning	Henning	0 131	366	0 155	434				
		A 141	[illegible]	1	656 48	—	Ralph	Ralph	9 701	27.163	8 797	24.632				
		A 144	Hiabonambo	1	666 »	—	Baudier	Baudier	0 941	2.634	1 013	2.836				Redev.ce coloniale et minière.
		A 158/159	Ambatomiponana	1	976 10	—	A. Grimault	A. Grimault	3 724	10.427	4 437	12.423				
		A 169	Malaza	1	491 31	—	J. Bocard	J. Bocard	4 896	13.708	4 730	13.244				
		A 173	Ankerana	1	785 86	—	Compagnie lyonnaise de Madagascar	Agent	11 696	32.749	12 110	33.908				
		A 181	Andrampandra	1	407 29		A. Grimaud	A. Grimaud	0 051	144	0 589	1.649				
		A 182	Soharapasina	1	407 20	—	Compagnie lyonnaise de Madagascar	Agent	0 552	1.546	0 938	2.626				
		A 185	Ambohidrano	1	768 61	—	Fraisse	Agent	»	»	0 002	7				Abandonnée le 26 mars 1908.
		A 186	Andohabenana	1	734 60	—	Mme Vve Charron	Vve Charron	5 212	14.593	7 253	20.309				

N° 40 — ÉTAT INDICATIF DES MINES EXPLOITÉES PENDANT L'ANNÉE 1908 ET DES RÉSULTATS DE CETTE EXPLOITATION

NATURE DU MINERAI	NOM DE LA MINE ou désignation des groupes miniers		EMPLACEMENT	NOMBRE des concessions	SUPERFICIE des concessions	NATURE de la concession	NOMS du propriétaire	NOMS des exploitants	PRODUCTION poids	PRODUCTION valeur	EXPORTATION poids	EXPORTATION valeur	TENEUR moyenne du minerai	NOMBRE d'ouvriers employés: Race blanche	NOMBRE d'ouvriers employés: Autres races	OBSERVATIONS
					h. a.				k. gr.	francs.	k. gr.	francs.	pour cent.			
OR	Province de Manandjary. (Suite.)	A 188	A^{ne} Isranano	1	526 33	1 périmètre.	Jamet et Ralph	E. Jamet	9 726	27.253	6 443	18.040				
		A 191	Antenarabao	1	475 30	—	Société française de Commerce et de Navigation	Agent	2 065	7.408	2 746	7.697				
		A 192	Ankera	1	786 40	—	E. Rivet	E. Rivet	8 274	23.167	8 121	22.738				
		A 193	Ambalarondro	1	600 80	—	L. Amiel	Agent	4 202	11.765	4 345	12.726				
		A 198	Ambodilhakaka	1	601 19	—	S. Raoul	S. Raoul	10 501	29.402	9 600	26.880				
		A 199	Marozilioty	1	152 60	—	Chataignet	Chataignet	3 324	9.309	3 324	9.031				
		A 203	Beando	1	708 96	—	Ralph	Ralph	10 270	28.756	9 709	27.185				
		A 204	Menakana	1	483 01	—	J. Bocard	J. Bocard	0 526	1.472	0 135	434				
		A 205	Ambalatenoon	1	709 75	—	H. Hanning	Hanning	»	»	»	»				
		A 206	Amboloratsiaika	1	973 53	—	Compagnie lyonnaise de Madagascar	Agent	9 206	25.777	8 894	24.904				
		A 208	Betampona	1	235 52	—	E. Rivet	E. Rivet	1 658	4.642	1 498	4.194				
		A 215	Befotaka	1	611 17	—	Société française de Commerce et de Navigation	Agent	»	»	»	»			—	
		A 216	Sahavatrana	2	621 72	—	Mme Vve Chareus	Mme Vve Chareus	13 525	37.876	11 166	31.264				
		A 219	Ambatomainty	1	556 80	—	Hanning	Hanning	1 097	3.031	0 831	2.366				Abandonnée le 21 juin 1908.
		A 221	Tsaravinany	1	500 18	—	—	—	1 470	4.140	1 613	4.544				
		A 223	Ranomandry	1	702 30	—	A. Froncke	A. Francke	0 012	35	0 050	142				Abandonnée le 15 mars 1908.
		A 229	Ambalafotsy	1	666 75	—	Compagnie lyonnaise de Madagascar	Agent	1 012	2.834	0 652	1.826				
		A 230	Tona	1	761 53	—	L. Salomon	Salomon	8 783	24.592	8 937	25.052				
		A 233	Marakana	1	712 04	—	P. Marchand	P. Marchand	5 606	15.698	5 413	15.156				
		A 237	Volobola	1	416 01	—	J. Susse	J. Susse	4 781	13.386	4 907	13.739				

N° 40 — ÉTAT INDICATIF DES MINES EXPLOITÉES PENDANT L'ANNÉE 1908 ET DES RÉSULTATS DE CETTE EXPLOITATION

NATURE DU MINERAI	NOM DE LA MINE		EMPLACEMENT	NOMBRE des concessions	SUPERFICIE des concessions	NATURE de la concession	NOMS du concessionnaire	NOMS des exploitants	PRODUCTION poids	PRODUCTION valeur	EXPORTATION poids	EXPORTATION valeur	TENEUR moyenne du minerai	NOMBRE d'ouvriers employés Race blanche	NOMBRE d'ouvriers employés Autres races	OBSERVATIONS
					h. a.				k. gr	francs.	k. gr.	francs.	pour cent.			
		A 238	Ambatolampy	1	775 94	1 périmètre.	J. Soute	J. Soute	4 579	12.821	4 441	12.346				
		A 239	Amboakondro	1	419 65	—	Hanning	Hanning	1 534	4.300	1 503	4.208				
		A 240	Tsiakalo	1	447 52	—	A. Grimault	A. Grimault	»	»	»	»				
		A 242	A^{ve} manjaka	1	382 84	—	Hanning	Hanning	0 593	1.080	0 712	1.993				
		A 243	—	1	267 89	—	—	—	0 328	918	0 516	1.444				
		A 249	Ampasinambo	1	507 60	—	Compagnie lyonnaise de Madagascar	Agent	18 311	51.270	17 090	47.064				
		A 250	Andrangovola	1	504 56	—	A. Botton	A. Botton	12 227	34.515	12 641	35.836				
		A 251	Ambia	1	771 98	—	Ralph	Ralph	8 338	23.349	8 017	22.433				
		A 254	Marovato	1	459 00	—	Société française de Commerce et de Navigation	Agent	0 450	1.202	0 441	1.235				
OR	Province de Mananjary. (Suite.)	A 55	Tsarana-Didia	1	400 27	—		—	2 593	7.261	2 593	7.261				
		A 260	Ampasimasava	1	377 62	—	—	—	0 316	885	0 315	884				
		A 257	Vohitrambo	1	790 68	—	A. Grimault	A. Grimault	2 658	7.442	628	7.358				
		A 258	Laufaodira	1	412 80	—	Hanning	Hanning	7 620	21.336	7 620	21.336				
		A 262	Morolant	1	468 85	—	Dauphin	Dauphin	3 761	10.531	4 003	11.208				
		A 263	Ambohoy	1	361 12	—	Hanning	Hanning	1 484	4.155	1 484	4.155				
		A 264	Vatovola	1	590 53	—	—	—	0 566	1.584	0 566	1.584				
		A 268	Findamanana	1	701 60	—	Dauphin	Dauphin	6 256	17.518	6 090	17.050				
		A 271	Tsara'Dona	1	447 97	—	Hanning	Hanning	0 028	070	0 048	135				
		A 277	Mahambolana	1	648 25	—	E. Rivet	E. Rivet	4 177	11.597	4 153	11.628				
		A 279	Antsiheranany	1	995 »	—	Mlle Girard-Vinet	Mlle Girard-Vinet	4 328	12.118	4 381	12.266				

N° 49 — ÉTAT INDICATIF DES MINES EXPLOITÉES PENDANT L'ANNÉE 1908 ET DES RÉSULTATS DE CETTE EXPLOITATION

NATURE DU MINERAI	NOM DE LA MINE ou désignation des terrains miniers		EMPLACEMENT	NOMBRE des concessions	SUPERFICIE des concessions	NATURE de la concession	NOMS des propriétaires	NOMS des exploitants	PRODUCTION poids	PRODUCTION valeur	EXPORTATION poids	EXPORTATION valeur	TENEUR moyenne du minerai	NOMBRE D'OUVRIERS EMPLOYÉS Race blanche.	NOMBRE D'OUVRIERS EMPLOYÉS Autres races.	OBSERVATIONS
					h. a.				k. gr.	francs.	k. gr.	francs.	pour cent.			
Or	Province de Mananjary. (Suite.)	A 180	Sahandrambo	1	762 10	1 périmètre	E. Jamet	E. Jamet	12 550	35.166	8 839	24.806				
		A 181	Hempona	1	988	—	Courtois	Courtois	16 098	46.743	15 460	46.102				
		A 183	Tsolava	1	514 80	—	E. Rivet	Rivet	4 521	12.660	4 441	12.437				
		A 184	Ranila	1	798	—	Combe	Combe	1 254	3.511	0 833	2.333				Abandonnée le 9 février 1909
		A 185	Lelara	1	090	—	Grimault	Grimault	1 449	4.057	2 027	5.075				
		A 186	Ad arensy	1	908 40	—	A. Courtois	A. Courtois	15 520	43.456	14 933	41.812				
		A 187	Rasabona	1	601 99	—	Alexander	Alexander	0 618	1.730	0 618	1.730				Abandonnée le 1er septembre 1908.
		A 188	Saint-André	1	380 20	—	Grimault	Grimault	»	»	»	»				— le 5 septembre 1908.
		A 189	Fotobato	1	944 40	—	—	—	0 661	1.850	0 661	1.856				— le 7 juin 1908
		A 190	Sarasota	1	786 42	—	Succon Amiel	Agent	1 387	3.884	1 387	3.884				— le 9 septembre 1908.
		A 192	Ad manga	1	201 64	—	E. Rivet	A. Rivet	2 721	7.618	2 892	8.097				
		A 195	Manakato	1	148 42	—	Ralph	Ralph	»	»	»	»			—	Abandonnée le 2 mars 1908.
		A 197	Ad aranana	1	373 72	—	Société française de Commerce et de Navigation	Agent	4 402	12.495	6 510	18.229				
		A 198	Isahampaka	1	087 06	—	Courtois	Courtois	2 913	8.136	2 610	7.308				
		A 199	Manantanana	1	988	—	H. Hanning	H. Hanning	0 636	1.780	0 810	2.268				
		A 300	Sahakorina	1	767 14	—	Succon Amiel	Agent	2 376	6.654	2 857	8.001				
		A 301	Ambalakazaha	1	502 17	—	Société française de Commerce et de Navigation	—	»	»	»	»				
		A 302	Vakoka	1	662 60	—	Grimault	Grimault	»	»	»	»				Abandonnée le 8 septembre 1908.
		A 303	Ad tambohe	1	838 85	—	—	—	»	»	»	»				— le 14 décembre 1908
		A 304	Tsimbahaka	1	311 80	—	—	—	7 851	5.182	1 851	5.152				

N° 49 — ÉTAT INDICATIF DES MINES EXPLOITÉES PENDANT L'ANNÉE 1908 ET DES RÉSULTATS DE CETTE EXPLOITATION

NATURE DU MINERAI	NOM DE LA MINE ou désignation des terrains miniers		EMPLACEMENT	NOMBRE des concessions	SUPERFICIE des concessions	NATURE de la concession	NOMS		PRODUCTIONS		EXPORTATION		TENEUR moyenne du minerai	NOMBRE d'ouvriers employés		OBSERVATIONS
							DU PROPRIÉTAIRE	DES EXPLOITANTS	POIDS	VALEUR	POIDS	VALEUR		Race blanche	Autres races	
					h. a.				k. gr	francs	k. gr	francs	pour cent			
Or	Cercle de Morondava (Suite et fin.)	A 305	A^{ts} vandroka	1	195 93	1 périmètre	James	James	0 832	2.384	0 811	2.271				
		A 306	Marohitra	1	448 50	—	—	—	1 153	3.122	1 078	3.018				
		A 307	Nandravmana	1	481 11	—	Suc^{on} Amiel	Agent	1 835	5.132	1 [illegible]	5.505				
		A 307	A^{ts} maranila	1	658 80	—	Ralph	Ralph	0 213	508	0 105	492				
		A 309	Ravavanabo	1	775 17	—	Henning	Henning	4 835	13.504	8 229	23.041				
		A 310	Tanan Ramitraka	1	548 40	—	Vve Charoux	Vve Charoux	0 734	2.055	1 017	2.831				
		A 311	A^{ts} mitsangana	1	985 60	—	Baglan	Baglan	»	»	»	»				
		A 312	Madoavolo	1	797 44	—	Dauphin	Dauphin	»	»	»	»				
		A 313	Antalabarina	1	683 30	—	Grimault	Grimault	»	»	0 590	1.702				
		A 314	Mahalo	1	305 »	—	—	—	»	»	»	»				
		A 315	Sohafanatino	1	905 »	—	Giraud-Vinet	Giraud-Vinet	»	»	»	»				
	Totaux			»	57.354 80				372 097	1.041.872	365 451	1.020.400				
	Province de l'Itasy	B 1	Dabolava	1	542 25	1 périmètre	Compagnie lyonnaise de Madagascar	Agent	32 278	90.300	32 279	90.382				
		B 5	Bolafakona	1	731 60	—	Vallolt	Vallolt	1 975	4.884	1 580	4.425				
		B 11	Andfonaka I	1	598 60	—	Compagnie lyonnaise de Madagascar	Agent	0 619	1.733	0 675	1.892				
		B 16 a	Kiranomena	1	709 65	—	—	—	14 554	40.753	14 554	40.753				
		B 24 a	Dabolavakely	1	590 90	—	—	—	0 201	562	0 243	685				
		B 25 a	Kiranomena I	1	395 »	—	—	—	0 057	160	0 057	170				
		B 26 a	— II	1	86 40	—	—	—	»	»	»	»				Abandonnée le 31 [illegible] 1908.
		B 30	Ankaranogana	»	778 75	—	Dropsy	Dropsy	4 894	13.703	4 550	12.738				Abandonnée le 3 octobre 1908.
		B 32	Ambatakana	1	1.180 21	—	Compagnie lyonnaise de Madagascar	Agent	3 771	10.559	2 856	7.912				
		B 35	Andfonaka II	1	235 80	—			0 644	1.711	0 040	114				

N° 49 — ÉTAT INDICATIF DES MINES EXPLOITÉES PENDANT L'ANNÉE 1908 ET DES RÉSULTATS DE CETTE EXPLOITATION

NATURE DU MINERAI	NOM DE LA MINE ou désignation des titres miniers		EMPLACEMENT	NOMBRE des concessions	SUPERFICIE des concessions	NATURE de la concession	NOMS des propriétaires	NOMS des exploitants	PRODUCTION Poids	PRODUCTION Valeur	EXPORTATION Poids	EXPORTATION Valeur	TENEUR moyenne du minerai	NOMBRE d'ouvriers employés Race blanche	NOMBRE d'ouvriers employés Autres races	OBSERVATIONS
					h. a.				k. gr.	francs.	k. gr.	francs.	pour cent.			
OR	Cercle de Morondava (Suite)	B 47	Taloha	1	420	1 périmètre.	M. Carroll	M. Carroll	2 452	6.860	2 081	6.040				Abandonnée le 16 mai 1908.
		B 48	Antsaily	2	785 50	—	Waterhouse, Riley & Ridell.	Agent	12 087	31.816	13 258	37.112				
		B 49	Ampandrana	3	788 17	—	Waterhouse, Riley & Ridell.	Agent	15 308	42.863	16 492	46.179				
		B 50	Andasakaro	1	95 25	—	Dropsy	Dropsy	4 866	13.620	3 727	10.435				
		B 58	Antsakoanadinika	1	270	—	M. Carroll	M. Carroll	3 346	9.341	3 374	9.448				
		B 59	Dabolava III	1	76 40	—	Cie lyonnaise de Madagascar.	Agent	»	»	»	»				
		B 60	Dabolava	1	148 50	—	Dropsy	Dropsy	5 808	16.515	5 455	15.274				
		B 62	Andevoka	1	797 40	—	Société française des Mines d'or de Madagascar	Agent	2 329	6.521	1 983	5.553				
		B 63	Manandazakely	1	797 59	—	—	—	0 006	018	»	»				Abandonnée le 12 novembre 1908.
		B 64	Kiranomalo IV	2	196 73	—	Anderson, Georger & Maillé.	—	3 065	8.582	1 338	3.746				
		B 71	Sakoavorona	1	536 88	—	Maillé, Georger, & Cie		3 141	8.795	2 131	5.967				
		B 76	Ambatakazo infre	1	770 40	—	Cie lyonnaise de Madagascar.	—	2 387	6.684	2 387	6.685				
		B 77	Ampasimbe	1	92 40	—	Dropsy	Dropsy	1 723	4.824	1 723	4.824			—	Abandonnée le 31 octobre 1908.
		B 78	Mahajila	1	252	—		—	1 384	3.875	1 723	3.564				
		B 79	Ambatakazo II	1	992 63	—	Cie lyonnaise de Madagascar.	Agent	»	»	»	»				
		B 80	Avalat-milefo	1	385	—	Maillé-Georger & Cie		0 669	1.873	0 786	2.201				
		B 81	Antaroangona	1	800	—	Dropsy	Dropsy	»	»	»	»				
		B 82	Antohamita	1	422 55	—	H. Carroll	H. Carroll	»	»	»	»				
		B 83	Antsenanana	1	787 20	—		—	»	»	»	»				
Totaux				»	15 369 20				117 319	328.482	113 231	317.020				

N° 49 — ÉTAT INDICATIF DES MINES EXPLOITÉES PENDANT L'ANNÉE 1908 ET DES RÉSULTATS DE CETTE EXPLOITATION

NATURE DU MINERAI	NOM DE LA MINE		EMPLACEMENT	NOMBRE	SUPERFICIE des concessions	NATURE de la concession	NOMS des propriétaires	NOMS des exploitants	PRODUCTION Poids	PRODUCTION Valeur	EXPORTATION Poids	EXPORTATION Valeur	TENEUR moyenne du minerai	FONDERIE Haute Marche	FONDERIE Autres	OBSERVATIONS
					hectares.				k. gr.	francs.	k. gr.	francs.	pour cent			
		C 4	Antsiandrakana	1	633 68	1 périmètre.	Société Anosibe	Agent	3 347	9.931	3 692	10.318				Mutation en faveur du Syndicat lyonnais pour compter du 15 décembre 1908.
		C 9	Antanditra	1	785 40	—	Compagnie coloniale	—	13 026	36.475	13 174	39.497				
		C 58	Tsaramaso	1	728 »	—	Gaffori	Gaffori	3 157	8.830	2 501	7.003				
		C 70	Isoikainal	1	775 »	—	Compagnie coloniale	Agent	11 110	31.110	10 337	29.000				
		C 85	Isoulakira	1	52 19	—	Henning	Henning	»	»	»	»				
		C 105	Sahabe	1	317 65	—	Cie lyonnaise de Madagascar	Agent	2 335	6.595	2 237	6.256				
		C 121	Behasa	1	321 92	—	Sté Franco-Hova	—	4 687	13.169	4 774	13.367				
		C 128	Antsihonvo	1	790 81	—	Heil	Heil	0 491	1.375	0 798	2.236				
		C 129	Tsiajerina	1	960 »	—	Ollier	Ollier	0 120	337	0 128	359				
		C 130	Tolabo	1	320 »	—	Rossignol	Rossignol	1 597	4.471	1 403	4.181				
		A 11 a	Ampasary	1	709 50	—	Alexander	Alexander	11 589	32.450	14 783	41.392				
		A 16 c	—	1	631 98	—	Sauze	Sauze	8 036	22.506	6 448	18.054				
OR	Province d'Ambositra	A 38 c	Mamikana	1	753 06	—	Cie lyonnaise de Madagascar	Agent	9 163	25.656	10 128	28.358				
		A 50 a	Ampasary	1	709 93	—	Alexander	Alexander	14 027	38.276	17 729	49.643				
		A 87 c	Betsahavona	1	494 75	—	Henning	Henning	5 181	14.506	4 985	13.960			—	
		A 91 a	Morofotsina	1	487 50	—	Cie lyonnaise de Madagascar	Agent	0 944	2.643	0 900	2 520				
		A 98 c	Antsahambao	1	743 »	—	—	—	37 649	105.418	37 554	105 151				
		A 136 c	Andasibera	1	713 50	—	—	—	8 619	24.133	8 297	23.232				
		A 150 c	Ambatovola	1	336 77	—	Button	Button	20 978	58.738	21 107	60.839				
		C 65	Mahasinara	1	576 »	—	Harter	Harter	3 520	10.474	4 879	13.662				
		C 71	Sandramoro	1	744 »	—	Fichter	Fichter	2 499	6.999	2 500	7.025				
		C 79	Ambohimahatsara	1	450 »	—	Cie lyonnaise de Madagascar	Agent	1 694	4.744	1 527	4 275				
		C 86	Ambohimilanja	1	120 44	—	Henning	Henning	1.836	5.140	1 823	5.104				
		C 87	Sahamatinga	1	63 20	—	Alexander	Alexander	»	»	»	»				
		C 103	Ambodiamanga	1	271 19	—	Henning	Henning	0 083	220	0 103	288				

N° 49 — ÉTAT INDICATIF DES MINES EXPLOITÉES PENDANT L'ANNÉE 1908 ET DES RÉSULTATS DE CETTE EXPLOITATION

NATURE DU MINERAI	NOM DE LA MINE		EMPLACEMENT	NOMBRE	SUPERFICIE des concessions	NATURE de la concession	NOMS des propriétaires	NOMS des exploitants	PRODUCTION Poids	PRODUCTION Valeur	EXPORTATION Poids	EXPORTATION Valeur	TENEUR moyenne du minerai	NOMBRE d'ouvriers employés Race blanche	NOMBRE d'ouvriers employés Autres races	OBSERVATIONS
					h. a.				k. gr.	francs.	k. gr.	francs.	pour cent.			
OR	Province d'Ambositra. (Suite et fin.)	C 101	[illegible]	1	363 10	» périmètre.	Société centrale des mines de Madagascar	Agent	»	»	»	»				
		C 106	Mandritsara	1	778 77	—	Grimault	Grimault	0 023	65	0 023	65				Abandonné le .. mars 1908.
		C 111	Andodikomba	1	6 80	—	Alexander	Alexander	»	»	»	»				— le 1er février 1908.
		C 108	Mahirana	1	57 79	—	Button	Button	4 616	13.590	4 666	13.074				
		C 110	Sahavakana	1	91 88	—	Cie lyonnaise de Madagascar	Agent	3 891	10.340	3 306	9.484				
		C 120	Sambatara	1	320 85	—	Laborde	Laborde	1 156	3.236	1.203	3.620				Abandonné le 15 juillet 1908.
		C 125	Mananadabo	1	769 09	—	Grimault	Grimault	5 135	14.378	4 996	13.990				
		C 127	Ambohitsy	»	117	—	Alexander	Alexander	»	»	»	»				— le 1er février 1908.
		C 126	Ambalabondro	1	201 64	—	Henning	Henning	3 331	9.326	3 502	9.805				
	Province de Fianarantsoa	E 49 c	Mily	1	280 »	» périmètre.	Lecomte	Gaugé	3 99.	10.037	3 760	10.528				
		E 50 c	Ansalvalo	1	914 »	—	Lecomte & Gaugé	—	3 226	9.033	3 144	8.803				
		E 51 c	Ambohimalaza	1	1.080 »	—	Spiral	Spiral	1 307	3 661	1 560	4.368				
		E 52 c	ajiva	1	590 90	—	Lecomte	Gaugé	0 506	1.418	0 584	1.635				
		E 47 c	Ambatovoa	1	781 03	—	Syndicat franco-boer	Agent	0 512	1.435	0 426	1.193				Abandonné le 28 mai 1908.
		E 48 c	Tolonandra	1	178 »	—	Castellani	Castellani	1 775	4.970	2 034	6.215				
		E 9 c	Fitamboana	1	774 »	—	Verbeckmoës	Verbeckmoës	0 015	042	0 015	042				
		E 11 c	Vatolahy	1	479 »	—	Spiral	Spiral	4 616	12.924	4 370	12.236				
		E 12 c	Ilsolana	1	879 »	—	—	—	3 936	11.021	3 463	9.700				
	Totaux			»	23.286 65				205 707	575.982	(1) 210 127	588 354				

(1) L'excédent de l'exportation sur la production provient du stock existant fin décembre 1907.

N° 49 — ÉTAT INDICATIF DES MINES EXPLOITÉES PENDANT L'ANNÉE 1908 ET DES RÉSULTATS DE CETTE EXPLOITATION.

NATURE DU MINÉRAL	NOM DE LA MINE	EMPLACEMENT	NOMBRE de concessions	SUPERFICIE des concessions	NATURE de la concession	NOMS des propriétaires	NOMS des exploitants	PRODUCTION Poids	PRODUCTION Valeur	EXPORTATION Poids	EXPORTATION Valeur	TENEUR moyenne du minerai	NOMBRE d'ouvriers employés Race blanche	NOMBRE d'ouvriers employés Autres races	OBSERVATIONS
				h. a.				k. gr.	francs.	k. gr.	francs.	pour cent.			
OR	Province de Tamatave. D 32	Espérance	1	132	1 périmètre.	Ruffat	Ruffat	4 402	12.405	4 071	11.398				
	D 5	Sahavatoina	1	703 80	—	Syndicat lyonnais d'exploration	Agent	8 785	25.023	6 043	22.101				Mutation en faveur du Syndicat lyonnais pour compter du [illegible] décembre 1906.
	D 52	[illegible]	1	856 80	—	—	—	3 430	9.609	2 794	7.905				— —
	D 63	Nongy	1	990	—	—	—	4 106	11.749	3 021	8.405				— —
	D 67	Isongo	1	999	—	—	—	6 103	17.088	5 470	15.318				
	D 68	Besate	1	986	—	—	—	3 556	9.956	3 091	8.515				Mutation en faveur du Syndicat lyonnais pour compter du [illegible] décembre 1906.
	D 69	[illegible]	1	909	—	—	—	3 950	11.062	3 415	9.561				
	D 70	Sahavary	1	997 02	—	—	—	7 974	22.328	6 910	19.349				
	D 8 70	Betoho	1	738 16	—	Société d'Anamba	—	2 315	6.482	1 832	5.011				
	D 94	Betafika	1	606 60	—	Grenard	Grenard	4 078	11.418	3 932	11.011				
	D 27	Andrianderaka	1	301 31	—	Golaz	Golaz	5 985	16.758	6 414	17.959				Abandonnée le 13 juillet 1908.
	D 40	Ambohimangy	1	512 36	—	Grenard	Grenard	4 805	13.456	5 125	14.350				
	D 51	Davyron	1	228 71	—	Panier	Panier	0 521	1.458	0 765	2.143				Abandonnée le 1er août 1908.
	D 58	La Bourbonnais	1	270 21	—	Mariost	Mariost	»	»	»	»				le 5 août 1908.
	Province d'Andevorante. D 15	Sahamangara	1	105	—	Société d'Anamba	Agent	0 383	1.073	0 294	823				le 1er février 1908.
	D 36	Andohakale	1	939 60	—	Panier	Panier	4 205	11.775	4 418	12.372				Mutation en faveur du Syndicat lyonnais pour compter du [illegible] décembre 1906.
	D 71	Ankerana	1	997 05	—	Société d'Anamba	Agent	6 284	17.595	7 567	21.187				Mutation en faveur du Syndicat lyonnais pour compter du [illegible] décembre 1906.
	D 73	Betsolo	1	923 46	—	Grenard	Grenard	1 502	4.209	1 601	4.484				
	D 74	Sahatsimbarana	1	504 30	—	—	—	2 213	6.198	2 180	4.119				
	D 75	Mananakidy	1	756 00	—	Société d'Anamba	Agent	2 071	5.800	1 735	4.854				Mutation en faveur du Syndicat lyonnais pour compter du [illegible] décembre 1906.
	D 76	Beroka	1	996	—	—	—	2 543	7.122	3 100	8.680				— —

N° 49 — ÉTAT INDICATIF DES MINES EXPLOITÉES PENDANT L'ANNÉE 1908 ET DES RÉSULTATS DE CETTE EXPLOITATION

NATURE DU MINERAI	NOM DE LA MINE ou désignation des permis d'étude		EMPLACEMENT	NOMBRE des concessions	SUPERFICIE des concessions	NATURE de la concession	NOMS		PRODUCTION		EXPORTATION		TENEUR moyenne du minerai	NOMBRE d'ouvriers employés		OBSERVATIONS
							des propriétaires	des exploitants	poids	valeur	poids	valeur		Race blanche.	Autres races	
					h. a.				k. gr.	francs.	k. gr.	francs.	pour cent.			
		D 77	Andranjalava	1	142 50	1 périmètre	Golas	Golas	0 513	1.430	0 513	1.430				
		78	Betambo	1	580 »	—	Grenard	Grenard	0 806	2.510	0 806	2.510				
		D 79	Sahatambirano	1	992 »	—	—	—	1 020	2.934	0 898	2.514				
		D 80	Marovinanga	1	840 »	—		—	0 882	2.470	0 860	2.433				
		D 94	Antsirano	1	972 »	—	Panier	Panier	»	»	»	»				Mutation en faveur du Syndicat lyonnais pour compter du 17 décembre 1908.
		D 81	Sahatsion	1	990 »	...	Bonnemaison	Bonnemaison	1 458	3.215	1 072	3.021				
		D 82	Marovatra	1	985 »	—	—	—	1 176	3.228	1 095	5.660				
		D 56	Marapika	1	928 »	—	Société d'Anasaha	Agent	9 195	25.746	9 636	26.980				Mutation en faveur du Syndicat lyonnais en date du 19 décembre 1908.
		D 57	Besorondrambo	1	950 40	—	—	—	9 200	25.760	8 779	24.581				Mutation en faveur du Syndicat lyonnais en date du [illegible] décembre 1908.
		D 58	Ampitabe	1	912 40	—	—	—	9 183	25.712	8 705	24.530				Mutation en faveur du Syndicat lyonnais en date du 19 [illegible] 1908.
OR	Province d'Andevorante. (suite)	D 59	Sahafio	1	970 50	—	Panier	Panier	9 498	26.500	9 844	27.563				— —
		D 60	Salafotsitra	1	971 40		Société d'Anasaha	Agent	9 204	25.772	9 671	27.080				— —
		D 61	Ambohalaika	1	838 10	—	—	—	9 248	25.895	8 870	24.836				— —
		D 62	Vinany-Sahatsara	1	992 »	—	—	—	10 030	28.084	9 620	26.936				— —
		D 54	Sahateza	1	812 80	—	—	—	9 797	27.431	9 763	27.336				— —
		D 65	Ambohidrano	1	992 »	—	—	—	9 795	27.426	9 692	27.137				— —
		D 66	Analatsaramiana	1	913 40	—	—	—	9 965	27.986	9 941	27.834				— —
		D 83	Farimbony	1	987 50	...	—	—	2 015	5.642	2 015	5.642				—
		D 84	Ampasimbe	1	990 »	—	Sezau	Sezau	0 852	2.385	0 852	2.385				— —
		D 85	Ambinany	1	540 »	—	—	—	0 915	2.562	0 915	2.562				— —
		D 86	Sahampinga	1	905 50	—	—	—	0 904	2.531	0 904	2.531				— —

N° 49 — ÉTAT INDICATIF DES MINES EXPLOITÉES PENDANT L'ANNÉE 1908 ET DES RÉSULTATS DE CETTE EXPLOITATION

NATURE DU MINERAI	NOM DE LA MINE ET DÉSIGNATION DES PERMIS		EMPLACEMENT	NOMBRE de concessions	SUPERFICIE des concessions	NATURE de la concession	NOMS des propriétaires	NOMS des exploitants	PRODUCTION poids	PRODUCTION valeur	EXPORTATION poids	EXPORTATION valeur	TENEUR moyenne du minerai	NOMBRE D'OUVRIERS EMPLOYÉS Race Malgache	NOMBRE D'OUVRIERS EMPLOYÉS Autres races	OBSERVATIONS
					h. a.				k. gr.	francs.	k. gr.	francs.	pour 1000.			
	Province d'Andevorante. (Suite et fin.)	D 87	Andasato	1	997 77	à périmètre	Sueur	Sueur	0 892	2.469	0 882	2.460				[illegible]
		D 88	Ankevo	1	997 77		—	—	0 829	2.321	0 829	2.321				— —
		D 89	Ambodivoara	1	900	—	—	—	0 867	2.427	1 707	4.947				— —
		D 90	Antanamaty	1	963 50	—	—		0 909	2.545	0 909	2.545				—
		D 91	Antsirabekambo	1	993 45		Société Anosaha		»	»	»	»				— —
		T 5 °	Ambonaambohitra	1	82	—	Payet	Payet	10 422	29.184	8 472	23.721				
		D 93	Iliha	1	993 40		Pasier	Pasier	»	»	»	»				[illegible]
		D 58	Salemore	1	90	—	Kayser	Kayser	4 822	13.506	4 098	13 010				
OR	Province des Betsimisaraka du sud	T 12 °	Marofotsy-Manparana	1	517 60	—	Boillot et de la Barre	Boillot et de la Barre	3 365	9.522	3 363	9.417				[illegible]
		D 44	Ambohitsofia	1	127 70	—	Podanee & Cie	Podanee	0 150	429	0 147	413				
		D 45	Maheralona	1	127 50	—	—	Agent	0 367	1.015	0 334	937				
		D 56	Ambalibonary	1	155 53	—	—	—	0 124	308	0 120	336			—	
		D 57	Ambalatara	1	47 57	—	—	—	0 147	408	0 155	434				
		D 72	Ambalabarana	1	506 07	—	Grall	Grall	3 534	10.175	3 634	10.176				Abandonné le 11 juillet 1908.
		C 39 °	Ambalafary	1	701 33	—	Gallois	Gallois	4 660	13.040	4 920	13.801				
		C 44 °	Ambodisambrifito	1	730 46	—	Paquet	Paquet	0 330	925	»	»				
		C 62 °	Ambohiavivy	1	700	—	Amiel	Agent	1 028	2.879	1 020	2.856				[illegible]
		A 210 °	Antanimarembo	1	438 16	—	de Floris	de Floris	7 869	22.033	10 185	28.518				
		A 211 °	Iarony	1	415 26	—	—	—	4 182	11.711	4 168	11.670				[illegible]
		A 212 °	Salofo	1	800	—	Renning	Renning	»	»	»	»				

N° 40 — ÉTAT INDICATIF DES MINES EXPLOITÉES PENDANT L'ANNÉE 1908 ET DES RÉSULTATS DE CETTE EXPLOITATION

NATURE DU MINERAI	NOM DE LA MINE et désignation des permis miniers		EMPLACEMENT	NOMBRE des périmètres	SUPERFICIE des périmètres	NATURE de la propriété	NOMS des propriétaires	NOMS des exploitants	PRODUCTION poids	PRODUCTION valeur	EXPORTATION poids	EXPORTATION valeur	TENEUR moyenne du minerai	NOMBRE D'OUVRIERS EMPLOYÉS Race blanche	NOMBRE D'OUVRIERS EMPLOYÉS Autres races	OBSERVATIONS
					h. a.				k. gr.	francs.	k. gr.	francs.	pour cent.			
Or	Province des Betsimisaraka du sud. (Suite et fin.)	A 235 »	Ambarloay	1	114 56	1 périmètre.	Veuve Paquet	Veuve Paquet	»	»	»	»				
		A 245 »	Ampasimadinika	1	156 60	—	Thibaut et Cie	Agent	4 386	12.842	4 725	13.224				Abandonné le 16 septembre 1908.
		A 264 »	Anjorojoro	1	604 80	—	Gallois	Gallois	1 643	4.602	1 941	5.437				
		A 278 »	Nosicolo	1	990 »	—	Lapeyrade	Lapeyrade	5 044	14.125	5 126	14.354				
		A 291 »	Antsiramerina	1	250 71	—	Girod	Girod	1 600	4.482	1 863	5.218				Abandonné le 27 septembre 1908.
		A 293 »	Androdimanga	1	988 16	—	de Floris	de Floris	12 945	30.046	12 420	34.776				
		A 294 »	—	1	987 98	—	—	—	16 252	41.506	15 744	44 [illegible]				
		A 296 »	Antsiravarahabe	1	987 94	—	—	—	20 149	109.617	24 796	60.636				
		C 23	Bebokela	1	768 79	—	Paquet	Paquet	»	»	»	»				Mutation en faveur de M. Rafino (?) pour compter du [illegible] 1908.
	Totaux			»	54.050 09				316 638	888.540	303.107	828.700				
	Province de Vakinankaratra (?)	E 1	Maudrica	1	799 75	1 périmètre.	de Floris	de Floris	»	»	»	»			—	Mutation en faveur de MM. Lapeigue (?) et Cie pour compter du [illegible] octobre 1908.
		G 1 [illegible]	Ambalika	1	040 80	—	Panier	Panier	5 064	14.171	4 511	12.630				
		E 2	Ambaupy	1	799 75	—	de Floris	de Floris	»	»	»	»				Mutation en faveur de MM. Lapeigue (?) et Cie pour compter du [illegible] octobre 1908.
	Province de Maroantsetra	G 2 [illegible]	Ampasikanoanomena (?)	1	60 »		Boie (?)	Boie (?)	2 022	7.341	6 905	19 354				Déchéance prononcée par arrêté du [illegible] juillet 1908. — Mise en vente le 1er septembre 1908, par [illegible]
	Province de Vohémar (?)	E 3	Ampasimady (?)	1	799 75	—	de Floris	de Floris	»	»	»	»				Déchéance prononcée le 1er septembre 1908. — Mise en vente le [illegible] octobre 1908, acquéreur M. [illegible]
		E 4	Ankaramy (1)	1	999 80	—	—		»	»	»	»				(1) Déchéance prononcée par arrêté du 1er septembre 1908. — Mise en vente le [illegible] octobre 1908, acquéreurs MM. Mariagues (?) et [illegible]
		E 5	Ambodiorana (2)	1	600 50	—	—	—	»	»	»	»				(2) — —
	Totaux (3)			[illegible]	4.757 27				7 083	21.512	11 416	31.974				(3) L'excédent de l'exportation sur l'exportation (?) provient du stock existant au 31 décembre 1907.

N° 49 — ÉTAT INDICATIF DES MINES EXPLOITÉES PENDANT L'ANNÉE 1908 ET DES RÉSULTATS DE CETTE EXPLOITATION

NATURE DU MINERAI	NOM DE LA MINE ou périmètre des carrés miniers	EMPLACEMENT	NOMBRE de concessions	SUPERFICIE des concessions	NATURE de la concession	NOMS du propriétaire	NOMS des exploitants	PRODUCTION Poids	PRODUCTION Valeur	EXPORTATION Poids	EXPORTATION Valeur	TENEUR moyenne du minerai	NOMBRE d'ouvriers employés Race blanche	NOMBRE d'ouvriers employés Autres races	OBSERVATIONS
				h. a.				k. gr.	francs	k. gr.	francs	pour cent			
Or	Cercle de Maevatanana. T 59 r	Nandrojia	1	705 25	1 périmètre	Compagnie occidentale	Agent	11 090	31.070	10 997	30.791				
	T [illegible] r	Marohy	1	780 »	—		—	4 625	12.950	4 550	12 730				
	T [illegible] r	Ambodimontana	1	725 24	—		—	»	»	»	»				
	T 60 r	Tsarajidina	1	784 »	—		—	3 030	8.485	2 670	7.503				
	T 6[illegible] r	Bekirobo	1	784 —	—	—	—	13 410	37.654	13 344	37.365				
	T 62 r	Ambatolampy	1	798 »	—		—	»	»	»	»				
	T 65 r	Ambaratrafohy	1	784 »	—		—	8 034	22.495	7 380	20.634				
	T 66 r	Marohala	1	604 »	—	—	—	»	»	»	»				
	T 68 r	Ampasity	1	476 »	—	—	—	11 355	31 788	11 329	31.707				
	T 70 r	Firingalava	1	604 »	—	—	—	26 622	74.561	27 237	76.263				
	T 71 r	Ambanaaniangana	1	604 »	—	—	—	0 028	078	1 582	4.431				
	T 72 r	Ambatomena	1	504 »	—	—	—	1 535	4.300	»	»				
	T 73 r	Beravarono	1	604 »	—	—	—	»	»	»	»				
	T 77 r	Kolimaigina	1	798 20	—	Richardot	Richardot	1 343	3.757	1 598	4.477				
	T 78 r	Maliska	1	604 »	—	Compagnie occidentale	Agent	20 003	56.011	20 122	56.343				
	T 79 r	Ranomandry	1	604 »	—	—	—	12 668	35.470	10 997	30.791				
	T 80 r	Antsoandava	1	784 »	—	—	—	0 054	152	»	»				
	T 84 r	Besafotra	1	604 »	—	—	—	0 040	113	»	»				
	T 87 r	Boeikely	1	784 »	—	—	—	4 663	13.050	4 645	13.000				
	T 88 r	Lasosolahy	1	694 »	—	—	—	1 993	5.580	1 912	5.354				
	T 89 r	Ankosona	1	605 »	—	—	—	0 071	200	»	»				

N° 49 — ÉTAT INDICATIF DES MINES EXPLOITÉES PENDANT L'ANNÉE 1908 ET DES RÉSULTATS DE CETTE EXPLOITATION

NATURE DU MINERAI	NOM DE LA MINE ou désignation des terrains [illegible]		EMPLACEMENT	NOMBRE de [illegible]	SUPERFICIE des [illegible]	NATURE de la [illegible]	NOMS des propriétaires	NOMS des exploitants	PRODUCTION poids	PRODUCTION valeur	EXPORTATION poids	EXPORTATION valeur	TENEUR moyenne du minerai	NOMBRE d'ouvriers employés Race blanche	NOMBRE d'ouvriers employés Autres races	OBSERVATIONS
					h. a.				k. gr.	francs.	k. gr.	francs.	pour cent.			
		T 90 r	Montoulaur	1	694 »	1 périmètre.	Compagnie occidentale	Agent	2 938	8.183	3 023	8.364				
		T 91 r	Berere	1	600 »		—	—	6.937	19.425	7.080	19.608				
		T 92 r	Betsmoiamo	1	690 »	—	—	—	»	»	»	»				
		T 94 r	Mandirovalo	1	690 »	—	—	—	0 732	2.049	0 732	2.049				
		T 93 r	Beretsimarana	1	694 »		—	—	»	»	»	»				
		T 97 r	Belambo	1	690 »	—	—	—	0 078	230	»	»				
		T 96 r	Marotrano	1	694 »		—	—	»	»	»	»				
		T 99 r	Andrafiamandrika	1	694 »	—	—	—	8 298	23.066	8 454	23.562				
		T 98 r		1	694 »	—	—	—	»	»	»	»				
		T 100 r	Besafotra I.	1	693 »	—	—	—	0 056	156	0 056	156				
OR	Cercle de Maevatanana. (Suite.)	T 103 r	Ambatoarano	1	694 »	—	—	—	10 829	30.321	20 570	57.596				
		T 105 r	Ambodimanga	1	694 »	—	—	—	0 073	204	»	»				
		T 106 r	Tsarabantra	1	694 »	—	—	—	»	»	»	»				
		T 107 r	Makomanabery	1	694 »	—	—	—	0 216	606	0 176	494				
		T 108 r	Ambodiroka	1	694 »	—	—	—	»	»	»	»				
		F 17	Mondinovato	1	182 »	—	—	Richardot	0 777	2.175	0 876	2.454				
		F 18	Ambramodandona	1	900 »	—	—	—	0 418	1.170	0 418	1.170				
		T 95 r	Mevatanana	1	690 »	—	—	Agent	6 730	18.844	7 149	20.017				
		F 171	Ampasina	1	35 »	—	Souant	Souant	3 276	9.172	3 363	9.416				
		F 70	Belamaka	1	30 »	—	—	—	3 038	8.507	2 879	8.062				
		T 1 r	Mahabe	1	778 68	—	—	—	7 121	19.930	0 209	17.886				

N° 49 — ÉTAT INDICATIF DES MINES EXPLOITÉES PENDANT L'ANNÉE 1908 ET DES RÉSULTATS DE CETTE EXPLOITATION

NATURE DU MINERAI	NOM DE LA MINE ou désignation des permis	EMPLACEMENT	NOMBRE des	SUPERFICIE des	NATURE de la	NOMS des propriétaires	NOMS des exploitants	PRODUCTION poids	PRODUCTION valeur	EXPORTATION poids	EXPORTATION valeur	TERRES	NOMBRE d'ouvriers employés: Race Malgache	NOMBRE d'ouvriers employés: Autres races	OBSERVATIONS
				h. a.				k. gr.	francs.	k. gr.	francs.				
OR	Cercle de Maevatanana. (Suite.)														
	T 17 r	Ambalamanga	1	744 »	à périmètres.	Sescau	Sescau	3 503	9.810	3 706	8.909				
	T 34 r	Belamoutarana	1	705 29	—	—	—	7 579	21.221	6 703	18.768				
	T 37 r	Belotaka	1	700 45	.	—	—	2 991	8.374	2 015	8.346				
	T 42 r	Ankaboka	1	784 »	—	H. Smith	Agent	»	»	1 571	4.399				
	T 44 r	Bebeaka	1	734 80	—	Sescau	Sescau	14 272	39.961	13 511	37.833				
	T 53 r	Ambararatabo	1	784 »	—	Société Anaseha	Agent	»	»	0 682	1.910				
	T 55 r	Ankotorano	1	687 07	—	Compagnie occidentale	—	9 453	26.470	9 661	27.050				
	T 54 r	Tsarapokaba	1	784 »	—	Société Sihanaka	—	»	»	1 838	5.148				
	T 56 r	Analamangy	1	784 »	—	Compagnie occidentale	—	2 460	6.889	0 706	2.072				
	T 57 r	Beharibo	1	604 »	—	—	—	»	»	»	»				
	T 60 r	Marovitsika	1	785 »	—	—	—	1 178	3.299	1 996	5.590				
	T 58 r	Marokaro	1	784 »	—	—	—	»	»	»	»				
	T 67 r	Ambararatra	1	784 »	—	—	—	3 191	8.935	3 028	8.479				
	T 59 r	Ankotoka	1	690 »	—	—	—	»	»	»	»				
	T 69 r	Mandrodanda	1	490 »	—	—	—	11 027	30.875	11 326	31.707				
	T 61 r	Marolomotrakely	1	784 »	—	—	—	»	»	»	»				
	T 123 r	Besakeiro	1	486 50	—	Sescau	Sescau	6 759	18.925	6 120	17.136				
	F 19	Antsahafoutrana	1	797 04	—	—	—	3 802	10.647	5 423	15.184				
	T 31 r	Antsitabe	1	565 20	—	Dreyfus	Dreyfus	5 927	16.597	5 624	15.748				
	T 35 r	Ambonaintsy	1	779 »	—	—	—	5 401	15.123	5 362	15.008				
	T 44 r	Mandraso I	1	773 11	—	Compagnie occidentale	Agent	41 085	114.038	41 739	116.871				

N° 49 — ÉTAT INDICATIF DES MINES EXPLOITÉES PENDANT L'ANNÉE 1908 ET DES RÉSULTATS DE CETTE EXPLOITATION

NATURE DU MINERAI	NOM DE LA MINE ou désignation des concessions	No.	EMPLACEMENT	NOMBRE des concessions	SUPERFICIE des concessions	NATURE de la concession	NOMS		PRODUCTION		EXPORTATION		TENEUR moyenne du minerai	NOMBRE d'ouvriers employés		OBSERVATIONS
							Nom des concessionnaires	des exploitants	Poids	Valeur	Poids	Valeur		Race blanche.	Autres races.	
					h. a.				k. gr.	francs.	k. gr.	francs.	pour cent.			
		T 45 r	Mandraka II	1	784 »	1 périmètre.	Compagnie Occidentale	Agent	18 679	51.861	20 337	56.913				
		T 73 r	Armitake	1	694 »	—	—	—	2 079	5.821	2 199	5.005				
		T 75 r	Mandraka III	1	600 »	—	—	—	13 478	37.739	12 593	34.981				
		T 76 r	Manafona	1	785 »	—	—	—	22 449	90.850	32 486	90.961				
		T 81 r	Ampasambato	1	784 »	—	—	—	11 423	31.984	11 809	33.253				
		T 82 r	Ambatoloray	1	694 »	—	—	—	1 151	3.222	1 272	3.564				
		T 84 r	Befotaka II	1	694 »	—	—	—	1 899	5.133	2 044	5.723				
		T 85 r	— III	1	694 »	—	—	—	0 553	1.803	0 662	1.853				
		T 86 r	— IV	1	694 »	—	—	—	0 050	0.142	»	»				
		F 16 r	Beranarana	1	705 24	—	Largey	Largey	1 719	4.194	2 088	5.843				
OR	Cercle de Maevatanana (Suite.)	T 110 r	Betsioka	1	524 »	—	Société Sihanaka	Agent	»	»	»	»				
		T 111 r	Antsovakely	1	784 »	—	—	—	»	»	»	»				
		T 112 r	Morovato	2	692 »	—	—	—	»	»	»	»				
		T 113 r	Ampasampetsy	1	784 »	—	—	—	»	»	»	»				
		T 114 r	Antsovakely	1	692 »	—	—	—	»	»	»	»				
		T 115 r	Antsovakely-Manompy	1	692 »	—	—	—	»	»	»	»				
		T 116 r	Source d'Ambatoreainy	1	692 »	—	—	—	»	»	»	»				
		T 117 r	Ambokoraisy	1	784 »	—	—	—	»	»	»	»				
		T 118 r	— I	1	522 20	—	—	—	»	»	»	»				
		T 119 r	— II	1	522 20	—	—	—	»	»	»	»				
		T 120 r	Ankadivato-Antsovakely	1	380 17	—	—	—	»	»	»	»				

N° 49 — ÉTAT INDICATIF DES MINES EXPLOITÉES PENDANT L'ANNÉE 1908 ET DES RÉSULTATS DE CETTE EXPLOITATION

NATURE DU MINERAI	NOM DE LA MINE ou périmètre des terrains miniers	EMPLACEMENT	NOMBRE des concessions	SUPERFICIE des concessions	NATURE de la concession	NOMS du propriétaire	NOMS des exploitants	PRODUCTION poids	PRODUCTION valeur	EXPORTATION poids	EXPORTATION valeur	TENEUR moyenne du minerai	NOMBRE d'ouvriers employés: Race blanche	NOMBRE d'ouvriers employés: Autres races	OBSERVATIONS
				h. a.				k. gr.	francs	k. gr.	francs	pour cent.			
		T 191 F Avaratra Iabana	1	692	1 périmètre.	Société Sikaroka	Agent	»	»	»	»				
		T 192 F Belaponji	1	692	—	—	—	»	»	»	»				
		T 196 F Tampoketsa-Est	1	784	—	—	—	»	»	»	»				
		F 1 Ras Ambalamoisty	1	784	—	—	—	»	»	»	»				
		F 2 Avaratra Iabana	1	789	—	—	—	»	»	»	»				
		F 3 Ras Betsiaka	1	784	—	—	—	»	»	»	»				
		F 4 Mahajamba I	1	692	—	—	—	»	»	»	»				
Or	Province de Maevatanana (Fin).	F 5 — II	1	692	—	—	—	»	»	»	»				
		F 6 — III	1	769 98	—	—	—	»	»	»	»				
		F 7 — IV	1	552	—	—	—	»	»	»	»				
		F 8 Malandrasana	1	280	—	—	—	»	»	»	»				
		F 9 Ankakarivo IV	1	513 60	—	—	—	»	»	»	»				
		F 10 Andranolava	1	784	—	—	—	»	»	»	»				
		F 11 Mahatsinjo	1	784	—	—	—	»	»	»	»				
		F 12 Ambalanomby	1	381 38	—	Secours	Secours	»	»	»	»				
Totaux			»	67.662 04				383 428	1.093.506	380 035	1 080.808				

XI

COMMERCE

N° 50 — TABLEAU GÉNÉRAL DU COMMERCE DE MADAGASCAR DE 1872 A 1908

ANNÉES	IMPORTATIONS DE MARCHANDISES				EXPORTATIONS de marchandises et produits du cru ou importés				TOTAUX
	françaises venant		étrangères venant de France et de l'étranger.	TOTAUX	pour la France.	pour les colonies françaises.	pour l'étranger.	TOTAUX	GÉNÉRAUX
	de France.	des colonies françaises.							
	francs.	francs.	francs.	francs.	francs.	francs.	francs.	francs.	francs.
1872	765.098	»	1.121.070	1.889.177	982.417	»	1.330.680	2.319.097	4.208.274
1873	»	»	»	304.416	»	»	»	144.429	448.845
1874	»	»	»	498.908	»	»	»	2.601.622	3.100.530
1875	»	»	»	1.430.157	»	»	»	2.903.573	4.333.731
1876	»	»	»	1.720.389	»	»	»	2.111.603	3.831.002
1877	»	»	»	1.752.637	»	»	»	1.878.421	3.627.058
1878	»	»	»	1.582.634	»	»	»	2.134.994	3.717.628
1879	»	»	»	1.573.555	»	»	»	1.623.642	3.197.197
1880	»	»	»	2.550.200	»	»	»	1.648.575	4.198.805
1881	»	»	»	4.000.559	»	»	»	3.822.754	7.823.313
1882	»	»	»	2.081.280	»	»	»	2.713.891	4.795.171
1883	155.190	211.542	2.188.277	2.555.009	3.283.673	582.972	2.775.862	6.642.507	9.197.516
1884	483.476	365.898	2.508.697	3.358.071	125.517	540.254	2.292.693	2.958.464	6.316.535
1885	347.148	212.454	3.824.130	4.383.632	396.927	138.865	3.111.417	3.647.209	8.030.841
1886	445.852	98.458	2.913.032	3.457.342	112.002	30.449	4.158.420	4.300.871	7.758.213
1887	1.231.102	284.178	2.580.143	4.095.383	82.167	49.871	2.291.273	2.422.311	6.517.694
1888	206.158	167.546	2.002.363	2.376.067	94.456	69.361	2.200.036	2.363.853	4.739.920
1889	498.309	134.657	1.901.429	2.524.455	116.137	158.518	1.205.022	1.559.677	4.084.132
1890	»	»	»	»	»	»	»	»	»
1891	»	»	»	»	»	»	»	»	»
1892	1.604.407	256.497	3.261.930	5.122.894	1.061.969	208.446	1.519.233	2.879.648	8.002.542
1893	1.848.378	503.379	3.170.665	5.582.422	1.277.864	288.320	1.751.178	3.317.362	8.899.784
1894	2.578.007	774.505	3.578.060	6.930.572	774.580	440.390	2.523.024	3.737.994	10.566.868
1895	1.725.509	388.019	4.130.393	6.244.521	334.183	73.560	2.567.071	2.974.814	9.219.335
1896	4.969.316	545.469	8.473.155	13.987.931	734.132	322.636	2.549.183	3.005.951	17.593.882
1897	9.583.231	863.098	7.912.589	18.358.918	1.193.991	325.941	2.822.500	4.342.432	22.701.350
1898	17.029.655	1.130.166	3.467.996	21.627.817	1.867.301	424.026	2.683.221	4.974.548	26.602.365
1899	24.377.357	1.602.511	1.936.746	27.916.614	4.838.292	606.843	2.601.273	8.046.408	35.963.022
1900	34.787.774	2.041.940	3.641.099	40.470.813	7.309.971	416.325	2.897.573	10.623.869	51.094.682
1901 (*)	35.449.415	5.268.742	5.052.124	45.770.281	6.076.446	398.757	2.492.770	8.967.973	54.738.254
1902 (*)	31.321.869	4.176.603	5.479.105	40.977.577	6.195.909	563.725	6.367.806	13.127.440	54.105.017
1903	27.844.958	1.180.099	3.873.467	32.898.554	9.884.545	682.622	5.703.843	16.271.010	49.169.564
1904	21.402.295	1.339.352	3.677.737	26.419.384	14.119.047	598.972	4.709.140	19.427.159	45.846.543
1905	26.812.934	1.085.999	3.299.477	31.198.410	15.485.377	593.981	6.771.234	22.850.592	54.049.002
1906	28.625.782	1.318.536	4.322.823	34.267.141	19.800.972	788.636	7.913.087	28.502.695	62.769.836
1907	20.659.763	778.930	3.690.918	25.129.611	19.291.392	874.404	7.697.631	27.863.427	52.993.038
1908	25.171.456	810.661	3.981.153	29.963.270	17.020.313	994.142	5.330.203	23.353.658	53.316.928

(*) Les chiffres se rapportant aux années 1901 et 1902 diffèrent de ceux publiés précédemment dans lesquels le mouvement monétaire avait été joint au mouvement commercial.

N° 51 — ÉTAT DES PAYS DE PROVENANCE DES IMPORTATIONS DE 1899 A 1908

NOMS DES PAYS	1899	1900	1901	1902	1903	1904	1905	1906	1907	1908
	fr. c.	francs.	francs.	francs.	francs.	francs.	francs.	francs.	francs.	francs.
France	29.377.357 06	34.787.774	37.120.502	33.016.307	29.547.317	22.891.820	28.250.894	26.625.782	30.050.763	25.171.850
Angleterre	308.915 56	1.307.209	896.299	1.104.785	564.430	632.984	485.030	481.842	486.827	821.360
Maurice	34.315 80	4.148	»	»	»	»	»	»	»	»
Allemagne	340.082 17	992.198	521.073	544.172	295.494	230.457	305.882	368.334	388.435	316.788
Amérique	96.118 40	34.820	17.855	273.078	7.742	81.314	35.822	85.394	126.508	181.722
Réunion	924.902 03	731.006	»	»	»	»	»	»	»	»
Indes anglaises	299.002 49	414.539	»	»	»	»	»	»	»	»
Colonies françaises	677.808 91	1.310.844	5.440.010	4.615.397	1.208.312	1.366.070	1.118.898	1.270.536	778.930	810.401
Suède et Norvège	133.715 »	257.484	449.830	1.002.107	279.923	20.035	57.354	290.565	149.931	250.758
Côte d'Afrique	603.092 73	865.856	508.772	533.097	563.102	412.020	301.913	175.170	254.649	159.070
Autres colonies anglaises	90.570 »	30.885	741.340	1.008.402	503.851	628.915	649.221	588.517	620.921	850.415
Égypte	10.278 35	8.319	32.770	23.607	4.305	12.782	7.697	8.100	6.249	6.242
Autres pays	44.751 45	57.935	176.400	174.144	132.675	141.501	176.515	2.225.287	1.302.808	1.544.913
Totaux	33.016.614 81	40.470.813	46.032.750	42.263.030	33.107.171	26.440.381	31.198.410	34.307.141	35.120.611	29.963.273

N° 52 — ÉTAT DES PAYS DE DESTINATION DES PRODUITS EXPORTÉS DE 1899 A 1908

NOMS DES PAYS	1899	1900	1901	1902	1903	1904	1905	1906	1907	1908
	fr. c.	francs.	francs.	francs.	francs.	francs.	francs.	francs.	francs.	francs.
France	4.834.392 18	7.309.971	6.083.960	6.230.439	9.865.990	14.087.019	15.317.491	19.800.978	19.204.891	17.020.313
Angleterre	424.973 15	353.750	207.041	251.084	928.083	733.462	1.123.876	1.509.015	1.467.306	870.425
Maurice	218.742 60	349.398	»	»	»	»	»	»	»	»
Allemagne	1.430.138 15	1.200.816	1.300.721	1.541.005	2.863.539	2.887.310	4.109.838	4.794.548	4.978.406	3.364.312
Amérique	»	»	»	»	»	»	»	»	»	»
Réunion	517.080 30	874.071	»	»	»	»	»	»	»	»
Indes anglaises	29.427 70	41.667	»	»	»	»	»	»	»	»
Colonies françaises	89.753 85	42.254	398.757	568.250	481.137	581.401	303.076	798.636	673.804	994.142
Espagne et Portugal	»	»	»	»	»	»	»	»	»	»
Côte d'Afrique	105.935 »	542.325	595.060	1.403.758	695.791	514.191	396.036	500.118	285.548	251.866
Autres colonies anglaises	278.364 55	250.103	192.808	3.017.511	1.701.808	493.521	997.806	»	»	»
Autres pays	114.080 50	60.402	96.460	44.399	12.780	62.560	216.873	1.175.560	1.370.471	1.052.722
Totaux	8.046.506 23	10.625.569	8.875.574	13.144.460	16.471.128	19.357.484	22.553.991	28.591.095	27.963.427	23.353.658

N° 53 — ÉTAT DES PAYS DE PROVENANCE ET DE DESTINATION DES IMPORTATIONS ET EXPORTATIONS RÉUNIES DE 1899 A 1908

PAYS DE PROVENANCE ET DE DESTINATION	1899	1900	1901	1902	1903	1904	1905	1906	1907	1908
	fr. c.	francs.	francs.	francs.	francs.	francs.	francs.	francs.	francs.	francs.
France	29.219.649 24	43.097.745	43.201.448	39.246.046	39.433.307	36.078.845	43.606.980	48.426.754	38.951.153	45.491.760
Angleterre	823.889 51	1.760.956	1.156.040	1.415.849	1.192.513	1.358.456	1.409.810	2.070.207	1.402.333	1.493.070
Maurice	253.056 40	303.240	»	»	»	»	»	»	»	»
Allemagne	1.779.830 32	1.893.015	1.861.794	2.085.177	3.191.603	3.117.767	4.415.440	5.182 822	5.348.541	3.881.000
Amérique	68.114 40	32.809	47.854	273.078	7.702	81.344	35.522	65.862	121.596	182.722
Réunion	1.481.931 33	1.165.167	»	»	»	»	»	»	»	»
Indes anglaises	208.330 19	456.200	»	»	»	»	»	»	»	»
Colonies françaises	707.362 99	1.358.096	5.878.707	4.978.647	1.880.409	1.986.071	1.581.074	3.107 172	1.033.334	1.804.803
Suède et Norvège	133.715 »	267.384	449.539	1.092.107	279.923	20.035	57.391	380.305	149.531	258.738
Côte d'Afrique	709.057 73	1.408.181	1.103.822	2.009.259	1.258.993	927.111	597.957	525.389	629.607	440.914
Autres colonies anglaises	347.920 90	289.988	934.238	4.020.008	2.203.650	1.122.436	1.647.090	588.517	629.921	859.415
Égypte	10.278 75	8.316	32.770	13.867	5.795	12.752	7.857	8.200	6.299	6.742
Autres pays	158.633 95	118.227	270.360	222.043	145.455	210.061	303.368	3.396.853	2.823.170	2.433.035
TOTAUX	35.963.022 64	51.904.082	55.036.232	55.431.276	49.578.290	45.776.848	58.752.404	62.700 126	52.966.038	58.316.028

N° 54 — TABLEAU RÉCAPITULATIF PAR MATIÈRES DES IMPORTATIONS (ANNÉE 1908)

NATURE DES DENRÉES ET MARCHANDISES	DENRÉES ET MARCHANDISES FRANÇAISES IMPORTÉES			DENRÉES ET MARCHANDISES ÉTRANGÈRES IMPORTÉES													TOTAUX GÉNÉRAUX
	de France. — Valeurs.	des colonies et protectorats français — Valeurs.	TOTAUX — Valeurs.	de France — Valeurs.	des colonies et protectorats français. — Valeurs.	d'Angleterre. — Valeurs.	des colonies anglaises — Valeurs.	d'Allemagne. — Valeurs.	de Suède et Norvège. — Valeurs.	de Danemark. — Valeurs.	d'Égypte — Valeurs.	des États-Unis d'Amérique. — Valeurs.	de la côte occidentale d'Afrique — Valeurs.	d'Italie. — Valeurs.	des autres pays — Valeurs.	TOTAUX — Valeurs.	— Valeurs.
	francs	francs.	francs.	francs.	francs.	francs	francs.	francs.	francs	francs.	francs.	francs	francs.	francs.	francs.	francs	francs.
MATIÈRES ANIMALES																	
1 Animaux vivants	17.210	6.705	23.915	»	2.170	»	4.750	»	»	»	»	»	»	»	800	6.720	18.665
2 Produits et dépouilles d'animaux	539.931	4.878	544.809	93.747	»	4.633	79.398	7.405	»	6.074	1.045	»	28.181	»	40.406	261.689	806.444
3 Pêches	121.539	3.528	125.067	6.312	2.076	381	938	454	10	»	12	»	58	»	1.160	12.056	137.123
4 Substances animales brutes propres à la médecine et à la parfumerie	2.290	»	2.290	25	»	»	»	»	»	»	»	»	»	»	»	25	2.315
5 Matières dures à tailler	»	»	»	10	»	»	»	»	»	»	»	10	21	»	»	41	41
Totaux																	
MATIÈRES VÉGÉTALES																	
6 Farineux alimentaires	1.148.658	10.448	1.159.106	35.710	2.105	147	5.175	866	23	»	19	»	908	»	19.529	64.572	1.223.678
7 Fruits et graines	55.384	14.040	69.424	3.745	»	433	5.968	415	»	»	345	720	1.736	»	4.294	17.654	87.078
8 Denrées coloniales de consommation	799.751	210.974	1.010.725	84.556	66	15.050	27.978	17.464	6	»	75	»	1.795	2	7.273	155.058	1.174.783
9 Huiles et sucs végétaux	227.340	330	227.670	14.201	»	1.603	108.350	1.423	»	»	80	»	8.240	»	3.792	137.718	465.388
10 Espèces médicinales	2.738	903	3.641	341	»	»	3.454	»	»	»	»	»	15	»	304	4.111	7.752
11 Bois	18.638	44.210	62.848	36.075	»	»	50	3.273	188.696	»	»	»	70	»	»	228.164	291.012
12 Fruits, tiges et filaments à ouvrer	12.906	43	13.000	140	»	»	3.109	»	»	»	»	»	10	»	40	2.384	15.303
13 Teintures et tanins	413	652	1.065	413	»	»	1.630	»	»	»	»	»	179	»	233	2.184	3.200
14 Produits et déchets divers	198.020	6.414	204.434	2.031	»	180	3.330	2.213	»	»	4.170	»	6	»	4.297	16.753	221.187
15 Boissons	2.812.535	182.546	2.995.081	51.044	»	8.026	1.130	30.227	80	»	»	»	1.038	947	934	94.524	3.089.705
Totaux										»		»					
MATIÈRES MINÉRALES																	
16 Marbres, pierres, terres, combustibles minéraux, etc.	1.149.302	100	1.149.402	108.813	»	250.397	218.717	3.660	1.290	»	400	104.277	57.400	»	80.864	825.105	1.974.507
17 Métaux	613.472	»	613.472	134.880	»	60.810	5.403	36.910	»	»	»	»	465	»	795	236.223	850.695
Totaux																	
MATIÈRES FABRIQUÉES																	
18 Produits chimiques	494.925	»	494.925	6.867	»	1.524	4.200	5.202	»	»	»	»	6.825	»	72	23.840	518.765
19 Teintures préparées	3.366	»	3.366	37	»	»	23	353	»	»	»	»	15	»	»	428	3.794
20 Couleurs	109.383	»	109.383	2.093	»	95	346	2.386	»	»	»	»	»	»	3.113	7.852	117.235
21 Compositions diverses	739.836	1.348	741.184	97.472	»	34.054	106.764	3.735	»	»	1	9	1.115	700	13.796	349.038	1.090.822
22 Poteries	84.307	»	84.307	7.304	»	1.625	1.853	37.100	»	»	10	»	280	»	655	49.109	133.809
23 Verres et cristaux	150.209	217	150.426	9.634	»	1.183	7.070	5.408	2	»	9	»	3.448	393	8.235	35.731	186.160
24 Fils	258.443	17.819	266.264	1.302	»	185	3.708	1.461	»	»	»	»	974	»	90	7.906	274.202
25 Tissus	11.195.065	282.065	11.478.180	134.277	»	36.981	164.370	28.507	65	»	46	»	31.420	»	133.333	470.091	11.927.571
26 Papier et ses applications	413.023	100	413.123	9.654	»	11.537	505	7.094	5.661	»	»	135	110	15	1.604	38.225	451.348
27 Peaux et pelleteries ouvrées	351.271	580	351.851	13.644	»	5.302	3.037	380	»	»	»	»	204	»	2.166	22.197	374.128
28 Ouvrages en métaux	2.315.251	113	2.315.364	169.710	»	352.021	43.119	60.255	634	71	131	17.331	10.647	»	15.586	661.455	2.976.800
29 Armes, poudres et munitions	105.020	»	105.020	1.291	»	»	615	310	»	»	»	»	»	»	180	2.315	107.335
30 Meubles	50.689	47	50.736	12.041	»	1.099	3.127	5.367	4.650	»	270	200	35	»	3.396	29.920	80.662
31 Ouvrages en bois	76.674	1.687	78.361	14.707	»	30.020	954	387	18.650	»	»	»	55	»	197	69.374	147.935
32 Instruments de musique	31.529	»	31.529	6.077	»	504	450	14.501	»	»	»	»	»	»	»	21.022	53.551
33 Ouvrages de sparterie et de vannerie	128.866	1.262	130.128	8.106	»	»	1.289	18	»	»	»	»	»	394	247	10.115	140.243
34 — en matières diverses	850.050	2.852	852.902	27.574	»	6.704	11.160	49.044	31.212		»	120	1.132	»	3.064	100.016	952.920
Totaux																	
Totaux généraux	25.171.536	810.581	25.982.117	1.077.078	7.307	823.245	430.445	310.784	250.708	6.545	6.242	182.722	150.970	3.311	280.072	3.081.153	29.063.270
Numéraire	22.991	87.747	109.738	»	»	»	47.735	»	»	»	»	»	»	»	»	93.635	203.373

N° 55 — TABLEAU RÉCAPITULATIF PAR MATIÈRES DES EXPORTATIONS (ANNÉE 1908)

NATURE DES DENRÉES ET MARCHANDISES	DENRÉES ET MARCHANDISES DU CRU DE LA COLONIE EXPORTÉES						
	en France. — Valeurs.	dans les colonies et pêcheries françaises. — Valeurs.	en Angleterre. — Valeurs.	en Allemagne. — Valeurs.	à la côte d'Afrique. — Valeurs.	dans les autres pays. — Valeurs.	TOTAUX. — Valeurs.
	francs.	francs.	francs.	francs.	francs.	francs.	francs.
MATIÈRES ANIMALES							
1 Animaux vivants	10.525	264.497	»	»	138.760	331.133	704.915
2 Produits et dépouilles d'animaux	2.876.139	81.400	40.552	1.557.083	2.070	28.797	4.600.929
3 Pêches	»	4.067	»	150	150	62.851	67.218
4 Substances animales brutes propres à la médecine et à la parfumerie	»	»	»	»	»	1.050	1.050
5 Matières dures à tailler	45.773	»	48.185	84.969	3.875	1.051	184.303
Totaux							
MATIÈRES VÉGÉTALES							
6 Farineux alimentaires	300.068	505.411	401.000	150	37.268	468.003	1.713.380
7 Fruits et graines	14.550	1.071	1.400	»	3.250	10.181	30.352
8 Denrées coloniales de consommation	1.228.180	360	53.480	350.583	40	14	1.632.637
9 Huiles et sucs végétaux	663.581	»	86.208	540.637	»	10.100	1.298.406
10 Espèces médicinales	70	»	35	»	»	160	265
11 Bois	264.434	41.491	3.100	165.172	21.603	40.009	516.509
12 Filaments, tiges et fruits à ouvrer	1.148.987	670	15.170	654.950	»	40.500	1.860.435
13 Teintures et tanins	46.266	»	»	197.425	»	12.028	255.719
14 Produits et déchets divers	3.045	»	»	100	1.730	»	4.875
15 Boissons	»	»	»	»	»	»	»
Totaux							
MATIÈRES MINÉRALES							
16 Marbres, pierres, terres et combustibles minéraux	165.146	»	12.060	»	»	»	177.206
17 Métaux	9.445.252	»	»	3.063	»	»	9.448.315
Totaux							
MATIÈRES FABRIQUÉES							
18 Produits chimiques	2.800	210	»	»	6	2.025	5.041
19 Teintures préparées	»	»	»	»	»	»	»
20 Couleurs	»	»	»	»	»	»	»
21 Compositions diverses	20	»	»	»	»	»	20
22 Poteries	5	»	»	»	»	»	5
23 Verres et cristaux	»	»	»	»	»	»	»
24 Fils	»	»	»	»	»	»	»
25 Tissus	8.576	80	»	»	»	»	8.656
26 Papier et ses applications	»	»	»	»	»	»	»
27 Peaux et pelleteries ouvrées	»	»	»	»	»	»	»
28 Ouvrages en métaux	2	»	»	»	»	70	72
29 Armes, poudres et munitions	»	»	»	»	»	»	»
30 Meubles	»	»	»	»	»	»	»
31 Ouvrages en bois	4.220	»	»	»	90	300	4.610
32 Instruments de musique	»	»	»	»	»	»	»
33 Ouvrages de sparterie et de vannerie	662.483	7.315	»	11.353	322	22.725	704.198
34 Ouvrages en matières diverses	5.102	179	1.645	1.005	»	50	8.741
Totaux	16.877.230	889.850	670.425	3.360.269	250.044	1.043.068	23.090.916
Totaux généraux	16.877.230	889.840	670.425	3.390.269	256.044	1.043.068	23.396.096
Numéraire	»	»	»	»	»	»	»

NATURE DES DENRÉES ET MARCHANDISES	DENRÉES ET MARCHANDISES PROVENANT DE L'IMPORTATION — FRANÇAISES, RÉEXPORTÉES							DENRÉES ET MARCHANDISES PROVENANT DE L'IMPORTATION — ÉTRANGÈRES, RÉEXPORTÉES				TOTAUX GÉNÉRAUX
	en France. — Valeurs.	dans les colonies et pêcheries françaises. — Valeurs.	en Angleterre. — Valeurs.	en Allemagne. — Valeurs.	à la côte d'Afrique. — Valeurs.	dans les autres pays. — Valeurs.	TOTAUX. — Valeurs.	en Angleterre. — Valeurs.	à la côte d'Afrique. — Valeurs.	dans les autres pays. — Valeurs.	TOTAUX. — Valeurs.	Valeurs.
	francs.	francs.	francs.	francs.	francs.	francs.	francs.	francs.	francs.	francs.	francs.	francs.
MATIÈRES ANIMALES												
1 Animaux vivants	»	500	»	2.300	»	»	500	»	»	»	»	705.415
2 Produits et dépouilles d'animaux	»	1.290	»	»	»	80	1.370	»	»	»	»	4.602.299
3 Pêches	»	165	»	»	»	»	165	»	»	»	»	67.383
4 Substances animales brutes propres à la médecine et à la parfumerie	»	»	»	»	»	»	»	»	»	»	»	1.050
5 Matières dures à tailler	»	»	»	»	»	»	»	»	»	»	»	184.303
Totaux			»	»	»	»		»	»	»	»	
MATIÈRES VÉGÉTALES												
6 Farineux alimentaires	68	115	»	»	»	»	183	»	»	»	»	1.713.563
7 Fruits et graines	»	1.300	»	»	»	»	1.300	»	»	»	»	31.652
8 Denrées coloniales de consommation	»	100	»	»	»	»	100	»	»	»	»	1.632.737
9 Huiles et sucs végétaux	»	230	»	»	»	»	230	»	»	»	»	1.298.636
10 Espèces médicinales	»	»	»	»	»	»	»	»	»	»	»	265
11 Bois	»	»	»	»	»	»	1.000	»	»	»	»	517.409
12 Filaments, tiges et fruits à ouvrer	1.000	»	»	»	»	»	»	»	»	»	»	1.861.435
13 Teintures et tanins	»	»	»	»	»	»	»	»	»	»	»	255.719
14 Produits et déchets divers	»	160	»	»	»	»	160	»	»	»	»	5.035
15 Boissons	2.967	375	»	»	»	»	3.342	»	»	»	»	3.342
Totaux			»	»	»	»		»	»	»	»	
MATIÈRES MINÉRALES												
16 Marbres, pierres, terres et combustibles minéraux	195	835	»	»	»	100	1.130	»	»	»	»	178.336
17 Métaux	60.375	870	»	1.600	»	261	63.106	»	»	»	»	9.511.421
Totaux								»	»	»	»	
MATIÈRES FABRIQUÉES												
18 Produits chimiques	»	»	»	»	»	»	»	»	»	»	»	5.041
19 Teintures préparées	»	»	»	»	»	»	»	»	»	»	»	»
20 Couleurs	205	»	»	»	»	»	205	»	»	»	»	205
21 Compositions diverses	130	1.547	»	»	»	»	1.677	»	»	»	»	1.697
22 Poteries	860	2.535	»	»	»	»	3.395	»	»	»	»	3.395
23 Verres et cristaux	1.080	50	»	20	30	»	1.180	»	»	»	»	1.180
24 Fils	88	100	»	»	»	»	188	»	»	»	»	188
25 Tissus	11.645	87.157	»	»	1.730	4.950	97.702	»	»	»	»	106.358
26 Papier et ses applications	5.268	1.570	»	2.300	»	»	8.138	»	»	»	»	8.138
27 Peaux et pelleteries ouvrées	560	365	»	»	»	»	1.025	»	»	»	»	1.025
28 Ouvrages en métaux	27.660	17.030	»	»	»	100	45.880	»	»	»	»	45.952
29 Armes, poudres et munitions	3.011	3.500	»	»	»	1.170	6.511	»	»	»	»	6.511
30 Meubles	230	»	»	»	»	»	230	»	»	»	»	230
31 Ouvrages en bois	4.709	1.385	»	»	»	»	7.188	»	»	»	»	11.798
32 Instruments de musique	4.010	»	»	»	»	955	4.010	»	»	»	»	4.010
33 Ouvrages de sparterie et de vannerie	75	»	»	»	»	»	75	»	»	»	»	704.270
34 Ouvrages en matières diverses	10.683	2.990	»	»	»	18	13.691	»	»	»	»	22.432
Totaux	153.083	104.302	»	3.923	1.800	9.034	262.742	»	»	»	»	23.353.658
Totaux généraux	243.082	104.302	»	3.923	1.800	9.034	362.342	»	»	»	»	23.453.058
Numéraire	100.000	»	»	»	»	»	100.000	»	»	»	»	100.000

N° 56 — ÉTAT DES PRINCIPALES MARCHANDISES IMPORTÉES DE 1899 A 1908

DÉSIGNATION DES PRODUITS	1899	1900	1901	1902	1903	1904	1905	1906	1907	1908
	francs.	francs.	francs.	francs.	francs.	francs.	francs.	francs.	francs.	francs.
Viandes salées ou conservées	197.061	303.448	455.435	300.276	197.813	102.838	136.900	135.054	97.796	39.945
Graisses alimentaires	»	»	»	»	»	»	»	»	165.200	295.093
Lait	»	»	»	»	»	»	»	»	147.791	171.257
Riz	813.621	1.903.653	5.640.638	3.187.702	766.549	1.600.929	895.620	630.670	18.830	27,468
Farine de froment	1.247.110	1.010.557	1.584.128	1.107.621	904.158	1.088.562	1.014,953	840.231	578.064	883,516
Pommes de terre	»	»	»	»	»	»	»	»	125.206	124.361
Sucre	365.899	493.681	540.739	633.538	388.217	435.421	391.403	522.493	336.727	293.561
Sirops et confiserie	»	»	»	»	»	»	»	»	110.918	112.158
Tabacs fabriqués	203.387	298.680	329.368	354.200	323.733	231.820	271.697	260.594	240.326	213.987
Café	174.117	259.575	254.345	208.160	272.033	121.553	99.145	142,815	66.717	179.680
Biscuits sucrés	105.138	130.542	127.879	160.054	124.043	77.497	107.224	128.280	83.770	103.578
Bois bruts ou sciés	230.154	842.208	872.236	1.507.063	185.682	69.159	95.130	441.135	149.083	291.012
Légumes salés ou conservés	195.325	209.265	259.120	258.632	223.164	134.844	151.697	83.244	92.212	175.192
Vins ordinaires	2.171.653	2.316.440	2.542.535	2.578.062	2.084.837	2.061.335	1.936.663	2.140.984	1.928.444	1.789.452
Vins de liqueur	»	»	»	»	»	»	»	»	200.154	200.728
Alcools divers	1.685.688	2.656.386	1.867.419	1.601.309	1.394.152	804.207	851.251	591.809	783.750	722.799
Vins de champagne et mousseux	247.377	358.029	400.637	401.433	367.610	232.533	228.175	232.063	163.933	152.679
Bière	215.305	345.691	333.886	429.538	382.075	231.857	277.034	279.430	184.189	149.590
Liqueurs	182.525	226.244	172.554	124.928	138.441	86.814	74.675	92.094	54.440	70.900
Argent	»	»	»	»	»	»	»	»	120.012	98.884
Fers	»	»	»	»	»	»	»	»	391.150	»
Houille	176.368	1.501.072	957.909	999.343	600.184	955.867	310.910	382.490	450.868	555.665
Matériaux de constructions	»	»	»	»	»	»	»	»	594.096	1,059.640
Pétrole	170.012	271.232	422.520	352.138	248.232	448.560	320.876	275.440	330.642	317.897
Sel	»	»	»	»	»	»	»	»	198.489	239.334
Couleurs	»	»	»	»	»	»	»	»	101.610	117.235
Savons autres que de parfumerie	»	493.961	421.527	211.882	206.649	208.836	286.724	395.972	237.221	574.039

N° 56 — ÉTAT DES PRINCIPALES MARCHANDISES IMPORTÉES DE 1899 A 1908

DÉSIGNATION DES PRODUITS	1899	1900	1901	1902	1903	1904	1905	1906	1907	1908
	francs.	francs.	francs.	francs.	francs.	francs.	francs.	francs.	francs.	francs
Bougies	169.163	204.216	316.191	271.788	300.018	167.815	193.602	208.991	155.073	203.556
Parfumerie	»	»	»	»	»	»	»	»	128.754	113.735
Poterie	»	»	»	»	»	»	»	»	123.193	133.809
Verres et cristaux	»	»	»	»	»	»	»	»	182.708	194.100
Fils de coton	»	»	»	»	»	»	»	»	123.387	155.740
Tissus de coton	8.840.862	10.492.056	11.944.764	11.122.592	10.999.141	7.224.955	13.173.223	13.209.401	9.462.306	11.227.885
Tissus de laine	104.035	280.555	268.673	212.278	187.419	102.114	148.333	162.687	134.385	165.401
Vêtements confectionnés	492.066	887.496	516.407	241.018	330.552	155.869	197.972	248.600	188.189	289.030
Sacs de jutes	»	»	»	»	»	»	»	»	240.184	136,338
Papier	»	»	»	»	»	»	»	»	235.886	240.083
Cordonnerie	»	»	»	»	»	»	»	»	194.433	272.027
Ferronnerie	233.897	528.121	1.138.913	616.348	399.357	408.141	579.750	772.253	360.101	512.061
Articles de ménage	420.838	528.011	661.050	427.517	349.712	330.094	342.338	419.600	340.965	347.304
Outils en fer de toute sorte	203.651	390.290	399.350	344.468	252.637	175.584	192.592	257.375	201,01	207.463
Bijouterie, horlogerie	»	»	»	»	»	»	»	»	196.845	87.217
Machines et mécaniques	»	»	»	»	»	»	»	»	383.802	977.325
Coutellerie	»	»	»	»	»	»	»	»	155.141	94.088
Poterie de fonte	»	»	»	»	»	»	»	»	218.958	218.255
Clous et vis	»	»	»	»	»	»	»	»	166.660	145.918
Ouvrages en bois	127.534	1.675.587	376.255	303.473	188.938	66.816	109.051	140.686	73.197	147.935
Chapeaux de paille	»	»	»	»	»	»	»	»	102.382	109.020
Bimbeloterie	353.875	303.997	303.253	264.359	247.548	336.618	498.364	535.500	315.567	230.738
Parapluies et parasols	»	»	»	»	»	»	»	»	125.272	129.582
Totaux des articles ci-dessus et autres divers	27.916.616	40.470.813	46.032.759	42.289.036	33.107.171	26.419.384	34.198.410	34.267.141	25.129.611	29.963.270

N° 57 — ÉTAT DES PRINCIPALES MARCHANDISES EXPORTÉES DE 1899 A 1908

DÉSIGNATION DES PRODUITS	1899	1900	1901	1902	1903	1904	1905	1906	1907	1908
	francs.	francs.	francs.	francs.	francs.	francs.	francs.	francs.	francs.	francs.
Bœufs	842.719	1.155.840	812.135	4.401.250	2.475.185	1.108.355	1.076.820	943.057	1.170.835	757.160
Conserves de viandes	»	»	1.590	97	300	4.800	»	1.437	2.525	31.720
Cire	525.569	507.800	649.730	789.519	556.018	682.070	994.396	1.157.558	970.832	1.248.882
Saindoux	»	»	»	»	9.275	3.500	300	9.411	35.741	83.497
Peaux de bœufs	786.127	521.353	762.507	692.841	1.149.985	2.221.954	3.710.550	6.258.472	5.709.971	3.492.800
Plumes de parure	»	«	»	375	1.400	14.790	45.485	12.730	9.782	6.505
Poissons secs, salés ou fumés	8.380	1.300	24.592	176.981	130.465	11.836	25.725	34.460	42.040	64.176
Écailles de tortue	70.562	68.806	55.497	70.955	89.654	99.570	119.229	139.679	155.470	136.318
Coquillages bruts	»	»	6.410	5.197	10.662	38.966	64.175	25.905	21.375	25.070
Riz	79.881	23.786	21.230	16.884	33.493	62.520	213.845	332.841	368.664	817.367
Pois du Cap	214.477	245.462	197.955	374.770	283.773	248.604	501.231	152.330	713.310	874.138
Vanille	140.846	220.670	160.015	302.108	206.613	172.314	465.492	475.748	996.899	1.043.712
Girofles	16.055	64.855	26.711	27.283	70.999	104.410	86.915	163.727	102.841	201.760
Café	1.846	3.051	189	1.131	3.041	10.378	46.512	96.473	85.339	147.904
Cacao	3.772	12.045	23.021	43.787	23.787	38.472	12.260	26.542	37.437	38.547
Cire végétale	»	»	»	»	»	789	35.346	226	2.296	2.190
Caoutchouc	2.213.149	1.831.809	667.480	545.630	2.581.439	3.842.106	4.840.926	7.537.946	5.242.637	1.260.726
Gomme copal	34.071	17.838	17.806	18.857	12.995	76.753	41.650	15.264	22.125	36.460
Bois d'ébénisterie	70.220	42.285	111.544	263.058	564.754	309.734	217.090	158.315	254.130	420.978
Bois commun	1.245	1.005	17.465	34.664	90.626	15.225	71.949	100.976	78.720	96.316
Raphia	1.522.077	2.040.734	1.955.706	1.039.150	1.838.368	2.077.997	2.377.829	2.190.804	1.610.744	1.819.280
Coton	»	»	»	»	100	1.315	2.850	39.300	120	850
Crin végétal	18.881	73.533	36.453	12.751	27.200	4.630	44.105	29.923	32.258	34.945
Écorce à tan	»	»	»	»	25	4.811	11.870	179.982	667.691	239.453
Pierres gemmes	»	»	»	100	»	»	5.390	103.515	152.845	99.417
Cristal de roche	»	»	»	»	»	225	430	11.876	30.740	36.200
Or	1.070.825	3.587.917	2.299.076	3.880.695	5.856.778	7.692.949	6.874.061	6.765.325	7.982.008	9.446.815
Graphite et plombagine	»	»	»	»	»	»	»	»	5.500	36.460
Chapeaux de paille	»	»	»	»	»	»	»	»	526.956	655.397
Rabanes	64.473	7.581	5.212	7.412	6.695	10.875	47.567	30.074	12.566	23.009
Totaux des articles ci-dessus et autres divers	8.046.840	10.623.869	8.975.473	13.144.440	17.884.018	19.357.464	22.553.994	28.502.095	27.863.427	23.353.658

XII

NAVIGATION

N° 58 — TABLEAU GÉNÉRAL DE LA NAVIGATION EN 1908

NAVIRES PORTANT LE PAVILLON	ENTRÉES				SORTIES			
	NOMBRE	TONNAGE	MARCHANDISES DÉBARQUÉES		NOMBRE	TONNAGE	MARCHANDISES EMBARQUÉES	
			Tonnage.	Valeur.			Tonnage.	Valeur.
		tonnes.	tonnes.	francs.		tonnes.	tonnes.	francs.
Français	6.725	1.208.250	89.753.495	47.663.785	6.754	1.304.416	59.709.800	37.876.982
Anglais	1.483	53.955	23.706.335	3.674.276	1.482	50.983	8.061.733	4.962.675
Allemand	104	79.640	3.024.152	1.656.200	102	79.602	7.189.098	2.601.257
Indien	131	5.812	1.809.153	332.116	134	6.317	2.168.237	294.872
Autres pavillons	273	15.634	3.629.654	728.419	275	15.699	3.049.561	788.251
TOTAUX	8.716	1.453.297	121.922.789	54.054.796	8.747	1.457.017	80.178.429	46.614.037

N° 59 — MOUVEMENT GÉNÉRAL DE LA NAVIGATION PAR PORT PENDANT L'ANNÉE 1908 (ENTRÉES)

PAYS DE PROVENANCE		NAVIRES FRANÇAIS				NAVIRES ÉTRANGERS				TOTAUX GÉNÉRAUX DES NAVIRES ENTRÉS			
		Nombre.	Tonnage.	Marchandises débarquées		Nombre.	Tonnage.	Marchandises débarquées		Nombre.	Tonnage.	Marchandises débarquées	
				Tonnage.	Valeur.			Tonnage.	Valeur.			Tonnage.	Valeur.
			tonnes.	t. k°	francs.		tonnes.	t. k°	francs.		tonnes.	t. k°	francs.
AMBOHIBÉ	Cabotage	291	24.994	393 054	367.395	21	365	38 826	40.860	312	25.359	430 880	408.016
AMBANORO	Cabotage	1.060	6.932	3.006 166	690.097	325	2.965	633 019	255.083	1.380	9.687	3.620 189	885.780
ANALALAVA	France	»	»	285 843	302.923	»	»	»	»	»	»	285 843	302.923
	Réunion	»	»	3 440	1.500	»	»	»	»	»	»	3 440	1.500
	Autres colonies françaises	1	61	10 882	13.124	2	216	6 637	657	3	277	17 519	13.781
	Angleterre	»	»	1 345	2.725	»	»	»	»	»	»	1 345	2.725
	Maurice	»	»	»	»	»	»	»	»	»	»	»	»
	Inde	1	40	25 931	14.125	»	»	»	»	1	40	25 934	14.125
	Autres colonies anglaises	»	»	12 744	10.816	»	»	»	»	»	»	12 744	10.816
	Allemagne	»	»	0 351	757	»	»	»	»	»	»	0 351	757
	Côte d'Afrique	»	»	0 378	678	9	3.092	0 011	18	9	3.092	0 389	696
	Autres pays	»	»	3 704	6.853	»	»	22 064	5.902	»	»	25 828	12.700
Totaux		2	101	309 581	353.501	11	3.308	32 733	6.577	13	3.409	372 303	350.978
Cabotage		973	32.804	3.039 919	1.021.461	234	2.331	747 576	132.696	1.207	35.135	3.787 497	1.300.957
Totaux généraux		975	32.905	3.399 500	1.378.063	245	5.639	770 300	306.273	1.220	38.944	4.160 800	1.680.935

N° 59 — MOUVEMENT GÉNÉRAL DE LA NAVIGATION PAR PORT PENDANT L'ANNÉE 1908 (ENTRÉES)

PAYS DE PROVENANCE		NAVIRES FRANÇAIS				NAVIRES ÉTRANGERS				TOTAUX GÉNÉRAUX DES NAVIRES ENTRÉS			
		Nombre.	Tonnage.	Marchandises débarquées — Tonnage.	Marchandises débarquées — Valeur.	Nombre.	Tonnage.	Marchandises débarquées — Tonnage.	Marchandises débarquées — Valeur.	Nombre.	Tonnage.	Marchandises débarquées — Tonnage.	Marchandises débarquées — Valeur.
			tonnes.	t. kg	francs		tonnes.	t. kg	francs		tonnes.	t. kg	francs
ANDEVORANTE	France	13	35.899	2.028 »	950.282	»	»	876 »	215.572	13	35.399	2.502 »	1.205.824
	Autres colonies françaises	»	»	9 »	14.324	»	»	1 »	550	»	»	10 »	14.874
	Angleterre	»	»	140 »	56.049	»	»	89 »	15.290	»	»	130 »	71.329
	Allemagne	»	»	2 »	2.760	2	1.502	50 »	28.774	2	1.502	52 »	31.534
	Autres pays	»	»	10 »	9.574	»	»	50 »	29.999	»	»	92 »	39.073
	Totaux	13	35.899	2.189 »	1.034.959	2	1.502	565 »	287.675	15	36.721	2.785 »	1.422.634
	Cabotage	11	18.301	538 »	25.050	12	2.368	32 005	14.580	23	20.669	570 005	38.630
	Totaux généraux	24	53.570	2.727 »	1.060.009	14	3.890	597 005	402.255	38	57.390	3.354 005	1.461.204
DIÉGO-SUAREZ	France	35	86.006	11.116 »	4.826.400	»	»	»	»	35	86.430	11.114 »	4.826.400
	Réunion	»	»	162 »	72.101	1	699	»	»	1	699	162 »	72.101
	Autres colonies françaises	1	1.324	35 »	19.021	1	56	166 »	7.924	2	1.380	201 »	27.945
	Angleterre	»	»	»	»	2	5.556	11.889 »	250.000	2	5.556	11.889 »	250.000
	Maurice	1	980	»	»	»	»	»	»	1	980	»	»
	Inde	»	»	35 »	34.112	»	»	36 »	310	»	»	71 »	34.422
	Autres colonies anglaises	2	313	120 »	102.580	1	2.028	»	»	3	2.340	120 »	102.580
	Côte d'Afrique	»	»	1.619 »	132.350	2	1.854	4.206 »	100.000	2	1.854	5.885 »	232.350
	Autres pays	»	»	273 »	140.078	»	»	1.873 »	178.900	»	»	2.146 »	319.008
	Totaux	39	89.631	13.176 »	5.327.032	7	10.173	18.212 »	537.234	46	99.804	31.388 »	5.865.836
	Cabotage	142	89.350	4.532 »	4.015.458	13	6.099	219 »	56 749	155	95.449	4.751 »	4.072.177
	Totaux généraux	181	178.981	17.708 »	9.343.000	20	16.272	18.431 »	593.973	201	195.253	36.180 »	9.937.035

N° 59 — MOUVEMENT GÉNÉRAL DE LA NAVIGATION PAR PORT PENDANT L'ANNÉE 1908 (ENTRÉES)

PAYS DE PROVENANCE		NAVIRES FRANÇAIS				NAVIRES ÉTRANGERS				TOTAUX GÉNÉRAUX DES NAVIRES ENTRÉS			
		Nombre.	Tonnage.	Marchandises débarquées — Tonnage.	Marchandises débarquées — Valeur.	Nombre.	Tonnage.	Marchandises débarquées — Tonnage.	Marchandises débarquées — Valeur.	Nombre.	Tonnage.	Marchandises débarquées — Tonnage.	Marchandises débarquées — Valeur.
			tonnes.	t. k.	francs.		tonnes.	t. k.	francs.		tonnes.	t. k.	francs.
FARAFANGANA	France	15	50.864	487 440	220.218	»	»	108 708	6.316	15	50.864	596 148	226.534
	Réunion	»	»	14 856	5.305	»	»	»	»	»	»	14 856	5.305
	Autres colonies françaises	»	»	2 540	4.079	»	»	»	»	»	»	2 540	4.079
	Colonies anglaises	»	»	0 035	135	»	»	»	»	»	»	0 035	135
	Allemagne	»	»	0 815	1.747	3	2.343	1 156	536	3	2.343	1 971	2.283
	Côte d'Afrique	»	»	0 557	41	»	»	9 757	2.747	»	»	10 414	2.791
	Totaux	15	40.864	505 243	231.526	3	2.343	119 721	9.599	18	43.207	625 964	241.127
	Cabotage	107	26.547	780 553	600.859	»	»	134 247	52.310	107	26.547	914 800	653.169
	Totaux généraux	122	67.411	1.286 796	832.387	3	2.343	253 968	61.909	125	69.754	1.540 764	894.296
MAHANORO	France	»	»	1 »	200	»	»	179 »	29.687	»	»	180 »	29.887
	Réunion	»	»	2 »	1.099	»	»	»	»	»	»	2 »	1.099
	Angleterre	»	»	»	»	3	2.343	1 »	300	3	2.343	1 »	300
	Côte d'Afrique	»	»	»	»	»	»	9 »	1.540	»	»	9 »	1.540
	Totaux	»	»	3 »	1.299	3	2.343	189 »	31.527	3	2.343	192 »	32.826
	Cabotage	11	14.196	94 »	63.749	2	43	22 »	50.475	13	14.239	116 »	114.224
	Totaux généraux	11	14.196	97 »	65.048	5	2.386	211 »	82.002	16	16.582	308 »	147.050

N° 59 — MOUVEMENT GÉNÉRAL DE LA NAVIGATION PAR PORT PENDANT L'ANNÉE 1908 (ENTRÉES)

PAYS DE PROVENANCE		NAVIRES FRANÇAIS				NAVIRES ÉTRANGERS				TOTAUX GÉNÉRAUX DES NAVIRES ENTRÉS			
				Marchandises débarquées				Marchandises débarquées				Marchandises débarquées	
		Nombre.	Tonnage.	Tonnage.	Valeur.	Nombre.	Tonnage.	Tonnage.	Valeur.	Nombre.	Tonnage.	Tonnage.	Valeur.
			tonnes.	t. k[os]	francs.		tonnes.	t. k[os]	francs.		tonnes.	t. k[os]	francs.
MAINTIRANO	France	»	»	0 337	2.873	»	»	»	»	»	»	0 337	2.873
	Réunion	»	»	»	»	»	»	»	»	»	»	»	»
	Autres colonies françaises	»	»	»	125	»	»	»	»	»	»	0 230	125
	Angleterre	»	»	»	»	»	»	»	»	»	»	»	»
	Maurice	»	»	»	»	»	»	»	»	»	»	»	»
	Inde	»	»	0 004	60	»	»	2 396	5.665	»	»	2 400	5.725
	Hollande	»	»	»	»	»	»	»	»	»	»	»	»
	Autres colonies anglaises	»	»	0 710	690	»	»	»	»	»	»	0 710	690
	Allemagne	»	»	»	»	»	»	»	»	»	»	»	»
	Belgique	»	»	»	»	»	»	»	»	»	»	»	»
	Côte d'Afrique	»	»	»	»	»	»	»	»	»	»	»	»
	Russie	»	»	»	»	»	»	»	»	»	»	»	»
	Autres pays	»	»	»	»	»	»	»	»	»	»	»	»
	Totaux	»	»	1 301	3.548	»	»	2 396	5.665	»	»	3 697	9.213
	Cabotage	151	29.135	289 916	206.664	59	828	274 081	130.157	210	29 963	563 997	336.821
Totaux généraux		151	29.135	291 217	210.212	59	828	276 477	135.822	210	29 963	567 694	346.034

N° 59 MOUVEMENT GÉNÉRAL DE LA NAVIGATION PAR PORT PENDANT L'ANNÉE 1909 (ENTRÉES)

PAYS DE PROVENANCE		NAVIRES FRANÇAIS				NAVIRES ÉTRANGERS				TOTAUX GÉNÉRAUX DES NAVIRES ENTRÉS			
		Nombre.	Tonnage.	Marchandises débarquées		Nombre.	Tonnage.	Marchandises débarquées		Nombre.	Tonnage.	Marchandises débarquées	
				Tonnage	Valeur.			Tonnage.	Valeur.			Tonnage	Valeur.
			tonnes.	t. k^{os}	francs.		tonnes.	t. k^{os}	francs.		tonnes.	t. k^{os}	francs.
MAJUNGA	France	24	60.937	5.210	4.034.221	»	»	5	21.754	24	60.937	5.225	4.052.175
	Réunion	»	»	110	45.455	»	»	»	»	»	»	110	45.455
	Autres colonies françaises	13	471	177	48.023	18	1.482	365	57.109	31	1.953	542	105.132
	Angleterre	»	»	10	4.787	»	»	»	»	»	»	10	4.787
	Maurice	»	»	»	»	1	451	»	»	1	451	»	»
	Inde	1	40	182	75.707	5	812	386	146.932	6	852	568	222.639
	Hollande	»	»	»	»	»	»	»	»	»	»	»	»
	Autres colonies anglaises	1	656	178	44.381	»	»	»	»	1	656	178	44.381
	Allemagne	»	»	5	27.081	1	761	170	95.320	1	761	175	122.401
	Belgique	»	»	»	»	»	»	»	»	»	»	»	»
	Côte d'Afrique	»	»	18	31.459	10	8.087	121	36.035	10	8.087	139	67.494
	Russie	»	»	»	»	»	»	»	»	»	»	»	»
	Autres pays	»	»	»	»	4	2.044	279	74.360	4	2.044	279	74.360
Totaux		39	62.124	5.850	4.308.146	36	14.037	1.406	431.519	75	76.161	7.256	4.739.665
Cabotage		442	58.708	7.231	1.812.164	256	24.894	1.997	335.773	698	83.602	9.215	2.147.937
Totaux généraux		481	120.832	13.080	6.120.276	292	38.931	3.400	767.295	773	159.763	16.480	6.887.570

N° 50 — MOUVEMENT GÉNÉRAL DE LA NAVIGATION PAR PORT PENDANT L'ANNÉE 1908 (ENTRÉES)

PAYS DE PROVENANCE		NAVIRES FRANÇAIS				NAVIRES ÉTRANGERS				TOTAUX GÉNÉRAUX DES NAVIRES ENTRÉS			
		Nombre.	Tonnage.	Marchandises débarquées		Nombre.	Tonnage.	Marchandises débarquées		Nombre.	Tonnage.	Marchandises débarquées	
				Tonnage.	Valeur.			Tonnage.	Valeur.			Tonnage.	Valeur.
			tonnes.	t. k°	fr. c.		tonnes.	t. k°	francs.		tonnes.	t. k°	fr. c.
MANANJARY	France	22	61.245	2.006 274	1.904.700 »	»	»	410 932	202.685	22	61.160	2.417 201	2.106 804 »
	Réunion	»	»	18 707	11.676 »	»	»	»	»	»	»	18 707	11.676 »
	Autres colonies françaises	»	»	10 828	22.460 »	»	»	»	»	»	»	10 828	22.460 »
	Angleterre	»	»	49 220	61.201 »	»	»	2 720	3.660	»	»	51 940	64.861 »
	Maurice	»	»	»	»	»	»	»	»	»	»	»	»
	Inde	»	»	»	»	»	»	»	»	»	»	»	»
	Autres colonies anglaises	»	»	1 130	2.187 »	»	»	»	»	»	»	1 130	2.187 »
	Allemagne	»	»	45 711	30.460 »	3	2.343	25 673	15.287	3	2.343	70 384	49.747 »
	Côte d'Afrique	»	»	»	»	»	»	»	»	»	»	»	»
	Autres pays	»	»	163 319	55.135 »	»	»	117 691	25.948	»	»	281 010	81.080 »
	Totaux	22	61.565	2.295 258	2.093.336 »	3	2.343	556 016	240.509	25	63.588	2.851 274	2.336.845 »
	Cabotage	79	32.755	1.311 592	1.031.452 »	8	48	56 134	95.355	87	32.803	1.367 726	1.126.807 »
Totaux généraux		101	94.020	3.606 850	3.124.788 »	11	2.391	612 150	340.914	112	96.391	4.219 »	3.465.702 »
MAROANTSÉTRA	Cabotage	55	15.819	278 »	204.083 »	48	1.410	199 »	230.281	103	17.229	477 »	414.364 »
MAROVOAY	Cabotage	204	5.016	1.151 560	981.402 »	191	1.811	653 »	325.585	395	6.827	1.804 560	1.306.987 »

N° 59 — MOUVEMENT GÉNÉRAL DE LA NAVIGATION PAR PORT PENDANT L'ANNÉE 1908 (ENTRÉES)

PAYS DE PROVENANCE	NAVIRES FRANÇAIS				NAVIRES ÉTRANGERS				TOTAUX GÉNÉRAUX DES NAVIRES ENTRÉS			
	Nombre	Tonnage.	Marchandises débarquées		Nombre.	Tonnage.	Marchandises débarquées		Nombre	Tonnage.	Marchandises débarquées	
			Tonnage.	Valeur.			Tonnage.	Valeur.			Tonnage.	Valeur.
		tonnes	t. k.	francs.		tonnes.	t. k.	francs.		tonnes	t. k.	francs.
MORONDAVA — France	»	»	58 033	72 200	»	»	»	»	»	»	58 033	72.200
Réunion	»	»	5 068	1.875	»	»	0 280	156	»	»	5 348	2.031
Autres colonies françaises	»	»	0 211	460	»	»	1 »	615	»	»	1 211	1.075
Angleterre	»	»	5 070	4.014	»	»	»	»	»	»	5 070	4.014
Inde	»	»	2 933	4.001	»	»	0 774	925	»	»	3 707	4.926
Autres colonies anglaises	»	»	2 035	1.415	»	»	0 104	170	»	»	2 139	1.585
Allemagne	»	»	6 801	6.422	»	»	»	»	»	»	6 801	6.422
Autres pays	»	»	»	»	»	»	»	»	»	»	»	»
Totaux	»	»	81 071	92.186	»	»	2 158	1.866	»	»	83 229	94.354
Cabotage	346	26.184	679 784	630.481	44	1.069	147 169	132.877	390	27.253	827 253	763.358
Totaux généraux	346	26.184	760 855	721.967	44	1.069	149 627	134.745	390	27.253	910 482	856.712
NOSSI-BÉ — France	16	42.508	2.616 299	1.016.799	»	»	»	»	16	42.508	2.616 299	1.016.799
Réunion	»	»	»	»	»	»	»	»	»	»	»	»
Autres colonies françaises	»	»	»	»	2	80	45 293	55.000	2	80	45 293	55.000
Maurice	11	25.907	168 548	308.000	»	»	»	»	11	25.907	168 548	308.000
Inde	»	»	»	»	3	6.025	19 »	38.400	3	6.025	19 »	38.400
Allemagne	»	»	»	»	10	16.264	457 640	159.743	10	16.264	457 640	159.743
Autres pays	»	»	»	»	»	»	»	»	»	»	»	»
Totaux	27	68.415	2.784 844	1.324.799	15	22.369	521 933	281.143	42	90 784	3.306 877	2.505.942
Cabotage	658	29.505	2.293 911	812.076	58	10.864	593 511	126 970	716	40.469	2.887 024	939.046
Totaux généraux	685	98 840	5.078 855	3.136.875	73	33.233	1.115 444	408.113	758	131.253	6.193 901	3.544.988

N° 59 — MOUVEMENT GÉNÉRAL DE LA NAVIGATION PAR PORT PENDANT L'ANNÉE 1908 (ENTRÉES)

PAYS DE PROVENANCE		NAVIRES FRANÇAIS				NAVIRES ÉTRANGERS				TOTAUX GÉNÉRAUX DES NAVIRES ENTRÉS			
		Nombre	Tonnage	Marchandises débarquées		Nombre	Tonnage	Marchandises débarquées		Navires	Tonnage	Marchandises débarquées	
				Tonnage	Valeur			Tonnage	Valeur			Tonnage	Valeur
			tonnes	t. k[os]	francs		tonnes	t. k[os]	francs		tonnes	t. k[os]	francs
SAINTE-MARIE	France	12	28.153	138 500	63.921	»	»	»	»	12	28.153	138 500	63.921
	Réunion	13	28.257	9 000	4.355	»	»	»	»	13	28.257	9 000	4.355
	Autres colonies françaises	»	»	0 065	50	»	»	»	»	»	»	0 065	50
	Angleterre	»	»	1 100	601	»	»	»	»	»	»	1 100	601
	Maurice	»	»	»	»	»	»	»	»	»	»	»	»
	Inde	»	»	0 650	224	»	»	»	»	»	»	0 650	224
	Autres colonies anglaises	»	»	3 300	2.023	»	»	»	»	»	»	3 300	2.023
	Amérique	»	»	»	»	»	»	»	»	»	»	»	»
	Allemagne	»	»	0 006	73	»	»	»	»	»	»	0 006	73
	Belgique	»	»	»	»	»	»	»	»	»	»	»	»
	Côte d'Afrique	»	»	»	»	»	»	»	»	»	»	»	»
	Russie	»	»	»	»	»	»	»	»	»	»	»	»
	Autres pays	»	»	0 640	938	»	»	»	»	»	»	0 640	938
	Totaux	25	56.410	152 630	72.184	»	»	»	»	25	56.410	152 630	72.184
	Cabotage	146	32.306	610 400	325.439	67	2.004	344 800	144.055	213	34.310	955 200	469.494
	Totaux généraux	171	88.716	763 030	397.623	67	2.004	344 800	144.055	238	90.720	1.107 830	541.678

N° 59 MOUVEMENT GÉNÉRAL DE LA NAVIGATION PAR PORT PENDANT L'ANNÉE 1908 (ENTRÉES)

PAYS DE PROVENANCE		NAVIRES FRANÇAIS				NAVIRES ÉTRANGERS				TOTAUX GÉNÉRAUX DES NAVIRES ENTRÉS			
		Nombre.	Tonnage.	Marchandises débarquées. Tonnage.	Marchandises débarquées. Valeur.	Nombre.	Tonnage.	Marchandises débarquées. Tonnage.	Marchandises débarquées. Valeur.	Nombre.	Tonnage.	Marchandises débarquées. Tonnage.	Marchandises débarquées. Valeur.
			tonnes.	t. k[s]	francs.		tonnes.	t. k[s]	francs.		tonnes.	t. k[s]	francs.
TAMATAVE	France	37	91.428	21.456	11.866.773	»	»	87	130.523	37	91.428	21.543	11.996.096
	Réunion	31	73.481	405	116.090	»	»	»	»	31	73.481	481	116.090
	Autres colonies françaises	»	»	379	88.512	»	»	»	»	»	»	379	88.542
	Angleterre	»	»	430	38.218	»	»	»	»	»	»	430	38.218
	Amérique	»	»	»	»	»	»	»	»	»	»	»	»
	Maurice	2	148	1	86	»	»	»	»	2	148	1	86
	Russie	»	»	»	»	»	»	»	»	»	»	»	»
	Inde	»	»	»	»	»	»	»	»	»	»	»	»
	Autres colonies anglaises	1	656	863	75.131	»	»	»	»	1	656	863	75.131
	Allemagne	»	»	18	1.508	2	1.562	79	6.840	2	1.562	97	8.348
	Belgique	»	»	»	»	»	»	»	»	»	»	»	»
	Côte d'Afrique	»	»	11	859	»	»	»	»	»	»	11	859
	Autres pays	»	»	20	2.558	2	3.508	547	51.099	2	3.508	610	53.627
	Totaux	71	165.716	23.090	12.160.797	4	5.160	753	197.802	75	170.876	23.843	12.357.599
	Cabotage	165	71.403	6.038	2.346.153	122	5.027	2.038	838.145	287	76.432	8.096	3.174.298
Totaux généraux		236	237.101	30.348	14.515.950	126	10.187	2.791	1.035.947	362	247.308	33.139	15.551.807

N° 59 — MOUVEMENT GÉNÉRAL DE LA NAVIGATION PAR PORT PENDANT L'ANNÉE 1908 (ENTRÉES)

PAYS DE PROVENANCE		NAVIRES FRANÇAIS				NAVIRES ÉTRANGERS				TOTAUX GÉNÉRAUX DES NAVIRES ENTRÉS			
		Nombre.	Tonnage.	Marchandises débarquées		Nombre.	Tonnage.	Marchandises débarquées		Nombre.	Tonnage.	Marchandises débarquées	
				Tonnage.	Valeur.			Tonnage.	Valeur.			Tonnage.	Valeur.
			tonnes.	tonnes.	francs.		tonnes.	tonnes.	francs.		tonnes.	tonnes.	francs.
TULEAR	France	1	2.308	601 »	487.053	»	»	8	8.897	1	2.308	609 »	495.950
	Réunion	»	»	23 »	11.531	»	»	»	»	»	»	23 »	11.531
	Autres colonies françaises	»	»	28 »	91.477	»	»	1	100	»	»	29 »	91.577
	Angleterre	»	»	10 »	13.795	»	»	»	»	»	»	10 »	13.795
	Inde	»	»	11 »	7.610	»	»	»	»	»	»	11 »	7.610
	Colonies anglaises	»	»	20 »	14.060	1	56	»	»	1	56	20 »	14.060
	Allemagne	»	»	10 »	10.132	»	»	»	»	»	»	10 »	10.132
	Côte d'Afrique	12	8.540	21 »	12.263	»	»	3	1.131	12	8.540	24 »	13.394
	Autres pays	»	»	2 »	3.156	»	»	»	»	»	»	2 »	3.156
	Totaux	13	10.848	732 »	651.077	1	56	12	10.128	14	10.904	744 »	661.205
	Cabotage	344	28.499	1.220 »	723.944	61	707	358	298.480	405	29.206	1.578 »	1.022.424
	Totaux généraux	357	39.347	1.952 »	1.375.021	62	763	370	308.608	419	40.110	2.322 »	1.683.629
VANGAINDRANO	France	»	»	»	»	»	»	»	»	»	»	»	»
	Réunion	»	»	»	»	»	»	»	»	»	»	»	»
	Angleterre	»	»	»	»	»	»	»	»	»	»	»	»
	Totaux	»	»	»	»	»	»	»	»	»	»	»	»
	Cabotage	47	235	257 390	150.524	»	»	»	»	47	235	257 390	150.524
	Totaux généraux	47	235	257 390	150.524	»	»	»	»	47	235	257 390	150.524

N° 50. — MOUVEMENT GÉNÉRAL DE LA NAVIGATION PAR PORT PENDANT L'ANNÉE 1908 (ENTRÉES)

PAYS DE PROVENANCE		NAVIRES FRANÇAIS				NAVIRES ÉTRANGERS				TOTAUX GÉNÉRAUX DES NAVIRES ENTRÉS			
		Nombre.	Tonnage.	Marchandises débarquées		Nombre.	Tonnage.	Marchandises débarquées		Nombre.	Tonnage.	Marchandises débarquées	
				Tonnage	Valeur			Tonnage	Valeur			Tonnage	Valeur
			tonnes.	t. k°	fr. c.		tonnes.	t. k°	francs.		tonnes.	t. k°	fr. c.
VATOMANDRY.	France	12	32.916	265 984	153.539 »	»	»	36 085	29.098	12	32.916	302 069	182.630 »
	Réunion	»	»	3 928	3.039 »	»	»	»	»	»	»	3 028	3.039 »
	Autres colonies françaises	»	»	25 470	59.755 »	»	»	»	»	»	»	25 476	59.755 »
	Angleterre	»	»	11 009	6.095 »	»	»	0 850	1.088	»	»	11 850	7.183 »
	Allemagne	»	»	»	»	3	2 343	0 780	460	3	2.343	0 780	460 »
	Côte d'Afrique	»	»	»	»	»	»	13 610	6.165	»	»	13 610	6.165 »
	Autres pays	»	»	16 676	7.060 »	»	»	0 170	420	»	»	16 846	7.480 »
	Totaux	12	32.916	323 073	229.438 »	3	2.343	51 495	37.220	15	35.259	374 568	266.707 »
	Cabotage	26	26.428	291 502	231.036 »	16	868	60 355	61.920	43	27.296	351 857	293.858 »
Totaux généraux		38	59.344	614 575	461.416 »	19	3.211	111 850	99.140	57	62.555	726 425	560.565 »
VOHÉMAR	France	»	»	85 600	133.525 »	»	»	»	»	»	»	85 600	133.525 »
	Réunion	»	»	19 »	8.003 »	»	»	8 »	78.304	»	»	27 000	86.307 »
	Autres colonies françaises	»	»	1 200	1.570 »	»	»	»	»	»	»	1 200	1.570 »
	Angleterre	»	»	4 500	2 130 »	»	»	»	»	»	»	4 500	2.130 »
	Maurice	»	»	»	»	21	18.303	5 »	47.755	21	18.303	5 »	47 755 »
	Inde	»	»	0 100	270	»	»	»	»	»	»	0 100	270
	Autres colonies anglaises	»	»	7 »	5.000 »	»	»	»	»	»	»	7 »	5 000 »
	Allemagne	»	»	0 100	820 »	»	»	»	»	»	»	0 100	820 »
	Autres pays	»	»	»	»	»	»	»	»	»	»	»	»
	Totaux	»	»	117 500	151.318 »	21	18.303	13 »	126.059	21	18.303	130 500	277.377 »
	Cabotage	41	30.632	607 »	436.197 »	10	266	128 »	32.285	51	30.878	735 000	468.482 »
Totaux généraux		41	30.632	724 500	587.515 »	31	18.639	141 »	158.344	72	49.271	865 500	745.859 »

N° 59 — MOUVEMENT GÉNÉRAL DE LA NAVIGATION PAR PORT PENDANT L'ANNÉE 1908 (ENTRÉES)

PAYS DE PROVENANCE		NAVIRES FRANÇAIS				NAVIRES ÉTRANGERS				TOTAUX GÉNÉRAUX DES NAVIRES ENTRÉS			
		Nombre.	Tonnage.	Marchandises débarquées — Tonnage.	Marchandises débarquées — Valeur.	Nombre.	Tonnage.	Marchandises débarquées — Tonnage.	Marchandises débarquées — Valeur.	Nombre.	Tonnage.	Marchandises débarquées — Tonnage.	Marchandises débarquées — Valeur.
			tonneaux	t. k.	fr. c.		tonneaux	t. k.	fr. c.		tonneaux	t. k.	fr. c.
PORT-DAUPHIN	France	»	»	200 731	242.881 »	»	»	»	»	»	»	200 151	242.881 »
	Réunion	»	»	11 123	6.196 »	»	»	»	»	»	»	11 122	6.196 »
	Autres colonies françaises	»	»	9 385	959 »	»	»	»	»	»	»	9 385	959 »
	Angleterre	»	»	1 127	1.330 »	»	»	»	»	»	»	1 127	1.330 »
	Colonies anglaises	»	»	5 106	6.880 »	»	»	»	»	»	»	5 106	6.846 »
	Allemagne	»	»	15.050	12.702 »	»	»	»	»	»	»	15.050	12.702 »
	Côte d'Afrique	»	»	2 267	275 »	»	»	»	»	»	»	2 267	275 »
	Autres pays	»	»	10.610	9.018 »	»	»	»	»	»	»	10.610	9.018 »
	Totaux	»	»	250 827	290.257 »	»	»	»	»	»	»	250 827	290.257 »
	Cabotage	54	65.941	1.022 184	472.594 »	10	123	52 830	18.522 »	62	66.054	1.075 020	491.026 »
	Totaux généraux	52	65.931	1 273 011	752.761 »	10	113	52 836	18.522 »	67	66.054	1.325 847	771.283 »
ANDROKA	France	»	»	»	»	»	»	»	»	»	»	»	»
	Réunion	»	»	»	»	»	»	»	»	»	»	»	»
	Angleterre	»	»	»	»	»	»	»	»	»	»	»	»
	Allemagne	»	»	»	»	»	»	»	»	»	»	»	»
	Totaux	»	»	»	»	»	»	»	»	»	»	»	»
	Cabotage	23	364	77 594	53.061 »	17	165	53 171	54.477 »	40	529	130 765	107.538 »
	Totaux généraux	23	364	77 594	53.061 »	17	165	53 171	54.477 »	40	529	130 765	107.538 »

N° 59 — MOUVEMENT GÉNÉRAL DE LA NAVIGATION PAR PORT PENDANT L'ANNÉE 1908 (ENTRÉES)

PAYS DE PROVENANCE		NAVIRES FRANÇAIS				NAVIRES ÉTRANGERS				TOTAUX GÉNÉRAUX DES NAVIRES ENTRÉS			
		Nombre.	Tonnage.	Marchandises débarquées		Nombre.	Tonnage.	Marchandises débarquées		Nombre.	Tonnage.	Marchandises débarquées	
				Tonnage.	Valeur.			Tonnage.	Valeur.			Tonnage.	Valeur.
			tonnes.	k. kg	fr. c.		tonnes.	t. kg	francs.		tonnes.	t. kg	fr. c.
MANOMBO	Cabotage	373	1.920	74 705	49.483 »	26	145	1 150	2.800	399	2.065	75 855	52.283 »
ILOT INDIEN	France	»	»	»	»	»	»	»	»	»	»	»	»
	Réunion	»	»	»	»	»	»	»	»	»	»	»	»
	Angleterre	»	»	»	»	»	»	»	»	»	»	»	»
	Allemagne	»	»	»	»	»	»	»	»	»	»	»	»
	Totaux	»	»	»	»	»	»	»	»	»	»	»	»
	Cabotage	163	609	145 145	214.396 »	9	79	15 800	13.008	172	688	160 945	227.404 »
	Totaux généraux	163	609	145 145	214.396 »	9	79	15 800	13.008	172	688	160 945	227.404 »
BENJAVILO	France	»	»	»	»	»	»	»	»	»	»	»	»
	Réunion	»	»	»	»	»	»	»	»	»	»	»	»
	Angleterre	»	»	»	»	»	»	»	»	»	»	»	»
	Allemagne	»	»	»	»	»	»	»	»	»	»	»	»
	Totaux	»	»	»	»	»	»	»	»	»	»	»	»
	Cabotage	47	470	70 255	85.075 »	11	151	14 130	18.745	58	621	84 385	103.820 »
	Totaux généraux	47	470	70 255	85.075 »	11	151	14 130	18.745	58	621	84 385	103.820 »
ANDRANOMPARY	Cabotage	135	616	56 318	63.938 »	2	61	1	200	137	677	57 318	64.138 »

N° 59 — MOUVEMENT GÉNÉRAL DE LA NAVIGATION PAR PORT PENDANT L'ANNÉE 1908 (ENTRÉES)

PAYS DE PROVENANCE		NAVIRES FRANÇAIS				NAVIRES ÉTRANGERS				TOTAUX GÉNÉRAUX DES NAVIRES ENTRÉS			
		Nombre	Tonnage	Marchandises débarquées		Nombre	Tonnage	Marchandises débarquées		Nombre	Tonnage	Marchandises débarquées	
				Tonnage	Valeur			Tonnage	Valeur			Tonnage	Valeur
			tonnes	t. k.	francs		tonnes	t. k.	francs		tonnes	t. k.	francs
MAHAMBO	Cabotage	6	115	5 592	1.327	1	10	1 345	365	7	125	6 937	1.702
FÉNÉRIVE	France	»	»	»	»	»	»	»	»	»	»	»	»
	Réunion	»	»	»	»	»	»	»	»	»	»	»	»
	Angleterre	»	»	»	»	»	»	»	»	»	»	»	»
	Allemagne	»	»	»	»	»	»	»	»	»	»	»	»
	Totaux	»	»	»	»	»	»	»	»	»	»	»	»
	Cabotage	62	773	137 513	103.219	79	984	172 297	130.941	141	1.757	309 810	234.160
	Totaux généraux	62	773	137 513	103.219	79	984	172 297	130.941	141	1.757	309 810	234.160
SOANIERANA	France	»	»	»	»	»	»	»	»	»	»	»	»
	Réunion	»	»	»	»	»	»	»	»	»	»	»	»
	Angleterre	»	»	»	»	»	»	»	»	»	»	»	»
	Allemagne	»	»	»	»	»	»	»	»	»	»	»	»
	Totaux	»	»	»	»	»	»	»	»	»	»	»	»
	Cabotage	27	303	37 828	21.116	27	400	33 345	31.736	54	703	71 173	52.852
	Totaux généraux	27	303	37 828	21.116	27	400	33 345	31.736	54	703	71 173	52.852
FOULPOINTE	Cabotage	26	414	21 627	8.558	21	268	11 736	9.711	47	681	33 363	18.269

N° 59 — MOUVEMENT GÉNÉRAL DE LA NAVIGATION PAR PORT PENDANT L'ANNÉE 1908 (ENTRÉES)

PAYS DE PROVENANCE		NAVIRES FRANÇAIS				NAVIRES ÉTRANGERS				TOTAUX GÉNÉRAUX DES NAVIRES ENTRÉS			
		Nombre.	Tonnage.	Marchandises débarquées		Nombre.	Tonnage.	Marchandises débarquées		Nombre.	Tonnage.	Marchandises débarquées	
				Tonnage.	Valeur.			Tonnage.	Valeur.			Tonnage.	Valeur.
			tonnes.	t. k[os]	francs.		tonnes.	t. k[os]	fr. c.		tonnes.	t. k[os]	fr. c.
SAMBAVA	Cabotage	10	184	28 160	26.975	13	1.033	58 130	75.374 »	23	1.217	86 290	102.349 »
ANTALAHA	France	»	»	»	»	»	»	»	»	»	»	»	»
	Réunion	»	»	»	»	»	»	»	»	»	»	»	»
	Autres colonies françaises	»	»	»	»	»	»	»	»	»	»	»	»
	Angleterre	»	»	»	»	»	»	»	»	»	»	»	»
	Maurice	»	»	»	»	»	»	»	»	»	»	»	»
	Inde	»	»	»	»	»	»	»	»	»	»	»	»
	Autres colonies anglaises	»	»	»	»	»	»	»	»	»	»	»	»
	Allemagne	»	»	»	»	»	»	»	»	»	»	»	»
	Côte d'Afrique	»	»	»	»	»	»	»	»	»	»	»	»
	Autres pays	»	»	»	»	»	»	»	»	»	»	»	»
	Totaux	»	»	»	»	»	»	»	»	»	»	»	»
	Cabotage	2	15	6 825	2.403	17	1.201	90 739	115.183 »	19	1.216	97 564	117.586 »
Totaux généraux		2	15	6 825	2.403	17	1.201	90 739	115.183 »	19	1.216	97 564	117.586 »
VOLUPENO	Cabotage	46	240	120 153	64.306	4	6	9 687	1.514 »	49	252	129 840	65.480 »

N° 59 — MOUVEMENT GÉNÉRAL DE LA NAVIGATION PAR PORT PENDANT L'ANNÉE 1908 (ENTRÉES)

PAYS DE PROVENANCE		NAVIRES FRANÇAIS				NAVIRES ÉTRANGERS				TOTAUX GÉNÉRAUX DES NAVIRES ENTRÉS			
		Nombre.	Tonnage.	Marchandises débarquées		Nombre.	Tonnage.	Marchandises débarquées		Nombre.	Tonnage.	Marchandises débarquées	
				Tonnage.	Valeur.			Tonnage.	Valeur.			Tonnage.	Valeur.
			tonnes.	t. k[os]	francs.		tonnes.	t. k[os]	francs.		tonnes.	t. k[os]	francs.
SOALALA	Cabotage	112	1.060	56 026	86.067	38	421	20 401	45.476	150	1.481	76 427	135.343
FAUX-CAP	France	»	»	»	»	»	»	»	»	»	»	»	»
	Réunion	»	»	»	»	»	»	»	»	»	»	»	»
	Autres colonies françaises	»	»	»	»	»	»	»	»	»	»	»	»
	Angleterre	»	»	»	»	»	»	»	»	»	»	»	»
	Maurice	»	»	»	»	»	»	»	»	»	»	»	»
	Inde	»	»	»	»	»	»	»	»	»	»	»	»
	Autres colonies anglaises	»	»	»	»	»	»	»	»	»	»	»	»
	Allemagne	»	»	»	»	»	»	»	»	»	»	»	»
	Côte d'Afrique	»	»	»	»	»	»	»	»	»	»	»	»
	Autres pays	»	»	»	»	»	»	»	»	»	»	»	»
	Totaux	»	»	»	»	»	»	»	»	»	»	»	»
	Cabotage	14	227	130 564	54 865	31	306	152 295	67.800	45	623	152 859	122.665
Totaux généraux		14	227	130 564	54.865	31	306	152 295	67.800	45	613	282 850	122.665
MANANARA	Cabotage	49	1.390	82 235	41.946	31	942	70 004	41.614	80	2.332	152 239	83.560

N° 59 MOUVEMENT GÉNÉRAL DE LA NAVIGATION PAR PORT PENDANT L'ANNÉE 1908 (ENTRÉES)

PAYS DE PROVENANCE	NAVIRES FRANÇAIS				NAVIRES ÉTRANGERS				TOTAUX GÉNÉRAUX DES NAVIRES ENTRÉS			
	Nombre.	Tonnage.	Marchandises débarquées		Nombre.	Tonnage.	Marchandises débarquées		Nombre.	Tonnage.	Marchandises débarquées	
			Tonnage.	Valeur.			Tonnage.	Valeur.			Tonnage.	Valeur.
		tonnes.	t. k^{s}	francs.		tonnes.	t. k^{s}	francs.		tonnes.	t. k^{s}	francs.
Bureau de TANANARIVE (1) — France	»	»	30 449	313.644	»	»	»	»	»	»	30 449	313.644
Réunion	»	»	0 001	6	»	»	»	»	»	»	0 001	6
Autres colonies françaises	»	»	0 150	950	»	»	»	»	»	»	0 150	950
Angleterre	»	»	0 365	2.763	»	»	»	»	»	»	0 365	2.763
Maurice	»	»	»	»	»	»	»	»	»	»	»	»
Inde	»	»	»	»	»	»	»	»	»	»	»	»
Autres colonies anglaises	»	»	»	»	»	»	»	»	»	»	»	»
Allemagne	»	»	0 133	353	»	»	»	»	»	»	0 133	353
Belgique	»	»	»	»	»	»	»	»	»	»	»	»
Côte d'Afrique	»	»	»	»	»	»	»	»	»	»	»	»
Autres pays	»	»	0 033	2.445	»	»	»	»	»	»	0 033	2.445
Totaux	»	»	31 111	320.161	»	»	»	»	»	»	31 111	320.161
Cabotage	»	»	»	»	»	»	»	»	»	»	»	»
Totaux généraux	»	»	31 111	320.161	»	»	»	»	»	»	31 111	320.161

(1) Le bureau de Tananarive n'est ouvert qu'aux marchandises arrivant ou partant en colis postaux.

N° 60 — MOUVEMENT GÉNÉRAL DE LA NAVIGATION PAR PORT PENDANT L'ANNÉE 1908 (SORTIES)

PAYS DE DESTINATION		NAVIRES FRANÇAIS				NAVIRES ÉTRANGERS				TOTAUX GÉNÉRAUX DES NAVIRES SORTIS			
		Nombre.	Tonnage.	Marchandises embarquées		Nombre.	Tonnage.	Marchandises embarquées		Nombre.	Tonnage.	Marchandises embarquées	
				Tonnage.	Valeur.			Tonnage.	Valeur.			Tonnage.	Valeur.
			tonnes.	t. k[os]	francs.		tonnes.	t. k[os]	francs.		tonnes.	t. k[os]	francs.
AMBANORO	Cabotage	1.066	6.908	969 918	730.721	334	2.714	536 077	591.251	1.301	9.622	1.505 095	1.361.972
AMBOHIBÉ	France	»	»	228 402	124.267	»	»	»	»	»	»	228 402	124.267
	Réunion	»	»	123 554	41.730	»	»	»	»	»	»	123 554	41.730
	Angleterre	»	»	355 071	152.370	»	»	»	»	»	»	355 071	152.370
	Maurice	»	»	3 272	1.520	»	»	»	»	»	»	3 272	1.520
	Autres pays	»	»	»	»	»	»	»	»	»	»	»	»
	Totaux	»	»	711 299	319.887	»	»	»	»	»	»	711 299	319.887
	Cabotage	285	20.084	280 271	105.006	21	357	71 330	17.060	306	25.341	351 611	122.066
Totaux généraux		285	20.984	991 560	424.893	21	357	71 330	17 060	306	25.341	1.062 900	441.953
ANALALAVA	France	1	2.230	1.546 366	271.970	»	»	»	»	1	2.230	1.546 366	271.970
	Colonies françaises	5	234	172 361	17.300	3	161	86 600	1.080	8	395	260 961	18.380
	Angleterre	»	»	20 338	3.800	»	»	»	»	»	»	20 338	3.800
	Inde	»	»	»	»	1	97	60	700	1	97	60 060	700
	Allemagne	»	»	15 850	12.531	»	»	»	»	»	»	15 850	12.531
	Côte d'Afrique	»	»	»	»	9	3.092	716 550	121.630	9	3.092	716 550	121.630
	Autres pays	»	»	41 062	24.036	»	»	»	»	»	»	41 062	24.036
	Totaux	6	2.464	1.796 147	329.587	13	3.350	803 150	123.410	19	5.814	2.600 297	452.997
	Cabotage	959	30.301	1.591 453	840 018	230	2.255	338 050	255.428	1.189	32.556	1.929 503	1.095.446
Totaux généraux		965	32.765	3.387 600	1.169.605	243	5.605	1.201 200	378.838	1.208	38.370	4.588 800	1.548.443

N° 60 — MOUVEMENT GÉNÉRAL DE LA NAVIGATION PAR PORT PENDANT L'ANNÉE 1908 (SORTIES)

PAYS DE DESTINATION		NAVIRES FRANÇAIS				NAVIRES ÉTRANGERS				TOTAUX GÉNÉRAUX DES NAVIRES SORTIS			
		Nombre.	Tonnage.	Marchandises embarquées		Nombre.	Tonnage.	Marchandises embarquées		Nombre.	Tonnage.	Marchandises embarquées	
				Tonnage.	Valeur.			Tonnage.	Valeur.			Tonnage.	Valeur.
			tonneaux.	t. k.	francs.		tonneaux.	t. k.	francs.		tonneaux.	t. k.	francs.
ANDÉVORANTE	France	13	35.260	208 902	15.000	»	»	140 000	67.655	»	35.260	348 902	82.655
	Réunion	»	»	8 129	5.650	»	»	»	»	»	»	8 129	5.650
	Autres colonies françaises	»	»	»	»	»	»	»	»	»	»	»	»
	Angleterre	»	»	38 000	11.916	»	»	»	»	»	»	38 000	11.916
	Russie	»	»	»	»	»	»	»	»	»	»	»	»
	Maurice	»	»	260 000	41.310	»	»	»	»	»	»	260 000	41.310
	Inde	»	»	»	»	»	»	»	»	»	»	»	»
	Amérique	»	»	»	»	»	»	»	»	»	»	»	»
	Autres colonies anglaises	»	»	»	»	»	»	»	»	»	»	»	»
	Allemagne	»	»	»	»	2	1.562	327 760	305.682	2	1.562	327 760	305.682
	Côtes d'Afrique	»	»	»	»	»	»	»	»	»	»	»	»
	Belgique	»	»	»	»	»	»	»	»	»	»	»	»
	Autres pays	»	»	»	»	»	»	»	»	»	»	»	»
	Totaux	13	35.260	515 031	70.476	2	1.562	367 760	372.737	15	31.831	882 791	447 213
	Cabotage	11	18.301	29 417	33.450	16	2.413	42 308	22.213	27	20.714	71 725	54.663
	Totaux généraux	24	53.570	544 448	103.926	18	3.975	410 068	394.950	42	57.545	954 516	501.876

N° 60 — MOUVEMENT GÉNÉRAL DE LA NAVIGATION PAR PORT PENDANT L'ANNÉE 1908 (SORTIES)

PAYS DE DESTINATION		NAVIRES FRANÇAIS				NAVIRES ÉTRANGERS				TOTAUX GÉNÉRAUX DES NAVIRES SORTIS			
		Nombre.	Tonnage.	Marchandises embarquées		Nombre.	Tonnage.	Marchandises embarquées		Nombre.	Tonnage.	Marchandises embarquées	
				Tonnage.	Valeur.			Tonnage.	Valeur.			Tonnage.	Valeur.
			tonneaux.	tonnes.	francs.		tonneaux.	tonnes.	francs.		tonneaux.	tonnes.	francs.
DIÉGO-SUAREZ	France	25	58.270	505	3.349.654	1	609	842	26.150	26	58.959	1.347	3.375.804
	Réunion	»	»	4	1.200	»	»	»	»	»	»	4	1.200
	Autres colonies françaises	1	1.324	51	14.716	»	»	»	»	1	1.324	51	14.716
	Angleterre	»	»	20	38.835	2	5.151	»	70	2	5.151	20	38.905
	Russie	»	»	»	»	»	»	»	»	»	»	»	»
	Maurice	1	989	3	800	1	2.028	»	»	2	3.017	3	800
	Inde	»	»	»	»	1	2.887	»	»	1	2.887	»	»
	Amérique	»	»	»	»	»	»	»	»	»	»	»	»
	Autres colonies anglaises	»	»	382	47.455	1	1.794	»	»	1	1.794	382	47.455
	Allemagne	»	»	6	5.550	»	»	»	»	»	»	6	5.550
	Côte d'Afrique	»	»	114	10.081	»	»	»	»	»	»	114	10.081
	Belgique	»	»	»	»	»	»	»	»	»	»	»	»
	Autres pays	»	»	»	»	1	491	»	140	1	491	»	140
	Totaux	27	60.583	1.085	3.477.886	7	13.030	842	26.360	34	73.613	1.927	3.504.246
	Cabotage	163	122.604	4.715	1.131.760	11	1.138	472	46.804	174	123.822	5.187	1.178.564
	Totaux généraux	190	183.187	5.800	4.609.646	18	14.168	1.314	73.164	208	197.435	7.114	4.682.812

N° 60 — MOUVEMENT GÉNÉRAL DE LA NAVIGATION PAR PORT PENDANT L'ANNÉE 1908 (SORTIES)

PAYS DE DESTINATION	NAVIRES FRANÇAIS				NAVIRES ÉTRANGERS				TOTAUX GÉNÉRAUX DES NAVIRES SORTIS			
	Nombre.	Tonnage.	Marchandises embarquées		Nombre.	Tonnage.	Marchandises embarquées		Nombre.	Tonnage.	Marchandises embarquées	
			Tonnage.	Valeur.			Tonnage.	Valeur.			Tonnage.	Valeur.
		tonnes.	t. k°.	francs.		tonnage.	t. k°.	francs.		tonnes.	t. k°.	francs.
FARAFANGANA. — France	15	40.804	105 703	153.477	»	»	»	»	15	40.404	105 703	153.477
Réunion	»	»	2 957	795	»	»	»	»	»	»	2 047	795
Angleterre	»	»	6 739	8.946	»	»	»	»	»	»	6 739	8.940
Maurice	»	»	15 638	3.216	»	»	»	»	»	»	10 608	3.216
Colonies anglaises	»	»	1 151	71	»	»	»	»	»	»	1 151	71
Allemagne	»	»	11 439	21.913	3	2.343	105 563	81.770	3	2.343	117 002	103.683
Totaux	15	40.864	143 627	189.418	3	2.343	105 563	81.770	18	43.207	249 200	270.188
Cabotage	112	26.572	1.437 879	613.901	»	»	»	»	112	26.572	1.437 879	613.911
Totaux généraux	127	67.436	1.581 316	802.319	3	2.343	105 563	81.770	130	69.779	1.687 079	884.089
MAHANORO. — France	»	»	»	»	»	»	21 »	7.200	»	»	21 »	7.200
Angleterre	»	»	»	»	»	»	»	»	»	»	»	»
Maurice	»	»	»	»	»	»	»	»	»	»	»	»
Inde	»	»	»	»	»	»	»	»	»	»	»	»
Allemagne	»	»	»	»	3	2.343	180 »	103.500	3	2.343	180 »	103.500
Autres pays	»	»	»	»	»	»	»	»	»	»	»	»
Totaux	»	»	»	»	3	2.343	201 »	110.700	3	2.343	201 »	110.700
Cabotage	11	14 196	42 »	29.908	1	6	5 »	1.700	12	14.202	47 »	31.608
Totaux généraux	11	14.196	42 »	29.908	4	2.349	206 »	112.400	15	16.545	248 »	142.308

N° 60. — MOUVEMENT GÉNÉRAL DE LA NAVIGATION PAR PORT PENDANT L'ANNÉE 1908 (SORTIES)

PAYS DE DESTINATION		NAVIRES FRANÇAIS				NAVIRES ÉTRANGERS				TOTAUX GÉNÉRAUX DES NAVIRES SORTIS			
		Nombre.	Tonnage	Marchandises embarquées		Nombre.	Tonnage.	Marchandises embarquées		Nombre.	Tonnage	Marchandises embarquées	
				Tonnage.	Valeur			Tonnage.	Valeur			Tonnage.	Valeur.
			tonnes.	t. k	francs.		tonnes.	t. k	francs.		tonnes.	t. k	francs.
PORT-DAUPHIN	France	»	»	36 282	33.640	»	»	»	»	»	»	36 282	33.640
	Réunion	»	»	7 340	2.800	»	»	»	»	»	»	7 340	2.800
	Maurice	»	»	0 060	50	»	»	»	»	»	»	0 060	50
	Allemagne	»	»	315 807	355.150	»	»	»	»	»	»	325 407	315.150
	Côte d'Afrique	»	»	10 300	2.000	»	»	»	»	»	»	10 300	2.000
	Autres pays	»	»	»	»	»	»	»	»	»	»	»	»
	Totaux	»	»	379 635	393.540	»	»	»	»	»	»	370 635	393.640
	Cabotage	51	65.915	221 762	391.975	10	123	47 637	30.846	61	66.038	269 399	422.821
	Totaux généraux	51	65.910	601 397	785.615	10	123	47 637	30.846	61	66.038	649.234	816.461
MAINTIRANO	France	»	»	0 376	1.082	»	»	»	»	»	»	0 376	1.082
	Colonies françaises	»	»	0 033	150	»	»	»	»	»	»	0 033	159
	Angleterre	»	»	0 022	1.900	»	»	»	»	»	»	0 022	1.900
	Colonies anglaises	»	»	0 020	800	»	»	»	»	»	»	0 020	800
	Allemagne	»	»	2 408	9.980	»	»	»	»	»	»	2 406	9.980
	Autres pays	»	»	29 946	6.400	»	»	»	»	»	»	29 946	6 400
	Totaux	»	»	33 465	20.921	»	»	»	»	»	»	33 465	19.021
	Cabotage	157	29.238	229 946	159.190	61	830	230 351	82.801	218	30.068	469 197	241.991
	Totaux généraux	157	29.238	263 411	180.111	61	830	230 351	82.801	218	30.068	502 662	262.912

N° 60. — MOUVEMENT GÉNÉRAL DE LA NAVIGATION PAR PORT PENDANT L'ANNÉE 1908 (SORTIES)

PAYS DE DESTINATION		NAVIRES FRANÇAIS				NAVIRES ÉTRANGERS				TOTAUX GÉNÉRAUX DES NAVIRES SORTIS			
		Nombre.	Tonnage.	Marchandises embarquées. Tonnage.	Marchandises embarquées. Valeur.	Nombre.	Tonnage.	Marchandises embarquées. Tonnage.	Marchandises embarquées. Valeur.	Nombre.	Tonnage.	Marchandises embarquées. Tonnage.	Marchandises embarquées. Valeur.
			tonnes.	tonnes.	francs.		tonnes.	tonnes.	francs.		tonnes.	tonnes.	francs.
MAJUNGA	France	12	28.195	890	1.531.334	»	»	»	»	12	28.195	890	1.531.334
	Réunion	»	»	1	300	1	2.166	»	»	1	2.166	1	300
	Autres colonies françaises	12	510	637	105.609	19	1.607	1.121	143.318	31	2.117	1.758	248.027
	Angleterre	»	»	10	5.435	»	»	6	12.300	»	»	16	17.735
	Maurice	»	»	»	»	»	»	»	»	»	»	»	»
	Inde	»	»	95	131.212	5	403	338	16.159	5	403	433	147.371
	Autres colonies anglaises	»	»	193	40.222	1	431	»	»	1	431	193	40.222
	Amérique	»	»	»	»	»	»	»	»	»	»	»	»
	Portugal	»	»	»	»	»	»	»	»	»	»	»	»
	Allemagne	»	»	135	41.018	8	14.533	2.257	736.031	8	14.533	2.392	777.049
	Russie	»	»	»	»	»	»	»	»	»	»	»	»
	Côte d'Afrique	»	»	32	6.535	9	9.289	313	85.170	9	9.289	345	92.705
	Belgique	»	»	»	»	»	»	»	»	»	»	»	14.317
	Autres pays	»	»	9	10.117	»	»	16	4.200	»	»	25	»
	Totaux	24	28.705	2.011	1.880.787	43	28.749	4.031	998.148	67	57.454	6.042	2.808.930
	Cabotage	446	91.886	5.734	3.630.356	264	10.518	805	701.949	710	102.404	6.539	4.332.305
Totaux généraux		470	120.591	7.745	5.531.148	307	39.167	4.836	1.700.137	777	159.758	12.581	7.231.285

N° 60 — MOUVEMENT GÉNÉRAL DE LA NAVIGATION PAR PORT PENDANT L'ANNÉE 1908 (SORTIES)

PAYS DE DESTINATION		NAVIRES FRANÇAIS				NAVIRES ÉTRANGERS				TOTAUX GÉNÉRAUX DES NAVIRES SORTIS			
		Nombre	Tonnage	Marchandises transportées		Nombre	Tonnage	Marchandises transportées		Nombre	Tonnage	Marchandises transportées	
				Tonnage	Valeur			Tonnage	Valeur			Tonnage	Valeur
			tonnes	t. k°°	francs		tonnes	t. k°°	francs		tonnes	t. k°°	francs
MANANJARY	France	22	61.245	418 880	640.218	»	»	»	»	22	61.245	418 880	640.218
	Réunion	»	»	203 674	64.454	»	»	»	»	»	»	203 674	64.454
	Angleterre	»	»	3 982	4 030	»	»	»	»	»	»	3 982	4.030
	Maurice	»	»	387 168	70.072	»	»	»	»	»	»	387 168	70.072
	Autres colonies anglaises	»	»	410 270	75.072	»	»	»	»	»	»	410 270	75.072
	Allemagne	»	»	31 436	47.210	3	2.343	275 250	245.493	3	2 343	306 686	292.703
	Totaux	22	61.245	1.463 416	901.036	3	2.343	275 250	245.493	25	63.588	1.738 675	1.146.509
	Cabotage	80	32.761	1.191 380	2.273.561	7	42	109 438	106.212	87	32.803	1.300 827	2.379.763
	Totaux généraux	102	94.006	2 654 805	3.174.617	10	2.385	384 697	351.735	112	96.391	3.039 502	4.526.352
MAROANTSETRA	France	»	»	»	»	»	»	»	»	»	»	»	»
	Réunion	»	»	»	»	»	»	»	»	»	»	»	»
	Angleterre	»	»	»	»	»	»	»	»	»	»	»	»
	Allemagne	»	»	»	»	»	»	»	»	»	»	»	»
	Totaux	»	»	»	»	»	»	»	»	»	»	»	»
	Cabotage	58	15.792	572 000	301.261	48	1.424	488 000	228.061	106	17.216	1.060 000	529.322
	Totaux généraux	58	15.792	572 000	301.261	48	1.424	488 000	228.061	106	17.216	1.060 000	529.322

N° 60 MOUVEMENT GÉNÉRAL DE LA NAVIGATION PAR PORT PENDANT L'ANNÉE 1908 (SORTIES)

Pays de destination		Navires français				Navires étrangers				Totaux généraux des navires sortis			
		Nombre.	Tonnage.	Marchandises embarquées		Nombre.	Tonnage.	Marchandises embarquées		Nombre.	Tonnage.	Marchandises embarquées	
				Tonnage.	Valeur.			Tonnage.	Valeur.			Tonnage.	Valeur.
			tonnes.	t. k°°	francs.		tonnes.	t. k°°	francs.		tonnes.	t. k°°	francs.
MORONDAVA	France	»	»	40 715	50.362	»	»	»	»	»	»	40 715	50.362
	Réunion	»	»	23 832	7.840	»	»	»	»	»	»	23 832	7.840
	Angleterre	»	»	129 814	86.300	»	»	»	»	»	»	129 814	86.300
	Maurice	»	»	3 830	1.100	»	»	»	»	»	»	3 830	1.100
	Allemagne	»	»	5 437	17.092	»	»	»	»	»	»	5 437	17.092
	Côte d'Afrique	»	»	0 004	75	»	»	»	»	»	»	0 004	75
	Autres pays	»	»	6 820	12.500	»	»	»	»	»	»	6 820	12.500
	Totaux	»	»	279 461	175.839	»	»	»	»	»	»	279 461	175.839
	Cabotage	351	26.180	497 028	478.231	45	1.097	257 295	73.739	396	27.277	754 323	551.070
	Totaux généraux	351	26.180	776 489	654.070	45	1.097	257 295	73.739	396	27.277	1.033 784	727.809
MAHEVOLY	France	»	»	»	»	»	»	»	»	»	»	»	»
	Réunion	»	»	»	»	»	»	»	»	»	»	»	»
	Autres colonies françaises	»	»	»	»	»	»	»	»	»	»	»	»
	Angleterre	»	»	»	»	»	»	»	»	»	»	»	»
	Totaux	»	»	»	»	»	»	»	»	»	»	»	»
	Cabotage	202	4.985	5.577 500	1.126.205	183	1.770	740 500	123.096	385	6.755	6.318 000	1.249 301
	Totaux généraux	202	4.985	5.577 500	1.126.205	183	1.770	740 500	123.096	385	6.755	6.318 000	1.249 301

N° 60 — MOUVEMENT GÉNÉRAL DE LA NAVIGATION PAR PORT PENDANT L'ANNÉE 1908 (SORTIES)

PAYS DE PROVENANCE		NAVIRES FRANÇAIS		Marchandises embarquées		NAVIRES ÉTRANGERS		Marchandises embarquées		TOTAUX GÉNÉRAUX DES NAVIRES ENTRÉS		Marchandises embarquées	
		Nombre.	Tonnage.	Tonnage.	Valeur.	Nombre.	Tonnage.	Tonnage.	Valeur.	Nombre.	Tonnage.	Tonnage.	Valeur.
			tonnes.	t. k°	francs.		tonnes.	t. k°	francs.		tonnes.	t. k°	francs.
NOSSI-BÉ	France	10	23.656	150 762	327.816	»	»	»	»	10	23.656	150 762	327.816
	Autres colonies françaises	4	192	45 583	11.610	4	395	54 800	9.418	8	587	100 383	21.028
	Maurice	18	45.218	176 294	17.500	»	»	»	»	18	45.218	176 294	17.500
	Inde	»	»	»	»	3	237	173 666	8.115	3	237	173 666	8.115
	Autres colonies anglaises	»	»	»	»	2	3.288	173 845	11.674	2	3.288	173 845	11.674
	Allemagne	»	»	»	»	9	17.934	1.670 986	618.573	9	17.934	1.670 986	618.573
	Totaux	32	69.066	372 639	356.926	18	21.674	2.073 297	647.779	50	90.740	2.445 936	1.004.705
	Cabotage	650	28.861	1.884 206	854.730	57	11 587	1.473 635	1.445.532	707	40.448	3.357 841	2.300.271
	Totaux généraux	682	97.927	2.256 845	1.211.665	75	33.261	3.546 932	2.093.311	757	131.188	5.803 777	3.304.976
SAINTE-MARIE	France	12	28.195	561 200	281.076	»	»	»	»	12	28.195	561 200	281.076
	Réunion	13	28.215	134 700	8.797	»	»	»	»	13	28.215	134 700	8.797
	Angleterre	»	»	7 400	1.620	»	»	»	»	»	»	7 400	1.620
	Maurice	1	74	268 000	22.600	»	»	»	»	1	74	268 000	22.600
	Autres colonies anglaises	»	»	22 100	3.900	»	»	»	»	»	»	22 100	3.900
	Allemagne	»	»	110 000	12.990	»	»	»	»	»	»	110 000	12.990
	Totaux	26	56.484	1.113 400	340.983	»	»	»	»	26	56.484	1.113 400	340.983
	Cabotage	147	32.246	293 400	87.383	68	2.049	34 600	39.214	215	34.295	328 000	126.596
	Totaux généraux	173	88.730	1.406 800	428.366	68	2.049	34 600	39.214	241	90.779	1.441 400	467.579

N° 60 — MOUVEMENT GÉNÉRAL DE LA NAVIGATION PAR PORT PENDANT L'ANNÉE 1908 (SORTIES)

PAYS DE DESTINATION		NAVIRES FRANÇAIS				NAVIRES ÉTRANGERS				TOTAUX GÉNÉRAUX DES NAVIRES SORTIS			
				Marchandises embarquées				Marchandises embarquées				Marchandises embarquées	
		Nombre.	Tonnage.	Tonnage.	Valeur.	Nombre.	Tonnage.	Tonnage.	Valeur.	Nombre.	Tonnage.	Tonnage.	Valeur.
			tonneaux.	t. k.	francs.		tonneaux.	t. k.	francs.		tonneaux.	t. k.	francs.
TAMATAVE	France	31	75.730	10 676	8.459.817	»	»	17	4.755	31	75.730	10 693	8.464.572
	Réunion	38	91.679	0 674	195.697	»	»	»	»	38	91.679	0 674	195.697
	Autres colonies françaises	»	»	0 132	36.923	»	»	»	»	»	»	0 132	36.923
	Angleterre	»	»	0 140	41.679	»	»	»	»	»	»	0 140	41.679
	Maurice	»	»	0 558	156.093	»	»	»	»	»	»	0 558	156.093
	Inde	»	»	»	»	1	3.107	»	»	1	3.107	»	»
	Autres colonies anglaises	1	686	0 113	30.609	»	»	»	»	1	686	0 113	30.609
	Allemagne	»	»	0 726	235.049	3	2.343	263	40.713	3	2.343	0 989	275.762
	Côte d'Afrique	»	»	»	»	»	»	1	280	»	»	1	280
	Autres pays	»	»	0 231	65.618	1	491	»	»	1	491	0 231	65.618
	Amérique	»	»	»	»	»	»	»	»	»	»	»	»
	Belgique	»	»	»	»	»	»	»	»	»	»	»	»
	Portugal	»	»	»	»	»	»	»	»	»	»	»	»
	Russie	»	»	»	»	»	»	»	»	»	»	»	»
	Totaux	70	168.095	13 250	9.231.685	5	5.941	281	45.748	75	174.036	13 531	9.277.433
	Cabotage	163	71.368	4 171	3.104.302	120	4.219	1.153	714.416	283	75.587	5 324	3.818.718
	Totaux généraux	233	239.463	17 421	12.335.987	125	10.160	1.434	760.164	358	249.623	18 855	13.096.151

N° 60 — MOUVEMENT GÉNÉRAL DE LA NAVIGATION PAR PORT PENDANT L'ANNÉE 1908 (SORTIES)

PAYS DE DESTINATION		NAVIRES FRANÇAIS		Marchandises embarquées		NAVIRES ÉTRANGERS		Marchandises embarquées		TOTAUX GÉNÉRAUX DES NAVIRES SORTIS		Marchandises embarquées	
		Nombre.	Tonnage.	Tonnage.	Valeur.	Nombre.	Tonnage.	Tonnage.	Valeur.	Nombre.	Tonnage.	Tonnage.	Valeur.
			tonneaux.	t. k	fr. c		tonneaux.	tonnes.	francs.		tonneaux.	t. k	francs.
TULEAR	France	»	»	1.442 »	825.458 »	»	»	»	»	»	»	1.442 »	825.458 »
	Réunion	»	»	231 »	61.922 »	»	»	»	»	»	»	231 »	61.922 »
	Angleterre	»	»	560 »	251.743 »	»	»	»	»	»	»	560 »	251.743 »
	Maurice	»	»	119 »	36.010 »	»	»	»	»	»	»	119 »	36.010 »
	Inde	»	»	» 874	2.335 »	»	»	»	»	»	»	0 874	2.335 »
	Autres colonies anglaises	»	»	» 126	35 »	»	»	»	»	»	»	0 126	35 »
	Allemagne	»	»	24 »	58.960 »	3	»	24	»	»	»	26 »	48.990 »
	Côte d'Afrique	11	7.884	180 »	60.825 »	»	»	»	»	11	7.884	180 »	60.825 »
	Autres pays	»	»	12 »	5.750 »	»	»	»	»	»	»	12 »	5.750 »
	Totaux	11	7.884	2.550 »	1.293.068 »	»	»	»	»	11	7.884	2.550 »	1.293.068 »
	Cabotage	347	31.457	428 »	398.037 »	69	812	186	195.800	416	32.269	614 »	593.837 »
	Totaux généraux	358	39.341	2.987 »	1.691.105 »	69	812	186	195.800	427	40.153	3.173 »	1.860.905 »
VANGAINDRANO	France	»	»	»	»	»	»	»	»	»	»	»	»
	Réunion	»	»	»	»	»	»	»	»	»	»	»	»
	Totaux	»	»	»	»	»	»	»	»	»	»	»	»
	Cabotage	47	235	61 105	48.160 »	»	»	»	»	47	235	61 165	48.160 »
	Totaux généraux	47	235	61 105	48.160 »	»	»	»	»	47	235	61 105	48.160 »

N° 60 — MOUVEMENT GÉNÉRAL DE LA NAVIGATION PAR PORT PENDANT L'ANNÉE 1908 (SORTIES)

PAYS DE DESTINATION	NAVIRES FRANÇAIS				NAVIRES ÉTRANGERS				TOTAUX GÉNÉRAUX DES NAVIRES SORTIS			
	Nombre.	Tonnage.	Marchandises embarquées		Nombre.	Tonnage.	Marchandises embarquées		Nombre.	Tonnage.	Marchandises embarquées	
			Tonnage.	Valeur.			Tonnage.	Valeur.			Tonnage.	Valeur.
		tonneaux.	t. k.	francs.		tonneaux.	t. k.	francs.		tonneaux.	t. k.	fr. c.
VATOMANDRY. — France	12	32.916	356 204	398.346 »	»	»	9 806	3.428	12	32.916	366 010	401.764 »
Réunion	»	»	102 973	36.255 »	»	»	»	»	»	»	102 973	36.235 »
Angleterre	»	»	1 461	1.700 »	»	»	»	»	»	»	1 461	1.700 »
Maurice	»	»	223 295	39.153 »	»	»	»	»	»	»	223 295	39.153 »
Inde	»	»	»	»	»	»	»	»	»	»	»	»
Autres colonies anglaises	»	»	1 591	2.568 »	»	»	»	»	»	»	1 591	2.566 »
Allemagne	»	»	10 869	24.716 »	3	2.343	77 045	29.817	3	2.343	87 915	54.533 »
Côte d'Afrique	»	»	0 04	6 »	»	»	»	»	»	»	0 040	»
Autres pays	»	»	0 456	640 »	»	»	»	»	»	»	0 456	640 »
Totaux	12	32.916	786 800	503.354 »	3	2.343	86 852	33.255	15	35.259	873 742	536.609 »
Cabotage	20	26.428	266 724	89 651 »	17	843	35 071	4.950	38	27.271	301 795	94.601 »
Totaux généraux	28	59.344	1.053 614	593.005 »	19	3.186	121 923	38.205	53	62.530	1.175 537	631.210 »
VOHÉMAR. — France	1	»	70 »	90.167 »	»	»	»	»	»	»	700 »	90.167 »
Réunion	»	»	»	»	»	»	1.140 »	217.240	»	»	1.140 »	217.240 »
Angleterre	1	»	»	»	»	»	»	»	»	»	»	»
Maurice	»	»	»	»	21	18.393	1.881 500	»	21	18.393	1.181 500	329.460 »
Allemagne	»	»	»	»	»	»	»	329.460	»	»	»	»
Totaux	2	»	70 »	90.167 »	21	18.393	3.080 500	546.700	21	18.393	3.100 500	636.867 »
Cabotage	41	30.532	76 600	329.909 »	12	253	15 500	10 793	53	30.885	92 100	340.696 »
Totaux généraux	41	30.532	146 600	420.162 »	33	18.645	3.096 »	557 493	74	49.178	3.192 600	977.563 »

N° 60 — MOUVEMENT GÉNÉRAL DE LA NAVIGATION PAR PORT PENDANT L'ANNÉE 1908 (SORTIES)

PAYS DE PROVENANCE		NAVIRES FRANÇAIS				NAVIRES ÉTRANGERS				TOTAUX GÉNÉRAUX DES NAVIRES SORTIS			
		Nombre.	Tonnage	Marchandises embarquées		Nombre.	Tonnage.	Marchandises embarquées		Nombre.	Tonnage	Marchandises embarquées	
				Tonnage.	Valeur			Tonnage.	Valeur.			Tonnage	Valeur
			tonnes	t. k.	fr. c.		tonnes.	t. k.	fr. c.		tonnes.	t. k.	fr. c.
ANDROKA	Cabotage	23	364	71 456	20.530 »	17	165	39 127	36 002 »	40	529	110 573	56.541 »
MONOMBO	France	»	»	»	»	»	»	»	»	»	»	»	»
	Réunion	»	»	»	»	»	»	»	»	»	»	»	»
	Angleterre	»	»	»	»	»	»	»	»	»	»	»	»
	Allemagne	»	»	»	»	»	»	»	»	»	»	»	»
	Totaux	»	»	»	»	»	»	»	»	»	»	»	»
	Cabotage	378	2.000	434 035	91.686 »	21	110	47 398	16.254 »	399	2.110	481 433	107.940 »
Totaux généraux		378	2.000	434 035	91.686 »	21	110	47 398	16.254 »	399	2.110	481 433	107.940 »
ILOT INDIEN	France	»	»	»	»	»	»	»	»	»	»	»	»
	Réunion	»	»	»	»	»	»	»	»	»	»	»	»
	Angleterre	»	»	»	»	»	»	»	»	»	»	»	»
	Allemagne	»	»	»	»	»	»	»	»	»	»	»	»
	Totaux	»	»	»	»	»	»	»	»	»	»	»	»
	Cabotage	172	820	322 241	79.697 »	9	79	26 371	7.768 »	181	899	348 612	87.465 »
Totaux généraux		172	820	322 241	79.697 »	9	79	26 371	7.768 »	181	899	348 612	87.465 »
BENJAVILO	Cabotage	46	430	146 533	47.400 »	11	151	67 413	21.403 »	57	580	213 946	68.803 »

N° 60 — MOUVEMENT GÉNÉRAL DE LA NAVIGATION PAR PORT PENDANT L'ANNÉE 1908 (SORTIES)

PAYS DE DESTINATION		NAVIRES FRANÇAIS Nombre.	Tonnage.	Marchandises embarquées Tonnage.	Valeur.	NAVIRES ÉTRANGERS Nombre.	Tonnage.	Marchandises embarquées Tonnage.	Valeur.	TOTAUX GÉNÉRAUX DES NAVIRES SORTIS Nombre.	Tonnage.	Marchandises embarquées Tonnage.	Valeur.
			tonnes.	t. k°s	fr. c.		tonnes.	t. k°s	fr. c.		tonnes.	t. k°s	fr. c.
ANDRANOPARY	Cabotage	126	580	143 395	37.734 »	3	61	7 060	700 »	129	641	150 355	38.434 »
FÉNÉRIVE	France	»	»	»	»	»	»	»	»	»	»	»	»
	Réunion	»	»	»	»	»	»	»	»	»	»	»	»
	Angleterre	»	»	»	»	»	»	»	»	»	»	»	»
	Allemagne	»	»	»	»	»	»	»	»	»	»	»	»
	Totaux	»	»	»	»	»	»	»	»	»	»	»	»
	Cabotage	59	735	141 254	81.519 »	79	984	186 059	102.935 »	138	1.719	327 313	184.454 »
Totaux généraux		59	795	141 254	81.519 »	79	984	186 059	102.935 »	138	1.719	327 313	184.454 »
MAHAMBO	France	»	»	»	»	»	»	»	»	»	»	»	»
	Réunion	»	»	»	»	»	»	»	»	»	»	»	»
	Angleterre	»	»	»	»	»	»	»	»	»	»	»	»
	Allemagne	»	»	»	»	»	»	»	»	»	»	»	»
	Totaux	»	»	»	»	»	»	»	»	»	»	»	»
	Cabotage	11	220	20 582	3.100 »	1	6	2 500	112 »	12	226	23 082	3.131
Totaux généraux		11	220	20 582	3.100 »	1	6	2 500	112 »	12	226	23 082	3.131
SOANIERANA	Cabotage	27	302	106 556	38.064 »	27	450	70 528	36.160 »	54	752	177 144	74.224

N° 60 — MOUVEMENT GÉNÉRAL DE LA NAVIGATION PAR PORT PENDANT L'ANNÉE 1908 (SORTIES)

PAYS DE DESTINATION		NAVIRES FRANÇAIS				NAVIRES ÉTRANGERS				TOTAUX GÉNÉRAUX DES NAVIRES SORTIS			
		Nombre.	Tonnage.	Marchandises embarquées		Nombre.	Tonnage.	Marchandises embarquées		Nombre.	Tonnage.	Marchandises embarquées	
				Tonnage.	Valeur.			Tonnage.	Valeur.			Tonnage.	Valeur.
			tonnes.	t. k°.	francs.		tonnage.	t. k°.	francs.		tonnes.	t. k°.	francs.
FOULPOINTE	France	»	»	»	»	»	»	»	»	»	»	»	»
	Réunion	»	»	»	»	»	»	»	»	»	»	»	»
	Angleterre	»	»	»	»	»	»	»	»	»	»	»	»
	Maurice	»	»	»	»	»	»	»	»	»	»	»	»
	Allemagne	»	»	»	»	»	»	»	»	»	»	»	»
	Autres pays	»	»	»	»	»	»	»	»	»	»	»	»
	Totaux	»	»	»	»	»	»	»	»	»	»	»	»
	Cabotage	23	300	56 455	13 309	19	231	22 070	5.482	42	531	78 525	18.791
Totaux généraux		23	300	56 455	13 309	19	231	22 070	5.482	42	531	78 525	18.791
SAMBAVA	France	»	»	»	»	»	»	»	»	»	»	»	»
	Autres colonies françaises	»	»	»	»	»	»	»	»	»	»	»	»
	Angleterre	»	»	»	»	»	»	»	»	»	»	»	»
	Inde	»	»	»	»	»	»	»	»	»	»	»	»
	Allemagne	»	»	»	»	»	»	»	»	»	»	»	»
	Autres pays	»	»	»	»	»	»	»	»	»	»	»	»
	Totaux	»	»	»	»	»	»	»	»	»	»	»	»
	Cabotage	12	199	99 186	56 315	13	1.037	172 251	99.219	25	1.236	271 437	155.534
Totaux généraux		12	199	99 186	56 315	13	1.037	172 251	99.219	25	1.236	271 437	155.534

N° 60 — MOUVEMENT GÉNÉRAL DE LA NAVIGATION PAR PORT PENDANT L'ANNÉE 1608 (SORTIES)

PAYS DE DESTINATION		NAVIRES FRANÇAIS				NAVIRES ÉTRANGERS				TOTAUX GÉNÉRAUX DES NAVIRES SORTIS			
		Nombre.	Tonnage.	Marchandises embarquées		Nombre.	Tonnage.	Marchandises embarquées		Nombre.	Tonnage.	Marchandises embarquées	
				Tonnage.	Valeur.			Tonnage.	Valeur.			Tonnage.	Valeur.
			tonnes.	t. k°.	francs.		tonnage.	t. k°.	francs.		tonnes.	t. k°.	francs.
ANTALAHA	France	»	»	»	»	»	»	»	»	»	»	»	»
	Réunion	»	»	»	»	»	»	»	»	»	»	»	»
	Angleterre	»	»	»	»	»	»	»	»	»	»	»	»
	Maurice	»	»	»	»	»	»	»	»	»	»	»	»
	Allemagne	»	»	»	»	»	»	»	»	»	»	»	»
	Autres pays	»	»	»	»	»	»	»	»	»	»	»	»
	Totaux	»	»	»	»	»	»	»	»	»	»	»	»
	Cabotage	2	16	»	»	17	1.206	55 885	280.234	19	1.221	55 885	280.234
	Totaux généraux	2	15	»	»	17	1.206	55 883	280.234	19	1.221	55.885	280.234
VOLUPENO	France	»	»	»	»	»	»	»	»	»	»	»	»
	Réunion	»	»	»	»	»	»	»	»	»	»	»	»
	Angleterre	»	»	»	»	»	»	»	»	»	»	»	»
	Maurice	»	»	»	»	»	»	»	»	»	»	»	»
	Allemagne	»	»	»	»	»	»	»	»	»	»	»	»
	Autres pays	»	»	»	»	»	»	»	»	»	»	»	»
	Totaux	»	»	»	»	»	»	»	»	»	»	»	»
	Cabotage	47	241	241 065	87.844	1	6	8 490	2.425	48	247	249 555	90.269
	Totaux généraux	47	241	241 065	87.844	1	8	8 490	2.425	48	247	249 555	90.269

N° 66 — MOUVEMENT GÉNÉRAL DE LA NAVIGATION PAR PORT PENDANT L'ANNÉE 1908 (SORTIES)

PAYS DE DESTINATION		NAVIRES FRANÇAIS				NAVIRES ÉTRANGERS				TOTAUX GÉNÉRAUX DES NAVIRES SORTIS			
		Nombre.	Tonnage.	Marchandises embarquées		Nombre.	Tonnage.	Marchandises embarquées		Nombre.	Tonnage.	Marchandises embarquées	
				Tonnage.	Valeur.			Tonnage.	Valeur.			Tonnage.	Valeur.
			tonnes.	k.	francs.		tonnes.	tonnes.	francs.		tonnes.	tonnes.	francs.
SACLALA	France	»	»	»	»	»	»	»	»	»	»	»	»
	Réunion	»	»	»	»	»	»	»	»	»	»	»	»
	Angleterre	»	»	»	»	»	»	»	»	»	»	»	»
	Allemagne	»	»	»	»	»	»	»	»	»	»	»	»
	Autres pays	»	»	»	»	»	»	»	»	»	»	»	»
	Cabotage	150	1.377	554 983	84.967	41	468	267 080	59.457	191	1.845	821.062	144.424
	Totaux	150	1.377	554 982	84.967	41	468	267 080	59.457	191	1.845	821.063	144.424
FAUX-CAP	France	»	»	»	»	»	»	»	»	»	»	»	»
	Réunion	»	»	»	»	»	»	»	»	»	»	»	»
	Angleterre	»	»	»	»	»	»	»	»	»	»	»	»
	Allemagne	»	»	»	»	»	»	»	»	»	»	»	»
	Autres pays	»	»	»	»	»	»	»	»	»	»	»	»
	Cabotage	15	250	132 557	55.814	32	408	207 916	76.755	47	658	340.473	132.569
	Totaux	15	250	132 557	55.814	32	408	207 916	76.755	47	658	340.473	132.569
MANANARA	Cabotage	32	1.048	361 546	165.301	21	629	91 259	68.144	53	1.677	452.805	233.445

N° 60 — MOUVEMENT GÉNÉRAL DE LA NAVIGATION PAR PORT PENDANT L'ANNÉE 1908 (SORTIES)

PAYS DE DESTINATION	NAVIRES FRANÇAIS				NAVIRES ÉTRANGERS				TOTAUX GÉNÉRAUX DES NAVIRES SORTIS			
	Nombre.	Tonnage.	Marchandises embarquées		Nombre.	Tonnage.	Marchandises embarquées		Nombre.	Tonnage.	Marchandises embarquées	
			Tonnage.	Valeur.			Tonnage.	Valeur.			Tonnage.	Valeur.
		tonnes.	t. k°°	francs.		tonnes.	t. k°°	francs.		tonnes.	t. k°°	francs.
BUREAU DE TANANARIVE (1) — France	»	»	18 318	632.800	»	»	»	»	»	»	18 318	632.800
Réunion	»	»	»	»	»	»	»	»	»	»	»	»
Autres colonies françaises	»	»	»	»	»	»	»	»	»	»	»	»
Angleterre	»	»	»	»	»	»	»	»	»	»	»	»
Maurice	»	»	»	»	»	»	»	»	»	»	»	»
Inde	»	»	»	»	»	»	»	»	»	»	»	»
Autres colonies anglaises	»	»	»	»	»	»	»	»	»	»	»	»
Russie	»	»	»	»	»	»	»	»	»	»	»	»
Allemagne	»	»	»	»	»	»	»	»	»	»	»	»
Belgique	»	»	»	»	»	»	»	»	»	»	»	»
Côte d'Afrique	»	»	»	»	»	»	»	»	»	»	»	»
Hollande	»	»	»	»	»	»	»	»	»	»	»	»
Autres pays	»	»	»	»	»	»	»	»	»	»	»	»
Totaux	»	»	18 318	632.800	»	»	»	»	»	»	18 318	632.800
Cabotage	»	»	»	»	»	»	»	»	»	»	»	»
Totaux généraux	»	»	18 318	632.800	»	»	»	»	»	»	18 318	632.800

(1) Le bureau de Tananarive n'est ouvert qu'aux marchandises arrivant ou partant par colis postaux.

N° 61 — STATISTIQUE DES BATIMENTS IMMATRICULÉS DANS LES PORTS DE LA COLONIE AU 31 DÉCEMBRE 1908

NOMS DES PORTS ET ESPÈCES DES BATIMENTS		BATIMENTS DE CONSTRUCTION EUROPÉENNE		BATIMENTS DE CONSTRUCTION INDIGÈNE		TOTAUX GÉNÉRAUX	
		Nombre.	Tonnage.	Nombre.	Tonnage.	Nombre.	Tonnage.
			tonnes.		tonnes.		tonnes.
AMBOHIBÉ	**Navires à voiles**						
	de 1 à 20 tonnes	»	»	19	110 »	19	110 »
ANDEVORANTE	**Navires à voiles**						
	de 5 à 15 tonnes	»	»	»	»	»	»
DIÉGO-SUAREZ	**Navires à voiles**						
	de 1 à 20 tonnes	10	27 »	62	270 012	72	297 012
	de 21 à 50 —	»	»	8	252 034	8	252 034
	de 51 à 100 —	15	1.257 019	6	400 »	21	1.657 019
	de 101 à 150 —	»	»	2	200 »	2	200 »
	Totaux	25	1.284 019	78	1.122 046	103	2.406 065
	Navires à vapeur						
	de 1 à 20 tonnes	11	34 034	2	7 029	13	41 063
	de 21 à 50 —	2	52 009	»	»	2	52 009
	de 51 à 100 —	»	»	»	»	»	»
	de 101 à 150 —	1	150 »	»	»	1	150 »
	Totaux	14	236 043	2	7 029	16	243 072
	Totaux généraux	39	1.520 062	80	1.129 075	119	2.650 037

N° 61 — STATISTIQUE DES BATIMENTS IMMATRICULÉS DANS LES PORTS DE LA COLONIE AU 31 DÉCEMBRE 1908

NOMS DES PORTS ET ESPÈCES DES BATIMENTS	BATIMENTS DE CONSTRUCTION EUROPÉENNE		BATIMENTS DE CONSTRUCTION INDIGÈNE		TOTAUX GÉNÉRAUX	
	Nombre.	Tonnage.	Nombre.	Tonnage.	Nombre.	Tonnage.
		tonnes.		tonnes.		tonnes.
FARAFANGANA — Navires à voiles						
de 1 à 20 tonnes	»	»	17	85 »	17	85 »
FORT-DAUPHIN — Navires à voiles						
de 1 à 20 tonnes	»	»	»	»	»	»
MAJUNGA — Navires à voiles						
de 1 à 20 tonnes	»	»	107	726 52	107	726 52
de 21 à 50 —	»	»	7	188 88	7	188 88
Totaux	»	»	114	915 40	114	915 40
Navires à vapeur						
de 1 à 20 tonnes	3	36	»	»	3	36 »
de 21 à 50 —	2	53	»	»	2	53 »
Totaux	5	80	»	»	5	89 »
Totaux généraux	5	89	114	915 40	119	1.004 40
MANANJARY — Navires à voiles						
de 1 à 20 tonnes	»	»	»	»	»	»

N° 61 — STATISTIQUE DES BATIMENTS IMMATRICULÉS DANS LES PORTS DE LA COLONIE AU 31 DÉCEMBRE 1908

NOMS DES PORTS ET ESPÈCES DES BATIMENTS		BATIMENTS DE CONSTRUCTION EUROPÉENNE		BATIMENTS DE CONSTRUCTION INDIGÈNE		TOTAUX GÉNÉRAUX	
		Nombre.	Tonnage.	Nombre.	Tonnage.	Nombre.	Tonnage.
			tonnes.		tonnes.		tonnes.
MAHANORO	Navires à voiles						
	de 1 à 20 tonnes	»	»	»	»	»	»
MORONDAVA	Navires à voiles						
	de 1 à 10 tonnes	»	»	53	287	53	287
	de 21 à 50 —	»	»	3	72	3	72
	au dessus de 50 tonnes	»	»	»	»	»	»
	Totaux	»	»	56	359	56	359
ANALALAVA	Navires à voiles						
	de 1 à 20 tonnes	»	»	36	262	36	262
	de 21 à 50 —	»	»	3	100	3	100
	Totaux	»	»	39	362	39	362

N° 61 — STATISTIQUE DES BATIMENTS IMMATRICULÉS DANS LES PORTS DE LA COLONIE AU 31 DÉCEMBRE 1908

NOMS DES PORTS ET ESPÈCES DES BATIMENTS		BATIMENTS DE CONSTRUCTION EUROPÉENNE		BATIMENTS DE CONSTRUCTION INDIGÈNE		TOTAUX GÉNÉRAUX	
		Nombre.	Tonnage.	Nombre.	Tonnage.	Nombre.	Tonnage.
			tonnes.		tonnes.		tonnes.
SAINTE-MARIE	Navires à voiles						
	de 1 à 20 tonnes	»	»	»	»	»	»
TAMATAVE	Navires à voiles						
	de 1 à 20 tonnes	»	»	14	165	14	165
	de 21 à 50 —	»	»	12	407	12	407
	de 51 à 100 —	1	74	»	»	1	74
	Totaux	1	74	26	572	27	646
TULÉAR	Navires à voiles						
	de 1 à 20 tonnes	»	»	109	530	109	530
	de 21 à 50 —	»	»	3	60	3	63
	Totaux	»	»	112	593	112	503
MAINTIRANO	Navires à voiles						
	de 1 à 20 tonnes	4	14	8	33	7	47
	Totaux	4	14	3	33	7	47

N° 61 — STATISTIQUE DES BATIMENTS IMMATRICULÉS DANS LES PORTS DE LA COLONIE AU 31 DÉCEMBRE 1908

NOMS DES PORTS ET ESPÈCES DES BATIMENTS		BATIMENTS DE CONSTRUCTION EUROPÉENNE		BATIMENTS DE CONSTRUCTION INDIGÈNE		TOTAUX GÉNÉRAUX	
		Nombre.	Tonnage.	Nombre.	Tonnage.	Nombre.	Tonnage.
			tonnes.		t. k°°		t. k°°
VOHÉMAR	**Navires à voiles**						
	de 1 à 25 tonnes	»	»	1	5 »	1	5 »
	de 21 à 50 —	»	»	1	21 180	1	21 180
	Totaux	»	»	2	26 180	2	26 180
	Navires à vapeur						
	de 1 à 20 tonnes	»	»	»	»	»	»
	Totaux	»	»	»	»	»	»
	Totaux généraux	»	»	2	26 180	2	26 180
NOSSI-BÉ	**Navires à voiles**						
	de 1 à 20 tonnes	»	»	42	263 »	42	263 »
	de 21 à 50 —	»	»		»	3	85 »
	Totaux	»	»	45	348 »	45	348 »
	Navires à vapeur						
	de 1 à 20 tonnes	2	29	»	»	2	29 »
	de 21 à 50 —	»	»	»	»	»	»
	Totaux	2	29	»	»	2	29 »
	Totaux généraux	2	29	45	348 »	47	377 »

N° 61 — STATISTIQUE DES BATIMENTS IMMATRICULÉS DANS LES PORTS DE LA COLONIE AU 31 DÉCEMBRE 1908

NOMS DES PORTS ET ESPÈCES DES BATIMENTS		BATIMENTS DE CONSTRUCTION EUROPÉENNE		BATIMENTS DE CONSTRUCTION INDIGÈNE		TOTAUX GÉNÉRAUX	
		Nombre.	Tonnage.	Nombre.	Tonnage.	Nombre.	Tonnage.
			tonnes.		tonnes.		tonnes.
MAROANTSETRA	Navires à voiles						
	de 1 à 25 tonnes	»	»	»	»	»	»
MAROVOAY	Navires à voiles						
	de 1 à 25 tonnes	»	»	»	»	»	»
	de 25 à 50 —	»	»	»	»	»	»
	Totaux	»	»	»	»	»	»
	Navires à vapeur						
	de 1 à 25 tonnes	»	»	»	»	»	»
	Totaux	»	»	»	»	»	»
	Totaux généraux	»	»	»	»	»	»
VATOMANDRY	Navires à voiles						
	de 1 à 25 tonnes	»	»	»	»	»	»
AMBANORO	Navires à voiles						
	de 1 à 25 tonnes	»	»	»	»	»	»

N° 62 — ÉTAT STATISTIQUE DE LA NAVIGATION DANS LES PORTS DE MADAGASCAR DE 1897 A 1908

ANNÉES	MOUVEMENT DES RADES			NATIONALITÉ DES NAVIRES										TONNEAUX DE JAUGE			NOMBRE DE PASSAGERS		
				ENTRÉS					SORTIS										
	ENTRÉES	SORTIES	TOTAUX	Français.	Anglais.	Allemand.	Indien.	Autres pavillons.	Français.	Anglais.	Allemand.	Indien.	Autres pavillons.	ENTRÉS	SORTIS	TOTAUX	DÉBARQUÉS	EMBARQUÉS	TOTAUX
														t. k	t. k	t. k			
1898	6.185	6.220	11.406	3.705	2.145	101	193	81	3.709	2.140	102	176	106	887.836 748	881.875 708	1.769.712 456	20.929	24.014	44.943
1899	6.680	6.716	13.396	4.619	1.865	83	56	57	4.616	1.904	84	62	52	873.449 830	878.750 250	1.752.200 080	23.788	27.375	51.163
1900	6.400	6.423	12.823	4.334	1.850	85	43	62	4.387	1.858	85	35	58	1.010.941 »	1.008.011 »	2.018.952 »	26.085	35.309	61.424
1901	6.713	6.727	13.440	4.900	1.553	118	75	66	4.916	1.551	123	75	62	1.228.631 792	1.230.320 252	2.458.952 044	26.747	32.649	59.396
1902	6.357	6.382	12.739	4.539	1.460	118	99	141	4.563	1.460	116	94	150	1.364.660 »	1.352.705 »	2.717.365 »	28.120	30.685	58.805
1903	6.468	6.454	12.922	4.387	1.783	109	65	124	4.395	1.787	110	74	127	1.209.945 »	1.231.821 »	2.441.766 »	27.733	26.093	53.825
1904	6.883	6.857	13.740	4.277	2.289	86	42	209	4.242	2.271	88	44	212	1.119.896 »	1.109.076 »	2.228.972 »	24.748	24.894	49.642
1905	6.471	6.453	12.924	4.277	1.808	106	40	185	4.285	1.843	104	43	179	1.198.177 »	1.189.568 »	2.387.745 »	21.698	23.092	44.790
1906	6.964	7.003	13.967	4.666	1.790	124	60	375	4.809	1.802	135	64	353	1.112.912 »	1.116.718 »	2.229.630 »	»	»	»
1907	7.936	7.879	15.815	5.613	1.527	108	100	288	5.879	1.505	109	98	285	1.252.134 »	1.246.836 »	2.498.970 »	»	»	»
1908	8.716	8.747	17.463	6.725	1.443	108	134	273	6.754	1.483	102	134	270	1.455.297 »	1.457.017 »	2.910.314 »	»	»	»

STATISTIQUES GÉNÉRALES DE MADAGASCAR

POUR 1908

TABLE DES MATIÈRES

I — POPULATION

Pages.

Population européenne.

Population indigène.

Population totale.

II — PROFESSIONS

III — FINANCES

IV — JUSTICE

V — INSTRUCTION PUBLIQUE

VI — CHEMINS DE FER

VII — CONCESSIONS

VIII — CULTURES ET COLONISATION

IX — INDUSTRIE FORESTIÈRE

X — MINES

XI — COMMERCE

XII — NAVIGATION

MELUN. IMPRIMERIE ADMINISTRATIVE. — O.C. 260 C

www.ingramcontent.com/pod-product-compliance
Ingram Content Group UK Ltd.
Pitfield, Milton Keynes, MK11 3LW, UK
UKHW020149130726
13696UKWH00002B/428

9 782016 148594